개요의 설명부터 기초기능까지 기본에 충실한

일식조리기능사, 일식산업기사 실기문제 및 해설

일본요리의 정석

오혁수·장경태·김정은
강경태·정희범·김성수

머리말

세월의 흐름과 사람들의 취향 및 시대의 요구에 따라, 요리도 변하고 수많은 조리법들이 개발되고 있습니다. 그래서 레스토랑마다 새롭게 생겨나는 메뉴들이, 40년 가까이 조리했던, 나에게도 생소한 느낌으로 다가오는 경우를 많이 보게 됩니다. 그럼에도 불구하고 조리의 기본에 변함이 없는 이유는, 모든 응용은 기본에서 출발하기 때문이라고 말할 수 있습니다. 그래서 본 교재는 개요 설명부터 기초기능까지 기본을 충실하게 표현하려고 노력하였습니다.

1장에서는 일본요리의 개요 및 기본 등 정석적인 내용을,
2장에서는 일식조리기능사와 조리산업기사 실기시험 문제를,
3장에서는 호텔에서 실제 판매되었던 일본요리메뉴와 사진들을,
부록에서는 일식조리용어와 소스의 기본배합표 등 참고가 되는 자료들을 찾아보기 편리하게 한국어를 중심으로 정리하였습니다.

학생들이 일본요리를 배우는 이유는 일식조리사가 되려는 것보다는, 융합의 시대에 각 나라별 기초 조리법들을 잘 조합하여 하모니를 이루는 능력을 개발하기 위해서라고 생각합니다. 그러한 관점에서 이 "일본요리의 정석"이라는 교재가 조금이나마 여러분들께 도움이 되길 바랍니다.

감사합니다.

2023. 2.
오 혁 수

차례

제1장 일본요리의 개요 11

제2장 국가기술 자격검정 실기시험 문제 및 해설 105

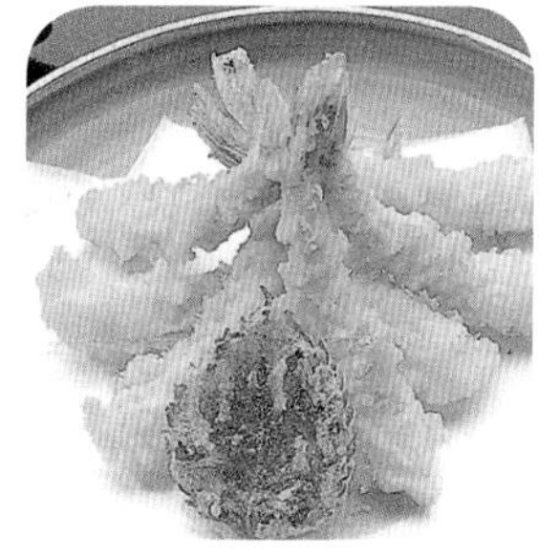

일본요리는 입으로 먹는 것이 아니라 눈으로 먹는 요리라고 할 수 있으며, 외부로부터 다른 맛을 첨가하거나 융합하는 것이 아니고, 식재료 본연의 소재가 가지고 있는 원래의 맛을 내부로부터 이끌어낸 멋진 요리라고 할 수 있다. 그렇기 때문에 식재료 사용에 있어서 사계절을 중요시하고, 식재료 소재의 맛과 색을 멋지게 살려내어, 섬세한 감각으로 만든 그릇과 조화를 이루며 아름답게 담아내는 것이다. 이와 같은 일본요리는 원래부터 가지고 있었던 것도 있지만, 외국의 조리법을 받아들여 자신들의 것으로 재창조한 경우도 적지 않다. 그러나 그러한 요리도 외국인들에게 일본요리로 인정받고 있으며, 현재 세계인의 입맛을 이끄는 것이다. 이러한 일본요리를 올바르게 이해하기 위해서, 일본요리의 역사적 흐름과 전통, 식생활의 흐름, 기본적인 조리방법, 일식조리용어 등에 대한 지식과 이해가 필요하다고 하겠다.

제 1 장

일본요리의 개요

1. 일본요리의 역사

1) 일본이라는 나라

일본요리의 역사를 알기 전에 우선 일본이라는 나라에 대한 이해가 필요하다. 일본은 위치적으로 동아시아 끝자락에 위치하였으며 태평양 연안에 있는 섬나라로서, 북쪽으로는 홋카이도(北海島)에서 시작하여 혼슈(本州)와 시코쿠(四国)에서 규슈(九州)에 이르기까지 4개의 큰 섬과 4,000개 이상의 작은 섬으로 이루어져 있으며, 면적은 한반도의 2배 정도인 38만㎢이다. 일본의 지형은 거의 산이 차지하고 있어 경작 가능한 땅은 16%에 불과하다. 주거지역이 상당히 제한되어 있음에도 불구하고, 인구는 세계에서 7번째로 많은 나라이고, 인구밀도는 세계 4위나 된다. 또한 일본 열도는 지구상에서 가장 지층이 불안정한 지역에 속해 있어서, 지진과 화산 활동이 활발하다. 환태평양조산대에 속하는 일본 열도 전체가 화산과 온천으로 이루어져 항상 지진과 화산이 폭발할 가능성이 있기 때문이다. 남아 있는 활화산은 약 67개이며, 일본에서 가장 높은 산인 후지산(해발 3,766m)이 대표적인 화산으로 1707년을 마지막으로 오랜 휴면상태에 들어갔다.

북쪽의 홋카이도에서 남쪽까지 길게 뻗어 있는 지형으로 인하여 기후도 큰 차이를 보이는데, 북쪽의 홋카이도는 겨울이 길고 눈이 많이 오며, 남쪽으로 내려오면서 고온 다습한 기후를 보인다. 섬나라이면서도 우리와 유사하게 국토의 대부분이 산악지대로 되어 있으며, 활화산과 온천이 많고 지진도 자주 발생한다. 홋카이도와 오키나와의 원주민들은 혼슈의 사람들과 생김새부터 달라 확실하게 구분되며, 식생활이나 문화에서도 많은 차이가 난다.

중앙의 혼슈에는 도쿄와 오사카 등 대도시가 자리 잡고 있어, 정치 · 경제 · 문화를 주도하고 있으며, 특히 식생활문화는 그 중심에 서 있다고 말할 수 있다. 일본요리의 변천 및 역사는 바로 혼슈를 중심으로 이야기하는 것이다.

규슈 지역은 온천이 많이 발달한 곳으로 온화하며, 특히 나가사키 항을 통해 포르투갈 등 서양의 문물과 식문화를 받아들여 일본화에 성공한 곳이다. 거기에서 국적불문의 융합된 요리로 짬뽕이나 카스텔라 등이 발달하게 되었다.

규슈 아래쪽 작은 섬인 오키나와는 제2차 세계대전 이후 미국에서 받은 땅으로, 기후와 식재료 여건이 제주도와 비슷한 분위기를 연출하고 있다. 돼지고기 요리나 장수의 상징으로 남아 있는 곳이기도 하다. 특히 오키나와 원주민들은 보통의 일본인들과 확실하게 구분되는 외모를 지니고 있으며, 식재료나 음식에서도 독특한 시골적인 정취를 느끼게 하며, 혼슈의 요리와 많은 차이가 있다. 지금도 일본이 아닌 독립국가로 인정해 줄 것을 일본정부에 강력하게 요구하고 있다.

일본은 섬나라이면서도 한쪽으로는 대륙과 반대편으로는 대양과 마주하고 있어, 중국과 한국, 서구문물의 영향을 쉽게 받아들이면서 문화의 발전을 이루었다. 쌀을 주식으로 하면서도 해산물과 채소류 등의 조리법을 발달시키면서, 대륙과 대양의 문화를 흡수하여 식문화를 재창조했다. 그리하여 색상과 계절감을 살린 조리법이 개발되었으며, 서구의 메뉴를 일본식으로 받아들여 일본요리의 메뉴로 만들거나, 일본요리에 서구의 방식을 도입하여 잘 조화시킨 요리들이 발전하게 되었다.

일본요리를 연구하면 일본식 음식으로 느껴지는 것도 많지만, 그 조리법이나 형태에서 중화풍, 서구풍, 한국풍 등의 향취를 느끼는 대목들을 만나게 되기도 한다. 따라서 현대에 오면서 다국화된 일본가정의 식탁을 엿볼 수 있게 되었으며, 길에서도 어렵지 않게 국제화된 일본요리의 모습을 발견할 수 있지만, 그래도 일본 전통의 방식을 고집하며 맛과 형태를 지키는 자존을 보이는 부분도 있다.

일본은 세계 제1의 생선 소비국으로서 섬나라다운 면모를 보여주고 있으며, 쌀을 주식으로 하지만 채식 위주의 식생활이 발전하였으며, 유제품이나 육식문화가 다소 부진한 면모를 보이고 있다. 하지만 근대에서 현대에 이르기까지 외래의 음식문화를 받아들이며 변형시킨 육식문화를 급격하게 발달시켜 일본요리화하였는데, 그 대표적인 것이 쇠고기를 이용한 스키야키와 샤부샤부, 그리고 철판구이 요리이다.

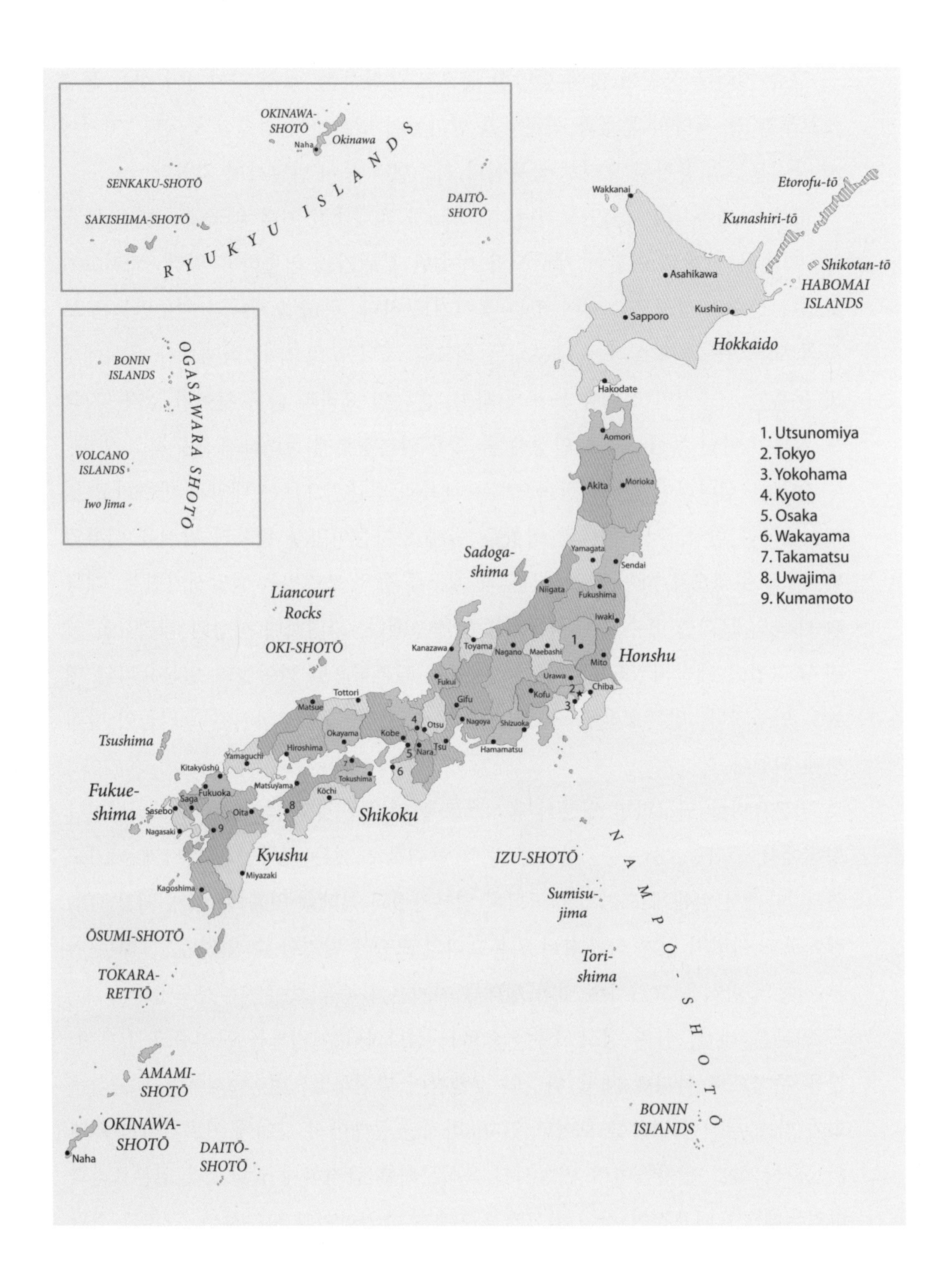
OKINAWA-SHOTŌ
Naha
Okinawa
SENKAKU-SHOTŌ
SAKISHIMA-SHOTŌ
RYUKYU ISLANDS
DAITŌ-SHOTŌ
BONIN ISLANDS
OGASAWARA SHOTŌ
VOLCANO ISLANDS
Iwo Jima
Wakkanai
Etorofu-tō
Kunashiri-tō
Shikotan-tō
HABOMAI ISLANDS
Asahikawa
Sapporo
Kushiro
Hokkaido
Hakodate
Aomori
Akita
Morioka
1. Utsunomiya
2. Tokyo
3. Yokohama
4. Kyoto
5. Osaka
6. Wakayama
7. Takamatsu
8. Uwajima
9. Kumamoto
Yamagata
Sendai
Sadoga-shima
Niigata
Fukushima
Iwaki
Liancourt Rocks
OKI-SHOTŌ
Kanazawa
Toyama
Nagano
Maebashi
Mito
Honshu
Fukui
Urawa
Chiba
Kofu
Gifu
Tottori
Matsue
Otsu
Nagoya
Shizuoka
Okayama
Kobe
Nara
Tsu
Hamamatsu
Tsushima
Hiroshima
Yamaguchi
Kitakyūshū
Tokushima
Matsuyama
Kōchi
Fukue-shima
Fukuoka
Saga
Sasebo
Oita
Shikoku
Nagasaki
Kyushu
Miyazaki
Kagoshima
IZU-SHOTŌ
Sumisu-jima
NAMPŌ-SHOTŌ
ŌSUMI-SHOTŌ
Tori-shima
TOKARA-RETTŌ
AMAMI-SHOTŌ
OKINAWA-SHOTŌ
Naha
DAITŌ-SHOTŌ
BONIN ISLANDS

2) 일본요리의 역사적 변천

일본요리의 형식이 완성된 것은 에도지다이(江戸時代 : 1600~1867)지만, 특별히 크게 변화가 있었던 것은 나라지다이(奈良時代 : 710~784)와 근대라고 할 수 있다. 나라지다이에는 당(唐)나라의 양식이 들어왔고, 근대에는 모든 나라의 온갖 양식이 가정생활에까지 영향을 미쳤다. 사상, 종교와 함께 식사양식(食事様式)까지 유입되어 일본요리의 기초가 되었고, 그때의 풍습, 습관과 함께 현재의 생활 속에 아직 많이 잔재했음을 알 수 있다. 다음은 식생활 변천의 역사적 흐름을 나타낸 것이다.

(1) 조몬시키도키지다이(縄文式土器時代 ; じょうもんしきどきじだい)

승문식토기시대(기원전 6000년~서기 200년) : 자연채집시대

이때를 원시시대라고도 하며, 그 기간이 무척 길지만, 변화는 별로 없다. 공동생활과 자연채집을 하였고, 석기(石器)는 식물채집이나 조리용으로 사용하였으나, 농업을 한 흔적은 볼 수 없다. 식생활의 경우 초기에는 주로 곡물이나 어패류, 해조류, 야채류, 새, 짐승 등의 고기를 생식하였으나, 나중에는 불을 이용해 익혀 먹었을 것으로 보인다.

(2) 비세이시키도키지다이(弥生式土器時代 ; びせいしきどきじだい)

미생식토기시대(3~4세기경) : 주, 부식 분리시대

고대시대에는 쌀, 보리 등의 농산물을 재배하였으며, 주식과 부식이 분리된 때이기도 하다. 이는 식재료가 다양해지기 시작했음을 알려주는 것이다. 일반적인 도구로는 청동기(青銅器)와 철기(鉄器)를 동시에 사용한 것이 특징이다. 산초가 향신료로 쓰이기 시작했고, 아마즈라(あまずら : 담쟁이, 돌외)의 즙을 감미료로 사용하였다. 조리도구로는 토기(土器), 석기(石器)에 목기(木器)까지 사용한 것으로 알려져 있다.

(3) 야마토지다이(大和時代 ; やまとじだい)

대화시대(4~8세기경) : 소금의 사용과 발효식품

농산물의 재배가 발달하여 농업이 촉진되고, 밭의 개인소유가 시작되었다. 씨족사회(氏族社会)로서 가부장적(家父長的)이며, 귀족(貴族)과 농노(農奴)의 계급이 분명하였다. 계급이 나뉘면서 식생활발전에 불이 붙게 되었다. 식재료를 저장하기 위하여 식물(食物)의 가공이 시작되었고, 발효품으로 감주(甘酒)나 탁주(濁酒), 그리고 간장의 전신인 히시오(醤 ; ひしお) 등이 사용되었다. 동물성 식품으로 이용된 것은, 산이나 들짐승으로 사슴, 산돼지, 원숭이, 토끼, 여우, 살쾡이 등이 있고, 조류로는 산새, 학, 기러기, 오리, 도요새 등이 있으며, 어류로는 도미, 농어, 참치, 다랑어, 오징어, 문어, 게, 은어, 붕어, 잉어가 있고, 패류로는 전복, 대합, 소라, 굴, 섬게, 해삼류 등의 다양한 종류를 섭취하게 되었다. 일본을 "와(和)"라고 표현하고, 일본요리를 "와쇼쿠(和食)", 대일본을 "大和"라고 하며, 자신들의 일본을 지금도 "야마토"라 부르고 있다.

(4) 나라지다이(奈良時代 ; ならじだい)

나랑시대(710~784년) : 당나라 양식 모방시대

지금의 중국인 당나라와 정식 국교가 시작되면서 정치, 경제, 문화 등의 모든 분야에서 당을 모방하게 되었다. 바로 이전에 들어온 불교의 영향으로 육식(肉食)을 일절 금하기도 하였다. 설탕이나 참기름 등이 조미료로 쓰이기 시작했으며, 매실에서 식초를 얻고, 향신료로 와사비와 생강순을 사용하였다. 생선은 생식하기도 하고, 밥과 소금을 넣어 발효시킨 것도 있었는데 이것이 후에 스시의 기원이 되었다는 설이 유력하다.

(5) 헤이안지다이(平安時代 ; へいあんじだい)

평안시대(794~1192년) : 식생활의 형식화

대륙문화의 영향을 받아 연중행사의 양식이 정해졌고 궁중에서는 귀빈을 초대하여 연회행사를 열었다. 야마토지다이 때 시작된 신분의 차이가 더욱 심화되어, 귀족과 서민 간의 식생활 차이가 현저히 나타났으며, 식탁은 조미(調味)나 영

양(栄養)보다는 담는 것(盛り)에 주의하여, 이때부터 눈으로 보는 요리를 만들게 되었다. 조리기술의 발달과 그릇의 고급화, 다양한 주조기술, 식초, 소금 등을 만든 것이 후세 일본요리 형식의 기초가 되었다. 장아찌나 어묵 등이 시작된 것도 이때부터였으며, 손님에게 술과 음식을 접대하기 위한 향응상이나 접대상 등이 발전하기 시작했다.

(6) 가마쿠라지다이(鎌倉時代 ; かまくらじだい)

겸창시대(1192~1333년) : 건강식의 회복

무가의 시대로 형식보다는 질적인 요리의 향연을 행하여, 일본의 전통적 음식인 와쇼쿠(和食)를 발달시켰다. 지금도 일본요리를 와쇼쿠라 부른다. 그러나 식사에 관해서는 형식적인 것보다는, 간소하지만 자유롭게 선택할 수 있었다. 중국과 불교의 영향을 받아 전래된 쇼진료리(精進料理 ; しょうじんりょうり)와 후차료리(普茶料理 ; ふちゃりょうり)가 독자적으로 발전한 시기이다. 독자적이라는 것은 중국과 불교의 영향을 그대로 받은 것이 아니라, 일본식으로 변화시켜 적응해 나갔다는 뜻으로 해석된다.

(7) 무로마치지다이(室町時代 ; むろまちじだい)

실정시대(1392~1573년) : 차의 식생활 침입

무가의 예법이 확립되어 요리도 기교가 늘었던 이 시대의 정식은, 술 접대나 술을 즐기기 위한 향응요리로서, 혼젠료리(本膳料理 ; ほんぜんりょうり)가 자리를 잡았으며, 이것의 발전과 차(茶)의 보급으로 인하여 가이세키료리(懐石料理 ; かいせきりょうり=茶会席料理 ; ちゃかいせきりょうり)가 등장하게 되었다. 요리법과 칼질방법이 규정되고, 조리전문의 유파가 탄생한다. 농업, 어업의 발달로 지금도 먹는 식품들이 등장하는데, 간장, 설탕, 다시마, 가쓰오부시 등이 바로 그것이다.

⑻ 모모야마지다이(安土, 桃山時代 ; あづち, ももやまじだい)

도산시대(1573~1600년) : 남반과 중화풍 요리의 수입

남반무역이 성행하여 대표적인 남반요리인 덴푸라가 전해졌다. 도요토미 히데요시(豊臣秀吉 ; とよとみひでよし)가 대부분 집권하던 시대로, 문화가 발전한 무사시대이다. 전국을 통일하고 무사들이 활개를 치던 시대로, 무로마치시대에 시작된 다도(茶道)를 완성한 가이세키료리가 확립되고, 난반료리(南蛮料理 ; なんばんりょうり)의 도래로 일본요리가 발전했다. 일본이 국가로서 면모를 갖추었기에 일본사람들이 가장 좋아하는 시대이기도 하며, 한국사람들이 '조선' '신라' '고려' 등의 말을 들었을 때 느끼던 자긍심을, 일본사람들은 "모모야마"라는 말에서 가슴 벅차게 느낀다고 한다.

⑼ 에도지다이(江戸時代 ; えどじだい)

강호시대(1600~1867년) : 일식의 완성

초기에는 중국으로부터 중국식 쇼진료리를 후차료리로 만들었고, 나가사키에서 전해진 요리의 독자적인 발전과 중국식 요리가 합해져 싯포쿠료리가 탄생하게 된다. 중기에는 서민들의 공간에도 주방이 생기고, 혼젠료리(本膳料理 ; ほんぜんりょうり)와 가이세키료리(懐石料理 ; かいせきりょうり=茶会席料理 ; ちゃかいせきりょうり)의 조합으로 새로운 가이세키료리(会席料理 ; かいせきりょうり)의 형식이 완성되었다. 근대에 들어 요리의 내용이나 그릇이 세련되어졌고, 영양 · 소화 · 진료 · 보건 · 질병예방 등의 지식도 조금씩 식생활 속에 나타나게 되었다. 이때는 각 시대의 각종 요리를 흡수하고, 그 위에서 발전된 일본요리 융성의 시기라 할 수 있다.

⑽ 메이지, 다이쇼지다이(明治, 大正時代 ; めいじ, たいしょうじだい)

명치, 대정시대(1868~1926년) : 문명개화의 식사

메이지덴노(明治天皇 ; めいじでんの)시대의 일본의 연호로서 메이지이신(明治維新 ; めいじいしん) 이후 천황을 중심으로 근대적 개혁과 발전을 이루었다. 그동안 금기시하던 육류를 식품에 사용할 수 있게 되었고, 수입식품과 양식조리법이

보급되었으며, 각종 유제품과 빵, 요리 등을 받아들여 독특한 형태로 발전시킨 시기이다. 문명개화와 함께 식품의 금기가 풀리며, 구미요리의 영향을 받아 식재료와 요리가 다항하게 변화하였다. 일품요리 등의 작은 식당이 생겼으며, 즉석요리가 나타난 요리 혼동의 시대라 할 수 있다.

⑾ 제2차 세계대전 전(1925~1945)

메이지지다이(明治時代) 이후 문명개화운동의 하나로 서양식 식품과 요리, 또는 조리법이 정부의 방침으로 수입되었다. 백화점 식당에서는 일본식, 서양식, 중화식 요리가 줄지었으며, 지방의 역이나 여관을 중심으로 음식점들이 생겨났고, 가정요리의 재료까지도 서양과 중화풍에 근접해 있었다. 일본 전통의 방식에 서구식, 중화식이 절묘하게 조화를 이루며 새로운 모습을 나타내게 되었다.

⑿ 제2차 세계대전 후(1945~)

종전 후 식량난이 이어졌으나 미국으로부터 다량의 식품(주로 옥수수와 밀가루), 조미료(설탕 등)가 공급됨으로써 일본인의 식생활에도 매우 큰 변화가 초래되었다. 빵이 밥보다 영양이 좋다고 선전도 하였으며, 과자도 생겨나게 되었다. 그러나 된장, 두부, 김 같은 일본적인 식재료의 소비량은 감소하지 않았고, 간장 등은 해외로 수출하여 세계의 조미료로 알려지게 하였다. 프로판가스의 보급과 냉동식품 및 캔제품의 등장 등이 일본의 식생활문화에 큰 변화와 발전을 가져다주었다. 일본인들이 고기를 제대로 먹을 수 있게 된 것이 이때부터라고 하며, 돈가스, 햄버그스테이크, 돼지고기 스튜 등의 경양식도 이때 대중화되었다.

⒀ 현대의 일본요리

현재의 대표적인 일본요리로는 가이세키료리(会席料理 ; かいせきりょうり)를 첫째로 내세울 수 있다. 일품요리(一品料理)나 전문요리인 쇼진료리, 혼젠료리(本膳料理 ; ほんぜんりょうり), 가이세키료리(懐石料理 ; かいせきりょうり) 등의 흐름 속에서 재정리되어 에도지다이(江戸時代 ; えどじだい)에 생겨난 가이세키료리(会席料理 ; かいせきりょうり)를 메이지부터 쇼와 시대에 걸쳐 발달 및 완성시켰다. 예전부터 일본요리는 제철의 재료를 중요시하여, 계절이 변할 때마다 제철재료로 음식 만드는 것을 중요하게 생각했다. 이는 재료의 입수범위가 좁고 고도의 보존기술도 없었으므로 당연히 제철의 재료를 사용하지 않을 수 없었을 것이다.

현대에 와서는 어류의 양식, 식물의 재배기술이 발전하였고, 냉동 냉장법이 보편화되었으며, 유통경로의 발달로 장기간 또는 연중 특산물을 이용할 수 있게 되었다. 또한 프랑스, 이탈리아, 중국 등에 국한되지 않고, 세계 각국의 요리가 유입되어 사람들의 다양한 기호에 부응할 수 있게 되었다.

요리 소재도 외국으로부터 여러 종류를 수입하고 새로운 식품 재료나 세계 각지의 여러 풍토에 의한 독자적인 조미료도 사용할 수 있게 되었다. 풍부한 식재료와 안정된 공급으로 요리하는 측에서는 편리해졌지만 반면에 예부터 전해오는 일본요리의 특색이나 개념과 이러한 상황을 전수하는 데는 애로사항이 많다. 요리는 사람의 생활에 밀착되어 있으므로 시대에 따라 변한다. 엄연히 일본요리의 정신이나 본질을 바라보고 이러한 음식에 관련된 상황의 변화를 잘 받아들여 새로운 영역을 개척해 나가는 것이 무엇보다 중요하다고 하겠다.

2. 요리의 형태 및 변화

1) 쿄오료리(饗応料理 ; きょうおうりょうり) – 향응요리(접대요리)

헤이안지다이(平安時代 ; へいあんじだい, 평안시대) 궁중에서의 연중행사 의식이나 대신임관 등의 행사가 행해질 때 제공되는 향응접대의 연회요리를 말한다. 밤, 마른 감 등의 과자, 전복찜, 연어요리 외에도 잉어나 농어 등의 생물(生物)도 이용하였다. 조미료로는 소금, 식초, 간장, 된장 등을 이용했고, 은이나 동제 등의 그릇을 사용하였다.

2) 쇼진료리(精進料理 ; しょうじんりょうり) – 정진요리(사찰요리)

쇼진(精進)은 불교사상(仏教思想)의 정신을 기본으로 한 요리로, 불사의 제(祭)에 이용되던 음식이다. 동물성(動物性) 재료를 피하고 주로 식물성(植物性) 재료를 이용하였다. 쇼진(精進)이라는 단어는 불교 용어로 잡념을 제거하고 몸을 깨끗이 하며, 마음을 수양하는 것이다. 살생과 육식을 금지한 불교의 가르침으로부터 쇼진료리가 생겨났다. 본래 사원에서의 요리가 있지만 일반적으로 요리의 형식으로 알려진 것은 가마쿠라시대부터 무로마치시대에 걸쳐 선종이 보급된 것과 관계된다. 현재 쇼진료리는 일반적으로 동물성 재료를 사용하지 않는 요리를 말한다. 동물성 식재료를 사용하지 않고도 야채, 해조류, 마른 야채, 가공품 등을 식물성 기름, 된장 등을 활용하여 조리하였다. 다시마와 건표고버섯에서 다시 국물을 얻고, 야채와 두부 등의 콩 가공품을 주로 사용하였다. 이것들은 서민 사이에도 보급되어 불사의 식사는 원래부터 일상의 식사로서 현재도 보급되는 것이 많다. 지금도 일본 원서에서 '정진물(精進物)'이라 하면 채소 중심의 재료를 이용한 요리로 해석할 수 있다.

3) 혼젠료리(本膳料理 ; ほんぜんりょうり) – 본선요리(의례요리)

무가(武家)의 예법 확립을 위해 시작되었으며, 에도시대(江戸時代 ; えどじだい)인 1800년대에 발달한 요리로, 메이지시대(明治時代 ; めいじじだい)까지 이어져 왔으나 현재는 거의 쇠퇴하였고, 관혼상제(冠婚喪祭) 등의 의례적인 요리에 그 자취가 남아 있는 정도이다.

혼젠료리는 시대에 따라 그 내용과 형식이 변화한다. 무로마치(室町)시대, 무가의 예법을 확립하기 위해 향연의 형식이나 요리도 정해졌고, 이러한 의식적인 것을 식정요리(式正料理)라 했다. 혼젠료리는 이 중에서 제공되는 혼젠(本膳 : 밥, 국, 절임류 반찬)을 곁들인 요리를 말한다. 식정요리는 술 예식의 식삼헌(式三献)이 행해지는 식의선(式の膳)과 연회부분(饗の膳)이 조화를 이룬다. 이러한 식정요리는 에도시대 초기까지 계속되었고, 다이묘(大名) 등의 향응요리로써 만들어졌다. 그러나 식의선(式の膳)과 향의선(饗の膳)은 제법이 복잡하여 엄격한 규정이 있는 의식적인 것이므로, 차제에 간략해져서 실제로 먹는 요리인 향의선(饗の膳) 후에 이것을 간략화한 후쿠사료리(袱紗料理)가 되었다. 후에 요리법도 세련되어 요리의 품수에 의해 선의 수가 결정되었다. 일즙삼채(一汁三菜), 이즙오채(二汁五菜), 삼즙칠채(三汁七菜)가 기본이 되었고, 응용형으로는 일즙오채(一汁五菜), 이즙칠채(二汁七菜), 삼즙구채(三汁九菜), 삼즙십일채(三汁十一菜) 등이 있으며 최고는 오의선(五の膳)까지 있다. 오늘날 혼젠료리는 거의 후쿠사료리(袱紗料理)를 말한다.

4) 난반료리(南蛮料理 ; なんばんりょうり) – 남만요리

무로마치(室町)시대 말기부터 에도시대 초기에 걸쳐서 재외국과의 통상이 성행하였다. 통상 대상국인 스페인, 포르투갈 등을 총칭하여 난반(南蛮)이라 부르고, 그들의 나라에 의해 받거나, 경유하여 도래한 조리법이나, 건너온 재료를 이용한 요리를 난반료리라고 한다. 유명한 난반료리로는 고소한 맛의 덴푸라나, 달짝지근하고 연한 맛의 난반니(南蛮煮), 새콤한 맛의 난반쓰케(南蛮漬) 등이 있다.

5) 가이세키료리(懐石料理 ; かいせきりょうり) – 회석요리

가이세키(懐石)는 차(茶)를 맛있게 마시기 위해 다석(茶席)에서 제공되는 요리로서, 자가이세키(茶懐石 ; ちゃがいせき)라고도 한다. 진한 차를 공복에 마시면 맛도 없고 위장에도 좋지 않기 때문에, 차를 맛있게 마시기 위하여 가이세키료리(懐石料理 ; かいせきりょうり)가 나온 것이라고 한다. 다석(茶席)에서 요리가 나오는 것은 무로마치(室町) 중기인 1400년대부터 시작되었고, 1500년대 후반인 모모야마시대(安土桃山時代 ; あづちももやまじだい)에 원형이 갖추어졌으며, 에도시대(江戸時代 ; えどじだい) 말기에 거의 완성되어 현대에 전해지고 있다.

가이세키(懐石)라는 말은 수행 중인 선승이 추위와 공복을 견디기 위해 뜨거운 돌을 몸에 품은 것에서 유래하였으며, 그것과 같은 정도의 공복을 견딘다고 하는 의미로부터 명칭이 유래되었다. 가이세키(懐石)는 차를 맛있게 마시기 위하여 차사(茶事)의 일부로 구성되어 차를 마시는 좌석에 초대된 손님이 먹는 것이다. 에도시대 말기에는 가이세키(懐石)를 전문화하는 출장요리 가게가 출현하기도 하고 보통의 요리점에서도 가이세키(懐石)와 가이세키(会席)라는 용어를 사용하게 되는데, 본래의 차를 마시는데 관계한 요리를 구별하는 의미로 자가이세키(茶懐石)라고 부르는 경우도 많았다.

가이세키(懐石)의 구성은 유파나 다도(茶道)의 종류에 의해서도 다소 차이가 있지만 밥, 국, 무코쓰케(向う付 ; 생선회), 니모노완(煮物碗 ; 조림), 야키모노(焼物 ; 구이)의 일즙삼채(一汁三菜)의 하시아라이(箸洗 ; 맑은국), 핫승(八寸 ; 최후에 내는 음식), 고노모노(香の物 ; 야채절임), 유토(湯桶 ; 더운물)를 추가한 것이 기본이 되었다. 야키모노(焼物)와 하시아라이(箸洗)의 사이에 시이자카나(強い肴 ; 안주)나 밧치(鉢)라고 하는 이름의 조림이나 무침, 초회를 몇 가지 더하는 경우도 많다. 이러한 의미를 중요시하여 일본요리의 풀코스요리 이름으로 사용하기도 한다.

6) 싯포쿠료리(卓袱料理 ; しっぽくりょうり) – 탁상요리

에도시대 초기인 1600년대에, 일본 최초의 개항도시였던 나가사키(長崎 ; ながさき)에 산재한 중국인의 영향을 받아 알려지기 시작한 요리법으로, 식기는 중국풍이지만 재료나 맛은 일본인의 기호에 맞게 담백하게 변화하였다. 그리하여 일본식 중국요리(和風中国料理)라고 하는 싯포쿠료리가 탄생한다. 싯포쿠(卓袱)는 책상이라는 의미가 있어, 싯포쿠료리는 식탁요리라고도 한다. 장시간 격식에 따른 식사 습관을 가진 일본인들에게는 큰 그릇이나 접시에 담은 요리를 각자 나누어 먹는 형식이 신선한 느낌을 주었다. 메뉴는 오히레(尾鰭)라고 불리는 맑은 국이 나온 후 술과 요리가 들어온다. 쇼사이(小菜 ; しょうさい, 냉채), 구치토리(口取 ; くちとり, 입가심), 싯포쿠료리의 대표격인 톤포로우(東皮肉 ; ドンポーロウ, 돈육조림)를 담아낸 나카바치(中鉢), 오오바치(大鉢), 지루(汁), 고항(ご飯), 쓰케모노(漬物), 미즈카시(水菓子 ; 과일)와 계속해서 우메완(梅碗)이라고 하는 명칭의 시루코(汁粉 ; しるこ, 단팥죽)로 끝나는 것이 일반적이다. 시중에서는 한가운데 설치한 큰 냄비에 돈육과 대파 등을 크게 썰어 넣고, 연하고 달게 간을 하여 푹 끓여, 서로 떠먹는 요리로 활용되기도 한다.

7) 후차료리(普茶料理 ; ふちゃりょうり) – 보차요리(중국식 사찰요리)

에도시대(1654년) 초기에 중국의 승려 인겡(隠元 ; いんげん, 은원)이 교토(京都)에서 황벽산만복사(黄檗山万福寺)를 열어 포교하면서 전한 중국풍의 요리를 말한다. 후차라는 것은 넓은 대중에 차를 제공한다는 의미로, 승려들이 차를 마시면서 협의하는 차례(茶礼)의 뒤에 나오는 식사를 말한다. 중국식 쇼진료리(精進料理)로서 원형탁자에 4명이 2명씩 마주보며 앉아 하나의 접시에 담겨 있는 요리를 각자 취하며, 회전식으로서 나누어 먹기 때문에 일일이 배식을 해줄 필요가 없다. 재료 역시 쇼진료리와 마찬가지로 어류나 육류를 사용하지 않고, 야채 등의 식물성을 주로 사용한다. 현재의 후차료리(普茶料理)는 일본에 처음 전래되었을 때보다 기름 사용량이 적어졌고, 맛도 담백해지는 등 일본인의 기호에 맞게 변하고 있다.

8) 가이세키료리(会席料理；かいせきりょうり) – 회석요리(연회요리)

연회에 나가는 요리로서 술을 즐기기 위한 음식을 말하며, 차를 마시기 위한 가이세키료리(懷石料理 ； かいせきりょうり)와는 엄격하게 구별된다. 에도시대(江戸時代 ； えどじだい) 때부터 시작되었으며, 혼젠료리(本膳料理 ； ほんぜんりょうり)의 잔재가 남아 있고, 편안하게 앉아 순서대로 천천히 요리를 즐긴다. 현재는 요리점이나 호텔 등에서 제공되는 주연요리를 말한다. 회석은 노래와 안무를 즐기기 위한 모임을 말하는 것으로, 당초에는 모임이 끝날 때 예의바르게 술을 조금 마시는 정도였으나, 나중에는 변화되어 도중에서부터도 술과 요리가 나오게 되었다. 도시인의 재력이 커진 에도시대 중기부터는 요리점에서 모임이 열리는 경우가 많아져서 그것까지의 혼젠료리(本膳料理)나 가이세키(会席) 형태에 국한되지 않는 자유스런 실질 본위의 요리가 탄생하였으나 구성은 혼젠료리를 많이 따랐다.

요리점 문화와 왕성했던 에도시대 후기가 되면 실질적인 상류요리의 영향도 있어 가짓수도 많고 화려한 요리가 나오게 되어 요리도 일품씩 나오는 형식이 등장하였다. 메이지시대가 되면서 관서풍, 관동풍 등 지역적인 특징을 가지게 되고, 요리인의 생각도 변하여 새로운 것들이 고안된다. 혼젠료리나 가이세키와 같이 밥을 먹기 위한 총체가 아니고 술을 마시기 위한 주체를 중심으로 하게 된 것이 특징으로, 밥 종류는 식사라고 하여 마지막에 나오게 된다. 현재는 일품, 일품씩 나오는 요리와, 연회 등에서 볼 수 있는 가케아이료리(掛け合い料理) 등 두 가지 형식이 있다. 가이세키료리는 현재도 전문요리식당이나 료칸(旅館 ； 여관) 등에서 식사 겸 주안상으로 제공되고 있다.

9) 뎃판야키(鉄板焼；てっぱんやき) – 철판구이

두꺼운 스테인리스 철판 위에서 해산물과 채소, 등심이나 안심 스테이크 등을 구워주는 요리로, 조리사가 고객 앞에서 직접 조리하는 모습을 보이며 제공하는 특징이 있다. 유래로는 몽골의 벌판에서 병사들이 돌판이나 무기 철판 위에 이것

저것 구워먹기 시작한 데서 왔다는 설이 유력하지만, 실제로 요리의 형식이 세계에 알려진 것은 1964년 동경올림픽 때라고 한다. 그때 서구인들은 날생선을 그대로 먹는 생선회나 스시를 경멸했기 때문에, 불에 익혀 먹는 요리가 필요했다. 그래서 고안된 것이 철판구이요리였던 것이다. 재료는 일본에서 나는 것을 사용하고, 소스는 간장, 식초, 겨자, 양파, 마늘 등을 사용하며, 서양인들이 좋아하는 새우나 스테이크를 즉석에서 볶아주는 형식을 취하였다. 그때 베니하나(紅花; べにはな, 붉은 꽃)라는 철판구이 레스토랑이 오픈하면서 전 세계적으로 폭발적인 인기를 끌게 되었다. 이후 1970년대에 한국에 있는 특급호텔들이 모두 일식당에 철판구이 코너를 따로 마련하여 1990년대 초반까지 성황을 이루었었다. 이후 다이어트 열풍이 불어 철판구이 코너는 거의 사라졌고, 일부 호텔에서 명맥만 유지하고 있을 뿐이다.

고객에 보는 앞에서 신선한 재료를 철판 위에 올려놓고, 즉석에서 조리하여 제공하는 매력은 경험해 보지 않고는 말할 수 없다. 게다가 일부 업장에서는 칼질을 현란하게 하며 던지는 칼쇼, 스테이크에 브랜디를 뿌리고 불을 붙이는 불쇼 등으로 어린 손님들에게까지 각광받던 요리였다.

하지만 일부 마니아들이 다시 찾기 시작하였으며, 고급 식당에서 철판구이요리를 꾸준히 발전시키고 있다. 일본요리의 뿌리는 아니지만, 일본사람들에 의해 만들어진 일본식 서양요리의 한 장르가 되었던 것이다.

일본의 음식문화연표

서기(AD)	일본력(和曆)	일어난 일
239년		논농사를 위한 관개수로, 창고에 쌀 저장
288년	応仁天皇 19年	예주(醴酒)를 천황에게 바침(日本書紀)
325년	仁德天皇 30年	정미(精米)에 관한 기록(日本書紀)
395년		로마제국의 동서 분열
552년	欽明天皇 30年	불교전래, 육식을 죄악시함(日本書紀)
647년	大化 30年	착유술을 습득하여 천황에게 우유를 바침
668년	天智天皇 7年	마늘이 도래하여 향신료로 사용하기 시작
675년	天武天皇 4年	칙령에 의해 소, 말, 개, 조류 등 육식금지, 후에 어류도 포함됨
701년	大宝 元年	大宝律令 제정에 의하여 미장(未醤, 된장)을 만드는 장원(醤院)을 설치
725년	神亀 元年	당(唐)에서 柑子(かんし : 귤의 옛 이름)를 들여와 종자를 육성시킴
735년		신라(新羅)에 의한 조선반도(朝鮮半島)의 통일
752년	天平勝宝 4年	東大寺大仏開眼 – 1년간 살생금지, 어부들에게 양식 지급
754년	天平勝宝 6年	당나라 사람으로부터 약용으로 흑설탕 등을 받음
801년	延暦 20年	당나라로부터 설탕 전래(崔澄의 献物目録)
927년	延長 5年	미장(未醤 ; みしょう : 된장의 전신)의 재료인 쌀, 콩, 술, 소금 보급
935년	承平 5年	당의 과자 사용
1053년	天喜 元年	천황의 상에 김, 파래 등이 쓰임
1126년	大治 元年	살생금단 명령으로 자국의 어망(漁網)을 버림
1191년	建久 2年	송나라로부터 차종(茶種)을 받아 기름 – 녹차의 시작
1227년	安貞 元年	대륙으로부터 쇼진료리(精進料理 ; しょうじんりょうり) 전래받음
1229년		몽골제국의 유럽 원정
1252년	建長 4年	막부(幕府), 금주령을 공포
1338년		영국과 프랑스 100년전쟁 시작(~1453)
1347년		전 유럽에 페스트 대유행 – 인구 급감
1378년		로마교회의 대분열(~1417)
1407년	応永 14年	조선에 의해 소주(焼酒)를 받음
1492년		콜럼버스의 대륙 발견
1517년		마르틴 루터의 종교개혁
1519년		마젤란의 세계일주

서기(AD)	일본력(和暦)	일어난 일
1525년	天文 4年	경산사(徑山寺)의 미소(味噌)에 의해 간장(湯浅醤油) 제조
1541년	同 10年	포르투갈인 표착, 호박종자 전달
1543년	同 12年	포르투갈인 표착, 일본인들이 빵을 먹게 함
1579년	天正 7年	포르투갈에 의해 옥파, 호박, 감자, 옥수수, 포도주 도래
1624년	寛永 元年	나가사키의 포르투갈인들에게 배워서 카스텔라 제조
1657년	明暦 3年	동경 시중에 식당이 생기기 시작 – 외식산업의 태동
1659년	万治 2年	후차료리(普茶料理 ; ふちゃりょうり) 시작
1661년	寛文 2年	메밀국수 판매 개시
1680년	延宝 8年	오사카스시를 동경에 전달
1683년	天和 3年	동경에 나라 차반, 채반 등을 판매하는 음식점이 나타남
1687년	貞亨 4年	동경에 처음으로 초밥집 개업
1705년	宝永 2年	오사카에 쌀시장이 세워져 昭和 초기까지 전국 미곡상 주도
1768년	明和 5年	杉田玄白, 食物에 영양을 설명, 영양이라는 용어 사용 시초
1775년	安永 3年	미국 독립전쟁(~1783)
1785년	天明 5年	덴푸라 판매대 등장, 이 무렵 동경에서는 장어구이가 유행
1804년	亨和 4年	나폴레옹 황제 즉위
1825년	文政 8年	에도마에의 니기리즈시(握鮨)가 고안됨 – 지금의 초밥 모양
1833년	天保 4年	식량난으로 유부에 내용물을 넣어 먹는 유부초밥의 원형 고안
1840년		아편전쟁(~1842)
1858년	安政 5年	미일수호통상조약으로 요코하마 개항, 영국인의 위스키 전달
		나가사키에 서양요리점 개점
1860년	万廷 元年	野田兵吾가 요코하마에 일본인 최초로 제빵점 개업
1861년		미국의 남북전쟁(~1865)
1863년		런던 지하철 개통
1865년	慶応 元年	서양식 제당기 도입, 근대적 제당(製糖) 개시
1868년	明治 元年	명치유신, 미국인이 요코하마에 맥주공장 설립
1872년		육식장려의 일환으로 우육(牛肉) 시식 – 스키야키, 샤부샤부
1874년		木村屋의 주인 기무라에 의해 앙꼬빵 발매
1878년		城島謙吉, 프랑스에서 통조림기술 습득, 연어통조림 제조 개시
1883년		오사카에 기쓰네우동 탄생

서기(AD)	일본력(和暦)	일어난 일
1896년		제1회 근대올림픽대회
1905년		일본산 카레분 발매
1914년	大正 3年	제1차 세계대전(~1918), 오사카에서 오코노미야키 일반화
1923년		관동대지진
1937년	昭和 12年	중일전쟁
1939년		제2차 세계대전(~1945)
1941년		전국에 걸쳐 복어 판매 영업에 관한 규칙 제정
1958년		日清食品에 의해 최초로 즉석라면 발매
1960년		인스턴트커피 발매
1964년		동경올림픽에 즈음하여 철판구이를 통해 세계에 일본요리를 알림
1970년대		롯데리아 등 프랜차이즈의 시작과 함께 외식산업의 급성장
1980년대		스시가 서구에 전파되어 인정받기 시작함
2000년대		일본의 음식을 세계인들이 즐기게 됨

3. 일본요리의 특성

일본요리는 자연으로부터 얻은 식품 고유의 맛과 멋을 최대한 살릴 수 있는 조리방법 때문에, 눈으로 보는 아름다움만을 강조한 요리로 오해하기 쉽다. 하지만 이것은 본요리를 잘 모르는 일부 사람들의 편견에 지나지 않음을 우리는 알아야 한다. 일본요리를 연구해 보면, 맛과 색상과 기물, 그리고 공간의 조화를 예술적으로 승화시키고자 노력한 흔적을 곳곳에서 찾아볼 수 있다. 요리는 한 나라의 문화의 일부분이므로 일본요리에 관한 올바른 이해를 위해서는 일본문화에 대한 전반적인 이해와 특성에 대한 인식이 먼저 필요할 것이다. 다음은 일본요리의 특성에 대하여 알아보도록 하겠다.

1) 지역적 특성

(1) 간토료리(関東料理 ; かんとうりょうり) - 관동요리

도쿄(東京)를 중심으로 발달하였으며, 에도료리(江戸料理)라고도 한다. 달고, 진하고, 짠 농후(濃厚)한 맛이 특징이며, 이러한 것은 거친 토양과 수질의 불량에서 기인한 것으로 전해지고 있다. 지금도 일본에서 동경의 우동이나, 오뎅, 소바 등을 먹어보면, 그 국물의 간과 색이 진하여 짠맛이 좀 강한 것을 느낄 수 있다. 설탕이 들어간 음식은 단맛이 좀 강한 경향도 있다. 이러한 것은 부유한 식생활을 해왔던 흔적이 남아 있는 것으로 보인다. 반대로 간사이 지방에서의 국물은 색이 연하고 싱거운 듯 시원한 맛이 나는 것이 큰 특징이다.

간토료리로는 어개류를 이용한 요리, 즉 니기리즈시(생선초밥), 덴푸라(튀김), 우나기가바야키(민물장어구이)나, 소바 등이 대표적이다. 역사적으로는 1688년부터 1704년경에 생겨나서 음식점을 중심으로 발달하였고, 1800년대 중반에 이르러 서민문화와 함께 확립되었다고 보는 것이 좋다.

(2) 간사이료리(関西料理 ; かんさいりょうり) - 관서요리

교토(京都)와 오사카(大阪)를 중심으로 발달하였으며, 이전에는 가미가타료리(上方料理)로 불리었다고 한다. 에도료리(江戸料理)에 비해 긴 역사를 가지고 있으며, 국물이 많고 연한 맛을 내는 간장을 사용해 왔다. 바다로부터 멀리 떨어졌으나, 물이 맑은 교토에서 채소나 건물을 사용한 요리가 발달하였고, 바다가 가까운 오사카에서는 생선을 이용한 요리가 발달하였다. 음식의 간을 하는 데는 그다지 차이가 없으나, 식재료가 가지고 있는 담백한 맛을 살려낸 것이 특징이라 할 수 있다. 그러나 지금은 교통과 조리기술의 발달로 지역적 특성이 거의 사라지고 있는 실정이다. 전통적으로 운영하고 있는 식당을 찾아가면 간토료리와 간사이료리의 맛과 농도가 확실하게 다른 것을 지금도 확인할 수 있다. 하지만 우리와 마찬가지로 일본의 현대요리도 국제화되면서 국적불명의 글로벌 메뉴나 맛의 복합적인 변화가 다양하게 이루어지고 있어 지역적인 특성은 그다지 큰 의미가 없어지고 있다.

2) 조리방법의 특성

일본요리에 대한 인식 중 잘못된 것은 스시, 사시미, 우동 정도만 생각하는 경우이다. 어느 나라 요리도 마찬가지겠지만, 일본요리 또한 해산물에 국한되지 않는 다양한 식재료를 활용하여, 세밀한 조리방법을 가지고 있는 것을 알 수 있다. 사용하는 해산물의 종류, 채소의 종류, 육류의 종류 및 사용 부위가 우리보다 깊고 상세한 것을 하나씩 알아봐야 할 것이다. 조리방법별로 일본요리를 분류하면 우리와 그다지 다르지 않다는 생각이 들기도 하지만, 초회(스노모노)나 술찜, 차밥(오차즈케) 등은 일본요리에서만 사용하는 독특한 조리방법으로 보인다.

다음은 일본요리를 조리방법별 특성에 따라 분류한 것이다.

한글명	일본명(한자)	요리예
생선회	사시미(刺身) 쓰쿠리(造り, 作り)	활어회, 흰살생선회, 참치회, 모둠생선회
국	시루모노(汁物)	조개국, 흰살생선국, 계란국, 닭다시국, 백된장국, 적된장국
구이요리	야키모노(焼き物)	소금구이, 된장구이, 간장구이(데리야키, 유안쓰케)
조림요리	니모노(煮物)	생선조림, 쇠고기조림, 채소조림, 해산물조림, 닭고기채소조림
튀김요리	아게모노(揚げ物)	새우튀김, 생선튀김, 야채튀김, 쇠고기튀김, 모둠튀김
찜요리	무시모노(蒸し物)	달걀찜, 생선술찜, 닭고기술찜, 조개술찜, 바닷가재찜
무침요리	아에모노(和え物)	채소무침, 생선무침, 두부무침(시라아에)
초회	스노모노(酢の物)	해물초회, 해초초회, 문어초회, 해삼초회, 모둠초회
냄비요리	나베모노(鍋物)	지리, 샤부샤부, 스키야키, 미즈다키, 냄비우동, 모둠냄비
밥	고항(御飯)	송이밥, 밤밥, 굴밥, 솥밥, 죽순밥, 주먹밥, 볶음밥, 죽류
덮밥	돈부리모노(丼もの)	튀김덮밥, 고기덮밥, 돈가스덮밥, 닭고기덮밥, 참치덮밥
차밥	오차즈케(お茶づけ)	김차밥, 도미차밥, 연어차밥, 매실지차밥(우메차즈케)
절임류	쓰케모노(漬物)	배추절임, 우메보시, 랏교, 나라쓰케, 누카쓰케 등
과자	오카시(お菓子)	요캉, 모나카, 화과자, 건과자, 생과자 등
음료	노미모노(飲み物)	센차, 호지차, 현미차, 청주(日本酒), 소주(燒酒)
초밥	스시(寿司)	김초밥, 생선초밥, 일본식 회덮밥(지라시즈시)
굳힘요리	요세모노(寄せ物)	한천으로 만든 요캉, 니코고리, 푸딩 등
면요리	멘루이(麺類)	우동, 소바, 소멘, 라멘 등

(1) 사시미(刺身) - 생선회

사시미는 어패류를 생으로 먹는 것으로서, 스시와 함께 대표적인 일본요리로 자리 잡았다. 원래는 사시미나마스(刺身鱠)라고 부른다. 생선마다 먹는 때(旬 ; 순)가 있고, 가급적이면 살아 있는 생선회가 바람직하다. 생선의 질감과 맛을 느끼며, 생선의 특성에 따라 썰어 만든다. 예를 들면, 참치나 방어와 같이 지방이 많고 크기가 큰 것은 살이 부드러우므로 두껍게 썰고, 신선한 흰살생선의 경우는 육질이 비교적 단단하므로 얇게 써는 것이 좋다. 또 생선회의 종류에 따라 쓰마(妻)

등의 곁들이는 야채와 와사비나 간장 등의 양념을 잘 선택하는 것도 중요하다.

생선회는 본래 사시미가 아닌, 쓰쿠리(造り, 作り)라고 불렸으며, 어원은 조리한 생선의 지느러미를 꽂아서 담아낸 것이라 하여 부르기도 했는데, '썰다'라는 단어보다 '꽂다'라는 단어가 더 자연스러워서 바뀌었다고도 한다. 또한 쓰쿠리(造り, 作り)는 관서지방에서 많이 사용했던 말이다. 쓰쿠리에 사용된 한자 쓰쿠리(造り, 作り)를 통해, 생선토막을 요리로 창조하여 만들어냈다는 뜻으로 유추할 수 있다.

① 이케즈쿠리(生作, 生造 : 생작, 생조 ; いけづくり) – 활어회

활어회는 살아 있는 생선을 바로 손질하여 통째로 내거나, 필렛만 썰어서 내는 경우를 말한다. 사후경직이 일어나서 쫄깃거리는 맛이 최상에 달한다. 반대의 개념으로 숙성회가 있는데, 이는 손질 후 하루 정도 냉장고에 두면 사후경직이 풀려 단백질 분해로 아미노산이 생성되어 감칠맛은 증가하지만, 쫄깃한 질감은 다소 떨어질 수 있다.

② 우스즈쿠리(薄作, 薄造 : 박작, 박조 ; うすづくり) – 흰살생선회

흰살생선회는 도미, 광어, 농어 등의 흰살생선의 회를 말한다. 대체적으로 얇게 썰어내는 경우가 많으나 두껍게 썰어 색다른 질감을 느낄 수도 있다. 아주 얇게 썬 흰살생선회를 우스즈쿠리(薄作り ; うすづくり)라고 하는데, 와사비간장 대신에 초

간장(폰즈쇼유)을 찍어먹기도 한다.

③ 마구로사시미(鮪刺身 : 유자신 ; まぐろさしみ) – 참치회

참치를 부위별로 썰어낸 회요리를 말한다. 등살(아카미, 赤身), 대뱃살(오도로, 大とろ), 아가미살 등을 히라즈쿠리, 가쿠즈쿠리 등의 방법으로 만들어낸다. 부위별, 써는 방법별로 맛과 질감이 다르고, 특히 참치는 살이 부드러워 도톰하게 썰도록 한다. 다랑어는 참치(鮪 ; まぐろ)와 새치(梶木 ; かじき)로 분류되는데 참치에는 참다랑어, 눈다랑어, 황다랑어, 날개다랑어가 있고, 새치에는 청새치, 황새치, 돛새치 등이 있는데, 주둥이가 길게 창처럼 나와 있다. 새치는 통조림 또는 저렴한 참치전문점에서 참치회나 초밥 등의 요리에 사용된다.

일반적으로 참치라고 하면 구로마구로(黒鮪)를 최상품으로 치며, 길이는 1~3미터에 이른다. 참치회로는 눈다랑어, 황다랑어 등이 주로 사용되며 청새치나 황새치도 다양하게 사용된다.

종류	영어	일본어	용도
참치(다랑어)	tuna	鮪 まぐろ	회, 초밥, 구이, 조림, 튀김 등
참다랑어	bluefin tuna	黒鮪 くろまぐろ(ほんまぐろ)	
눈다랑어	bigeye tuna	眼撥 めばち	
황다랑어	yellowfin tuna	黄肌 きはだ	
날개다랑어	albacore	鬢長 びんなが	
가다랑어	bonitos, skipjack tuna	鰹 かつお	가쓰오부시
청새치	striped marlin	真梶木 まかじき	회, 초밥, 구이, 조림, 통조림
황새치	swordfish	眼梶木 めかじき	
돛새치	sailfish	芭蕉梶木 ばしょうかじき	

④ 사시미모리아와세(刺身盛合せ : 자신성합 ; さしみもりあわせ) - 모둠생선회

생선을 종류별로 골고루 담아내는 것으로, 코스요리에서 1인분씩 담아내는 경우도 있고, 2~4인분 정도를 한꺼번에 담아내는 경우도 있다. 일정한 방법은 없으나, 생선의 색상이나 종류에 따라 서로 대각이 되도록 담아야 입체적인 효과를 볼 수 있다.

(2) 시루모노(汁物) - 국

일본요리 메뉴에서 국은 단지 일품요리로서뿐만 아니라, 다른 요리의 맛을 한층 더 깊게 느끼도록 하는 역할도 한다. 특히 맑은국이 그러하며, 다시(국물), 완다네(주재료), 완쓰마(부재료), 스이구치(향미재료) 등의 네 가지 구성요소로 되어 있다. 맑은국은 뚜껑을 여는 순간 계절감을 느낄 수 있어야 하며 주재료에 따라 명칭이 달라지고, 된장국은 일본된장의 특성상 한 번만 끓여서 바로 먹어야 하며, 재탕을 하면 맛이 텁텁해진다.

① 맑은국(吸い物 ; すいもの)

맑은국은 일본요리 중에서도 특히 계절감이 중요한 요리이다. 다시마와 가쓰오부시로 뽑은 다시를 이용하며, 소금과 간장으로 조미한다. 주재료로는 수조어개류, 달걀, 두부, 채소 등이 이용되고, 부재료는 주재료의 맛과 색상 등을 고려하여 채소류, 버섯, 해조 등을 이용한다. 향기재료로는 산초, 생강, 머위, 양하 등 계절의 향을 첨가한다. 오스마시, 스마시지루라고도 한다.

② 미소시루(味噌汁 : 미쟁즙 ; みそしる) - 된장국

된장을 다시에 풀어 만든 국으로, 다시로는 멸치, 다시마, 고등어부시 등을 사용하고, 재료로는 어패류, 채소류, 육류 등을 이용한다. 된장은 향기가 날아가므로 펄펄 끓이지 않으며, 살짝 끓인 뒤 바로 먹도록 한다. 된장의 종류에 따라 맛과 향이 다르지만 최근에는 여러 가지 된장을 조화롭게 섞어서 맛있게 조제되어 나온 된장이 많다. 흰된장국은 맛이 부드러우므로 조식에 활용되며, 적된장국이 일반적으로 많이 사용된다. 적된장은 장기간 숙성으로 아미노산이 생성되어 더 깊은 맛이 나기 때문이다.

⑶ 야키모노(焼き物) - 구이요리

불을 사용하여 재료를 구운 것을 말하며, 주로 생선구이를 일컫는 경우가 많다. 직접 열을 가해 굽는 직화구이와 간접적으로 냄비나 팬, 은박지 등을 통하여 열을 전달받아 굽는 간접구이로 나눌 수 있으며, 조미하는 방법에 따라 분류하기도 한다.

불의 경우 강한 불의 먼 곳에서 굽는 것이 이상적이고, 일반적으로 표면을 먼저 굽는 경우가 많지만 불의 방향에 따라 달라지며, 표면과 내부의 비율이 7 : 3으로 구우면서 표면의 색이 충분히 나도록 한다. 최근에는 토치램프를 이용하여 겉면만 살짝 구워낸 아부리(炙り ; あぶり) 회나 초밥이 향기가 좋아 인기를 끌고 있다.

① 시오야키(塩焼 ; しおやき) - 소금구이

생선이나 수조육류를 소금에 절이거나 뿌려서, 재료의 불쾌한 냄새를 없애고, 수분을 흡수하여 단단히 응고되도록 하여 구운 것을 말한다. 생선을 통째로 구울 때에는 지느러미가 타지 않도록 소금을 듬뿍 발라서 굽기도 하는데, 이것을 게쇼지오(化粧塩 ; けしょうじお, 화장염)라고 한다. 시오야키에는 도미소금구이, 삼

치구이, 연어구이 등이 대표적이고, 게쇼지오는 작은 도미나 은어 등에 적용된다. 또한 생선이 살아서 헤엄치는 모양으로 휘어지게 꼬챙이를 꽂아 구워낸 것을 스가타야키(姿焼き ; すがたやき)라고 하는데, 이때도 게쇼지오를 지느러미에 발라서 구워 타지 않도록 하며, 소금의 구워진 모양이 돋보이기도 한다.

② 미소야키(味噌焼き ; みそやき) - 된장구이

채소나 어패류, 육류 등을 된장에 절여서 구운 요리를 말한다. 적된장과 백된장에 청주를 섞고 설탕과 미림 등과 함께 희석된 된장양념을 사용한다. 채소류는 사전에 약한 소금으로 밑간을 하고, 어패류는 소금에 잠시 재워 이취를 제거한 다음 된장양념에 담가 사용하도록 한다. 재료의 크기나 상태에 따라 다르지만 하루 정도 지난 후에 꺼내 된장을 씻어낸 후에 굽도록 한다. 일본의 서경지방에서 흰살생선을 구울 때 사용하는 방법이라 하여 사이쿄야키(西京焼 ; さいきょうやき)라고도 하며, 된장에 절여서 사용한다고 하여 미소즈케(味噌漬け ; みそづけ)라고 부르기도 한다. 양념으로 인해 겉면이 타기 쉬우므로 약한 불에서 조심스럽게 구워내도록 한다.

③ 데리야키(照り焼き ; てりやき) - 간장구이

어패류나 수조육류를 잘라 구워서 데리(照り)를 발라 색과 간을 낸 것으로, 일단 양면구이를 하여 재료를 거의 익혀낸 다음, 요리용 붓으로 데리를 발라가며 양면 모두 굽는다. 데리는 구운 각 재료의 뼈를 이용하여 간장과 술, 설탕, 미림 등으로 조려낸 것을 사용하면 더욱 진한 맛을 낼 수 있다. 도미구이, 장어구이, 닭고기구이, 쇠고기간장구이 등이 대표적이며, 데리를 통해서 맛과 색을 내며, 특히 재료가 빛나게 하는 구이방법이다.

④ 유안즈케(幽庵漬 ; ゆうあんづけ) - 유자간장구이

유안야키(幽庵焼 ; ゆうあんやき)라고도 하며, 기타무라유안(北村幽庵)이 만들었다고 하여 붙여진 이름이다. 일반적으로 유자를 사용하여 조리하는 방법이라

하여 유안야키(柚庵焼き)라고 하여 다른 한자표현을 사용하는 경우도 있다. 간장에 술, 미림 등을 섞어 유자를 와기리(輪切り)하여 넣은 것에, 생선을 담가 절였다가 구워서 사용하는데, 역시 양념으로 인해 타지 않도록 약한 불에서 조심스럽게 구워내도록 한다. 다량의 유자즙으로 생선의 냄새를 없애며 은은한 유자의 향과 간장의 맛이 밴 맛을 낸다. 원래는 유자를 사용하는 조리법이지만, 유자가 없는 계절에는 레몬이나 라임, 또는 스다치(すだち) 등을 사용하기도 한다.

⑷ 니모노(煮物) - 조림요리

니모노(煮物)는 삶거나 조려내는 요리로서, 재료에 맛을 더하기 위해 조미료를 사용하여 간을 해야 하지만, 향기가 있는 재료는 그 향을 잃지 않도록 하는 것이 중요하다. 이러한 조림요리에는 국물의 양이 많은 것과 적은 것, 재료를 그대로 조린 것과 볶거나 튀겨서 조린 것, 전분을 이용한 것, 재료의 맛과 색 등에 따라 분류된다. 조림요리를 할 때에는 가열에 의한 얼룩이 지지 말아야 하며, 조림에 의해 재료가 부서지는 것을 방지하기 위하여, 용도에 맞는 모양과 크기를 선택해야 한다. 재료에 맞게 불의 세기를 수시로 조절하며, 필요에 따라서는 종이뚜껑이나 오토시부타(落し蓋 ; おとしぶた, 조림용 뚜껑)를 이용한다. 조미료는 설탕, 소금, 간장의 순으로 첨가하며 식초 등의 휘발성 향은 나중에 넣어준다. 설탕을 많이 사용할 경우 한꺼번에 넣으면 설탕의 보수성에 의해 재료가 단단해지므로, 조금씩 여러 번에 나누어 넣도록 한다.

① 아라니(粗煮 ; あらに) - 생선조림

생선의 머리, 몸의 뼈 살, 볼때기 살 등을 진한 국물로 조려낸 요리로, 간장, 미림, 설탕, 청주를 넣어, 빛이 나게 만든 조림요리다. 우엉과 함께 조리는 경우

도 있고, 도미나 방어의 조림이 맛이 좋으며, 아라타키(あら炊き)라고도 한다.

② 우마니(旨煮 ; うまに) - 닭고기채소조림

대표적인 조림요리로, 생선이나 육류, 야채 등의 재료에 다시, 설탕, 간장, 미림 등으로 색을 내며, 달게 조려낸 것을 말한다. 데리(照り)를 충분히 사용하여 맛과 색을 살려낸 관동식 요리로, 재료 고유의 맛을 살려낸 요리이기도 하다. 야채로는 죽순, 우엉, 연근, 당근, 표고버섯, 감자 등이 사용되며, 야채 외의 재료로는 육류나 오징어, 장어, 새우 등이 적절하게 선택되고 조리되어 정월요리 등에 이용된다. 닭고기야채조림이 우마니의 대표적인 요리이다.

(5) 아게모노(揚げ物 ; あげもの) - 튀김요리

튀김요리는 다량의 기름을 통하여 식품에 열을 가한 것으로서, 요리에 기름이 부착되어 있는 열량식이다. 기름은 정제한 식물성 기름을 사용하며, 튀기는 방법과 튀김옷의 모양에 따라 종류가 분류된다.

① 덴푸라(天婦羅 ; てんぷら) - 모둠튀김

어패류, 채소류 등을 난황, 물, 박력분을 섞어 반죽한 튀김옷에 묻혀 튀겨낸 요리로서, 재료나 반죽에 간이 되어 있지 않으므로, 반드시 튀김소스인 덴다시(天出 ; てんだし)와 야쿠미(薬味 ; やくみ) 양념을 같이 섞어 담가 먹도록 한다. 덴다시는 간장, 설탕, 미림, 청주를 사용하고, 야쿠미로는 무즙, 생강즙, 실파를 잘게 썬 것을 사용한다. 어원은 그 의견이 분분하나 포르투갈어의 temporas, 이탈리아어의 tempora에서 유래되었다는 설이 유력하다.

② 가라아게(空揚 ; からあげ)

원래는 스아게와 같이 재료에 아무것도 묻히지 않고 튀기는 방법이었으나, 시대에 따라 변화되어 이제는 재료에 밑간을 하여 전분이나 밀가루를 묻히거나 버무려서 튀겨낸 요리를 말한다. 나중에 앙카케(餡掛け)를 곁들이는 경우도 있으며, 어패류나 조류, 야채류 등을 재료로 이용하고, 조리의 전처리로 튀겨놓는 경우도 있다. 중국의 영향을 받아 양념해서 튀기는 경우 가라아게(唐揚げ)라고 표현하기도 한다.

(6) 무시모노(蒸し物 ; むしもの) - 찜요리

증기의 기화열을 이용하여 가열한 것으로, 타지 않으며 재료 모양의 변형이 없다. 또 맛과 향, 영양소의 파괴가 없으며, 조작도 간단하나 조미하기 어려운 점도 있다. 비교적 담백한 재료에 적당한 조리법이다. 찜요리에서 중요한 것은 역시 온도의 조절과 찌는 시간의 조절이다.

① 자완무시(茶碗蒸し ; ちゃわんむし) - 달걀찜

자기그릇에 넣어 만든 계란찜요리로, 재료를 간장과 소금, 미림으로 간을 한 다시에 계란을 풀어 가한 것에 각각 익혀 담가서, 자기그릇에 넣어 쪄낸 것을 말한다. 재료로는 담백한 맛의 흰살생선과 닭고기, 새우, 어묵, 은행, 송이버섯, 밤 등을 이용하며, 아오미(青み)로는 미쓰바(三つ葉) 등을 이용한다. 계란과 다시의 비율은 1 : 3이 일반적이며, 뚜껑을 덮어 15분 정도 약한 불에서 쪄낸다. 향미증진을 위해 기노메(木の芽)나 유자 껍질을 곁들인다.

② 사카무시(酒蒸し；さかむし) - 술찜

재료에 술을 뿌려 쪄낸 요리를 말하며, 재료에 소금으로 간을 하여, 다시마를 그릇에 깔고 술을 뿌려 쪄낸다. 일본 특유의 찜요리 방법으로 재료로는 패류나 흰살생선, 닭고기 등이 이용된다. 조개에 술을 넣고 살짝 간을 하여 끓여낸 조개술찜은 바지락이나 백합조개를 사용하는 경우가 많으며, 별미로 즐길 수 있는 요리이다. 일본에만 있는 특별한 조리법으로 보인다.

(7) 아에모노(和え物；あえもの) - 무침요리

재료에 양념이나 소스 등을 곁들여 무쳐낸 것으로, 시간이 지나면 재료에서 수분이 유출되므로 되도록 빨리 사용한다. 반드시 차게 하여 무치는 것이 중요하며, 맛이 약한 채소의 경우에는 미리 간을 하거나 익혀서 조리하는 경우도 많다.

① 시라아에(白和え；しらあえ) - 두부무침

흰깨를 볶아서 간 것과, 두부를 삶아 수분을 짜낸 것을 섞어서 설탕, 우스쿠치쇼유(薄口醬油), 소금 등으로 맛을 내어 무쳐낸 것으로, 주로 푸른색 야채의 무침에 이용된다. 시금치의 시라아에 대표적이다.

② 고마아에(胡麻和え；ごまあえ) - 참깨무침

볶은 참깨를 갈아서 간장과 소량의 미림 또는 설탕을 넣어서 재료를 무쳐낸 요리를 말한다. 재료의 색에 따라 흰깨와 검정깨를 선택하며, 재료로는 미나리, 쑥갓, 시금치, 가지, 죽순 등이 이용된다.

③ 오로시아에(下ろし和え；おろしあえ) – 무즙무침

무즙을 가볍게 짜서 산바이스나 아마스 등으로 맛을 내어 재료를 무친 것으로서, 무즙 대신에 오이즙을 사용한 경우에는 미도리아에(緑和)라고 한다. 어패류, 조류, 버섯, 미역 등의 야채를 이용한다.

(8) 스노모노(酢の物；すのもの) – 초회

새콤달콤한 혼합초를 재료에 곁들여내는 요리로, 계절감을 가지고 청량감을 주어 식욕을 자극하며, 재료의 맛을 그대로 살려내는 것이 중요하다. 일반적으로 조개는 생물의 살을, 생선은 소금이나 식초에 절여진 것을 사용하는 경우가 많다. 또 아름답게 보이고 입에서 씹히는 감촉을 높이기 위해 굽거나 데치기도 한다.

미역이나 오이, 도사카노리(鶏冠海苔) 등의 해초나 채소를 바탕으로 어패류들을 담아낸다. 주로 사용되는 혼합초로는 삼바이즈(三杯酢)가 가장 많으며, 니하이즈(二杯酢), 아마즈(甘酢), 고마즈(胡麻酢) 등도 자주 쓰인다.

① 나마코스노모노(海鼠酢の物；なまこすのもの) – 해삼초회

그릇에 오이나 미역 등의 야채와 해조류를 가지런히 담아 넣고, 손질한 해삼을 잘게 썰어 아카오로시와 실파를 곁들인 것. 폰즈(ポン酢)를 찍어 먹는다.

② 다코스노모노(蛸酢の物；たこすのもの) – 문어초회

삶은 문어를 파도썰기하여 미역 · 오이와 함께 담아낸 것으로, 삼바이스를 뿌려낸다. 문어는 소금으로 문질러 깨끗이 세척하며, 삶을 때 오차와 간장을 넣으면 색이 좋아진다.

③ 가이소스노모노(海草酢の物 ; かいそうすのもの) – 해초초회

갖가지 해초(海草)를 재료로 사용한 것으로서, 미역, 도사카노리, 해파리 등을 재료로 사용하며, 그릇에 가지런히 조금씩 담아 고마다래(胡麻垂れ)를 뿌려 먹는다.

④ 스노모노모리아와세(酢の物盛合わせ ; すのものもりあわせ) – 모둠초회

야채와 해조류에 여러 가지 어패류 재료들을 각각 손질하여 한데 모아 담은 것으로, 삼바이스를 뿌려준다. 재료로는 미역과 도사카노리 등의 해조류와 오이, 초연근 등의 야채, 그리고 삶은 꽃게, 문어, 새우와 초절임한 전어, 그리고 가리비 등의 패류를 이용한다. 고급 재료로는 바닷가재를 이용하는 경우도 있다.

(9) 나베모노(鍋物 ; なべもの) – 냄비요리

냄비요리는 재료의 맛과 모양에 의해 좌우되므로, 아쿠(灰汁)가 강하거나 부서지기 쉬운 재료는 피한다. 냄새가 나는 것은 미리 시모후리(霜降)하여 제거하고, 아쿠를 내는 야채는 미리 데쳐서 사용한다. 냄비요리는 사교적인 요리로서, 식탁에 올려놓기에는 열효율이 높은 도나베(土鍋)가 적당하다. 금속제에 비해 보온성이 좋고, 가열시간이 다소 걸리지만 열용량이 크므로 재료가 잘 익는다.

① 유데루나베(ゆでる鍋 ; ゆでるなべ)

재료가 가진 맛을 그대로 살리기 위해 냄비에서 양념하지 않고 각자의 폰즈쇼유(ポン酢醤油)를 찍어 먹는다.

② 지리나베(ちり鍋)

다시에 흰살생선과 계절야채, 두부 등을 넣어 끓인 것. 도미지리, 대구지리 등이 대표적이다.

③ 유도후(湯豆腐 ; ゆとうふ) – 두부냄비

다시마 국물에 두부를 넣고 끓이면서 양념간장이나 폰즈를 찍어 먹는다.

④ 미즈타키(水炊き ; みずたき) – 닭지리

닭국물에 계절야채와 닭고기를 한입 크기로 썬 것을 넣고 끓이면서 폰즈를 찍어 먹는다.

⑤ 요세나베(寄せ鍋 ; とせなべ) – 모둠냄비

어패류, 닭고기, 야채류 등을 맑은국 정도의 국물로 끓여가면서 국물과 함께 건져 먹는다.

⑥ 스키야키(鋤焼 ; すきやき)

쇠고기를 이용하여 진한 국물로 맛을 낸 일본 특유의 고기요리로서, 우시스키(牛すき), 우시나베(牛鍋)라고도 한다. 관동지방과 관서지방에서의 방식에는 약간의 차이가 있는데, 사용하는 재료는 거의 같으나, 먹는 방법과 맛을 내는 방법에 약간 차이가 있다. 관동에서는 와리시타(割り下 : 다시, 간장, 미림, 조미료 등을 혼합하여 만든 국물)라고 하는 양념국물을 만들어 조리하지만, 관서에서는 설탕, 간장, 청주 등을 입맛에 따라 직접 간을 해가며 조리한다. 뜨거운 것을 먹기 좋고, 부드러운 맛을 내기 위하여 계란 푼 것을 찍어 먹기도 하나, 그대로 먹어도 무방하며, 오리려 자연적인 맛을 느낄 수도 있다. 어느 정도 먹고 난 다음, 남은 국물에다 우동이나 떡 등을 넣고 졸여먹으면 또 하나의 일품요리를 맛볼 수 있다.

⑦ 샤부샤부(しゃぶしゃぶ)

얇게 저민 재료를 끓는 다시에 데쳐 먹는 요리로서, 소고기와 채소 등을 이용한다.

소스로는 폰즈, 고마다레 등이 사용되었으나, 현대에 와서는 칠리소스를 사용하기도 한다. 중국요리에서 전해진 것을 일본식으로 개량했다고 전해지는데, 칭기즈칸 시대에 벌판에서 얼어 죽은 고기를 저며서 끓는 물에 데쳐 먹은 데서 유래되었다는 설도 유력하다. 어찌 되었든 일본의 전통요리가 아닌, 파생되어 개선된 요리라 할 수 있다. 소고기는 엉덩이살이나 등심, 배추, 파, 쑥갓, 팽이버섯, 표고버섯 등을 이용한다.

⑧ 뎃판야키(鉄板焼；てっぱんやき) – 철판구이

두꺼운 철판 위에 각종 식재료(해산물, 야채, 육류) 등을 올려놓고, 주로 고객 앞에서 조리사가 직접 요리하는 과정을 보여주며, 완성된 요리를 즉석에서 먹을 수 있도록 하는 것 또는 그 요리를 말한다. 전통적인 일본요리는 아니지만 해산물과 일부 야채, 그리고 소스 등에서 일본요리의 냄새가 느껴지며, 주재료와 조리법은 서양요리에서 온 것이다. 정확한 유래는 알려지고 있지 않지만, 기원은 칭기즈칸 시대에 들짐승과 야채 등을 돌이나 철판 위에 올려 구워 먹던 것에서 유래되었다는 게 지배적이다. 후에 여러 나라에서 철판 위에 요리를 해 먹는 풍습이 생겨났으나, 일본이 이것에 이름을 붙여 상업적으로 성공하여, 현재는 철판구이라고 하면 일본요리의 한 부분이 되어버렸다. 그러므로 철판구이요리는 일정한 형식이 없고, 다만 지역적 특성을 살려 그 조리법이나 소스가 나름대로 발전하는 실정이다. 해산물로는 새우, 가리비, 연어, 은대구, 전복, 바닷가재 등이 이용되고, 육류로는 주로 쇠고기의 안심과 등심, 그리고 양갈비가 이용되고 있으며, 야채류로는 숙주나물, 시금치, 양파, 버섯 등이 재료로 이용되고 있다.

⑽ 고항(御飯 ; ごはん) - 밥

밥은 주식으로서 쌀만으로 지은 밥과 별도로 재료의 맛을 들여 지은 밥이 있으며, 응용하여 먹는 방법에 따라 종류가 다양하다.

① 고항(御飯) - 밥

송이밥, 밤밥, 굴밥, 콩밥, 솥밥, 죽순밥

② 오카유(お粥 ; おかゆ) - 죽

곡식을 물에 묽게 풀어 오래 끓여 알갱이가 흠씬 무르게 만든 음식이다. 서양의 오트밀과 비슷하다. 수많은 아시아 국가의 사람들, 주로 밥을 소화시키기 어려운 환자들이 먹는다. 일부 국가의 문화에서 죽은 주로 아침식사나 저녁식사로 취급하는 반면 다른 문화에서는 밥을 대체하는 다른 요리로 취급한다. 채소죽, 전복죽, 쌀죽 등이 있다. 쌀로 만든 죽과 달리, 밥을 끓여 만든 죽은 조스이(雑炊 ; ぞうすい)라고 하여 구별한다.

③ 오니기리(お握り ; おにきり) - 주먹밥

밥에 양념을 하거나 재료를 넣고 삼각형이나 약간 납작한 구 모양으로 빚은 일본의 주먹밥이다. 보통 손바닥 크기 정도로 만든다. 속재료에 따라 다양한 맛을 구현할 수 있으며, 간편하게 식사할 수 있다. 원래 남은 음식의 저장이나 휴대용 식량으로 만들어졌으나 요즘은 평소에도 즐겨 먹는 음식으로 일본의 편의점이나 슈퍼마켓에서 판매되고 있다. 한국에는 삼각김밥으로 알려져 있고 재료에 따라 이름이 다양하다. 삼각김밥을 불에 구워 야키메시(焼飯 ; やきめし)라 부르기도 한다.

④ 자항(チャ-ハン) – 볶음밥

중국요리 볶음밥과 유사하며, 뜨겁게 달군 팬에 기름을 둘러 달걀을 풀어 볶은 다음, 밥과 재료(돈육, 햄, 새우, 게, 파, 그린피스 등)들을 섞어 볶아주는 요리로 시작하였다. 지금은 버터에 채소를 볶다가 밥을 넣기도 하며, 마늘을 다져 버터에 볶다가 재료와 밥을 넣어 볶는 마늘볶음밥까지 개발되었다. 중국의 볶음밥이 촉촉한 반면, 일본요리의 볶음밥은 밥알 하나하나가 모두 볶아져 꼬들꼬들한 맛을 내는 것이 특징이다. 이를 위하여 밥을 물에 씻어 물기를 제거하여 사용하는 경우도 있다.

⑾ 돈부리모노(丼物 ; どんぶりもの) – 덮밥

"돈부리"라고 하면 원래는 사기로 된 밥그릇을 뜻하는 것이었으나, 요즘은 덮밥요리를 지칭하는 경우가 많다. 한국의 비빔밥에 버금가는 인기를 누리고 있지만, 덮밥은 비벼먹는 것이 아니고, 밥 위의 재료와 함께 그대로 떠 먹는 것이 독특한 일본의 문화이다. 일본에서 면요리에는 쓰케모노가 나오는 경우가 많지만, 덮밥은 찬이 따로 나오지 않으며, 쓰케모노나 김치를 주문하면 추가요금을 받는 것이 일반적이다.

① 덴동(天丼 ; てんどん) – 튀김덮밥

밥 위에 튀김가루(天滓 ; てんかす)를 뿌리고, 튀김을 얹고, 덴다시(天だし)를 뿌려낸다. 밥과 튀김의 맛이 어우러져 고소한 맛을 낸다.

② 규돈(牛丼 ; ぎゅうどん) – 고기덮밥

소고기덮밥을 말하며, 소고기를 잘게 썰어 대파, 양파, 버섯 등에 덮밥다시를 넣고 끓여 달걀 풀어낸 것을 밥 위에 얹어낸 요리를 말한다.

③ 가쓰돈(カツ丼) – 돈가스덮밥

돈가스를 튀겨 소고기 대신 넣고, 대파, 양파, 버섯 등에 덮밥다시를 넣고 끓여 달걀 풀어낸 것을 밥 위에 얹어낸 요리를 말한다.

④ 오야코돈(親子丼 ; おやこどん) – 닭고기덮밥

닭고기로 만든 덮밥. 규돈과 방법이 같으나 주재료만 닭고기로 바꾸어 한입 크기로 썰어서 만든다. 닭고기와 달걀을 넣어 부모가 같이 있다 하여 붙여진 이름

⑤ 뎃카돈(鉄火丼 ; てっかどん) – 참치덮밥

참치를 한입 크기로 썰어 와사비 간장을 묻히고, 볶은 참깨를 갈아 참치에 발라 뜨거운 밥 위에 얹어낸 요리

⑿ 오차즈케(お茶づけ ; おちゃづけ) – 차밥

뜨겁거나, 찬밥 위에 뜨거운 녹차를 부어 먹는 밥으로, 헤이안 시대 때 시작이 된 것으로 알려져 있다. 올려놓는 재료에 따라 차밥의 이름이 달라지며, 후에 오차 대신에 맑은 다시 국물을 사용하며, 코스 등의 요리를 다 먹고 난 뒤 식사로 먹게 되었다.

① 노리차즈케(海苔茶漬 ; のりちゃづけ) – 김차밥

밥에 스이지(すいじ)를 붓고, 와사비와 하리노리(針海苔 ; はりのり : 가늘게 썬 김)을 얹어낸다.

② 다이차즈케(鯛茶漬 ; たいちゃづけ) – 도미차밥

생선회용 도미살에 참깨를 묻혀 밥 위에 나란히 얹고, 스이지를 부어 와사비를 곁들여낸다.

③ 사케차즈케(鮭茶漬；さけちゃづけ) – 연어차밥

연어를 구워 부순 다음 밥 위에 뿌려서, 스이지와 와사비를 곁들여낸다.

④ 우메차즈케(梅茶漬；うめちゃづけ) – 매실지차밥

우메보시 씨를 빼고 가늘게 썰어 밥 위에 얹고, 와사비와 스이지를 곁들여낸다.

⒀ 쓰케모노(漬物；つけもの) – 절임요리

쓰케모노는 야채의 보존을 목적으로 시작하였으며, 식품을 식염이나 쌀겨, 된장, 간장, 술지게미 등에 절여서, 저장성과 맛을 향상시키고 있다. 수분이 많은 엽채류는 소금에 절이는 경우가 많은데, 이것에 의해 수분이 탈수되고 염분이 침투하여 맛이 좋아진다. 보존성이 향상되지만 시간이 오래 지나면 효소나 유산균이 증식하여 산미(酸味)가 나게 된다. 수분이 많지 않은 경채류나 가지, 오이 등은 쌀겨나 된장에 절이는 경우가 많다.

① 시오즈케(塩漬；しおづけ) – 소금절임

배추 등의 엽채류(葉菜類)를 소금에 절인 것으로, 소금과 유자, 고추 등의 향을 더하면 풍미가 더욱 증진된다. 배추소금절임은 소금에 절인 배추잎 사이에 깻잎을 넣어 1~2cm 정도 높이로 쌓아 눌러 물기를 제거한 다음, 한입 크기로 잘라서 사용한다.

② 우메보시(梅干し；うめぼし) – 매실지

매실을 염장하여 건조시켜 사용한 것. 6월에 수확한 청매실을 물로 씻어 담가 냄새를 빼낸 다음, 30% 정도의 식염을 뿌려 항아리에서 절인다. 매실이 부서지지 않을 정도의 무게를 올려놓아 물기를 빼준 다음, 매실의 10% 정도의 붉은 시소잎을 넣은 후, 매실초가 되어 색이 적색으로 변하면 냉암소에 두고 사용한다. 시큼한 맛이 강하지만 입맛을 당겨주는 매력이 있어 일본인들이 가장 좋아하는 절임식품이며, 심지어 해외여행 시 용기에 담아 가지고 다니기도 한다. 두 알 정도면 밥 한 공기를 개운하게 먹을 수 있다.

③ 랏교(辣韮 ; らっぎょう) - 염교절임

염교의 원형 뿌리부분을 소금에 절였다가 아마즈에 담갔다가 사용한다. 초밥에 같이 내는 경우가 많다.

④ 나라즈케(奈良漬 ; ならづけ) - 참외지, 울외

술이나 미림을 만들고 남은 지게미를 이용한다. 살짝 말려서 소금에 절인 박과 식물인 우리(瓜)류나 가지 등을 절이는 것으로, 술지게미를 사용한 절임 중에서 나라즈케(奈良漬, 참외지)가 대표적이다.

⑤ 누카즈케(糠漬け ; ぬかづけ) - 쌀겨절임

쌀겨에 무, 가지, 오이, 순무, 생강, 당근 등을 절인 것으로서, 효소나 유산균을 이용한 절임요리이다. 아침저녁으로 쌀겨를 뒤집어 섞어서 공기를 넣어줌으로써, 내부에서 자라는 혐기성 미생물의 생육을 억제시켜야 좋은 맛을 유지할 수 있다.

⒁ 오카시(お菓子) - 과자

① 요캉(羊羹) - 양갱

한천(寒天)을 끓여서 풀어 팥을 이겨 만든 과자. 물기를 많이 하여 물렁하게 만든 것

② 모나카(もなか)

쌀가루를 반죽하여 얇게 밀어 구운 것에 팥소를 넣은 과자

③ 와가시(和菓子 ; わがし) - 화과자

일본과자의 총칭이지만, 대체적으로 메이지유신 이후 일본에 들어온 양과자, 중화과자, 남반과자 등이 합쳐져 파생된 모양으로 남아 있다.

④ 히가시(干菓子 ; ひがし) - 건과자

수분이 적은 과자의 총칭. 양과자보다는 화과자에 가깝고, 찹쌀, 멥쌀, 밀가루, 설탕 등으로 만든다.

⑤ 나마가시(生果子 ; なまかし) - 생과자

수분함량이 30% 이상으로, 수분함량이 높은 과자를 말하며, 앙금, 크림, 잼, 한천 등을 이용한 과자가 많으며, 일반적으로 부드러워 촉감이 좋다.

⒂ 노미모노(飮み物) - 음료

음료는 수분을 보충하고, 피로회복, 비타민 보급, 식욕증진 등의 생리적인 효과 외에도 기분전환 및 단란하게 모여앉아 노는 데도 부족함이 없는 역할을 한다. 일본의 대표적인 음료는 녹차, 청주, 소주 등으로 볼 수 있다.

① 센차(煎茶 ; せんちゃ) - 녹차

일반적인 녹차로 가장 많이 이용되고 있다. 따는 순서에 따라 일번차, 이번차, 삼번차 등으로 구별되고 맛과 가격도 차이가 난다. 일번차가 최상품이다.

② 호지차(焙じ茶 ; ほうじちゃ) – 볶은 녹차

반차(番茶 ; ばんちゃ, 번차 : 녹차의 줄기를 따서 만든 제품)를 볶아낸 것으로 갈색이 난다. 특유의 강한 탄내가 있으나 맛은 담백하다.

③ 겐마이차(玄米茶 ; げんまいちゃ) – 현미차

중저급의 녹차줄기를 강한 열로 볶은 것에, 현미를 볶아 섞어서 만든 것으로, 차와 현미는 같은 양이 들어갔다. 독특한 방향이 있는 것이 특징이고, 끓는 물에 단시간 우려 먹어야 타닌의 텁텁함을 피할 수 있다고 한다.

④ 니혼슈(日本酒 ; にほんしゅ) – 청주

쌀, 쌀누룩, 물을 원료로 하여 만든 발효 · 숙성주로서, 알코올은 15% 내외이며, 제조방법에 따라 이름이 다양하게 불린다. 일본의 대표적인 전통주로서 우리의 청주와 유사하며, 식사전이나 요리에 곁들여 마신다.

⑤ 쇼추(焼酎 ; しょうちゅう) – 소주

증류주의 일종. 최소 알코올도수가 36% 이상으로 전분이나 밀을 원료로 하여 만든다. 그대로 마시기도 하지만 칵테일로 제조하여 이용하기도 한다.

(16) 스시(寿司 ; すし) – 초밥

일본요리의 대표적인 요리 중 하나로 스시(寿司)의 기원은 스시(酢, 鮨)로서, 어개류를 염장하여 자연스럽게 발효하여 산미를 발생시킨 것을 말한다. 후에 많은 변천을 통해 밥을 따로 비벼서 간단하게 손으로 쥐어 먹을 수 있는 니기리즈시(握り寿司)가 탄생하여 현재에 이르고 있다.

① 후토마키즈시(太巻き鮨；ふとまきずし) – 김초밥

대표적인 김밥으로 박고지, 표고, 오이, 달걀말이 등 두 가지 이상의 재료를 한 장의 김으로 말아낸 것

② 니기리즈시(握り鮨；にぎりずし) – 초밥

신선한 어패류나 달걀말이 등을 재료로 하여, 단맛이 담긴 밥을 주물러 만들어낸 초밥. 현재는 주재료가 채소나 버섯 등까지 다양하게 활용되고 있다.

③ 지라시즈시(散し鮓；ちらしずし) – 일본식 회덮밥

니기리즈시와는 달리 밥과 재료를 따로따로 담아낸 것으로, 초밥초로 버무린 밥과 초밥재료를 섞어서 사용하는 관서식과, 초밥 위에 재료를 가지런히 썰어 담아내는 관동식으로 대별된다.

(17) 요세모노(寄せ物) – 굳힘요리

① 요캉(洋館；ようかん) – 양갱

팥앙금 등에 설탕, 한천을 넣어 굳힌 것

② 니코고리(煮凝り；にこごり)

생선의 조림국물이 냉각되어 고체가 되는 성질을 이용하여, 재료를 조려서 응고시킨 요리로, 젤라틴질이 많은 복어, 광어, 상어 등을 이용한다. 살이나 껍질을 적당한 크기로 썰어 간을 한 국물에 넣어 끓였다가 식혀서 응고시킨다.

⒅ 멘루이(麺類；めんるい) - 면요리

① 우동(饂飩；うどん) - 우동국수

② 소바(蕎麦；そば) - 메밀국수

- 자소바(茶蕎麦) : 녹차메밀국수
- 모리소바(盛蕎麦) : 김을 얹어낸 메밀국수
- 자루소바(笊蕎麦) : 대나무 자루에 담아낸 메밀국수
- 가케소바(掛け蕎) : 온메밀국수

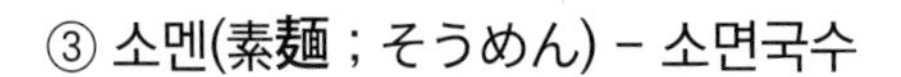

③ 소멘(素麺；そうめん) - 소면국수

- 니멘(煮麺) : 온소면
- 히야시소멘(冷やし素麺) : 냉소면

④ 라멘(ラ-メン)

남녀노소를 불문하고 일본에서 가장 폭넓게 사랑받고 있는 대표적인 면요리로, 주카소바(中華ソバ)라고도 한다. 라면은 일본에서 만든 것임에도 중화소바라고 부르는 이유는, 반죽을 손으로 당겨 펴서 만드는 중국 납면(拉麵)의 발음을 따른 것이라고 한다.

인스턴트 라면과는 달리, 국물에 구운 돈육 등을 넣어 만든 것이 일반적이지만, 된장을 이용하기도 하고, 지역마다의 특성을 살려 만든 라멘의 종류가 무수히 많다.

4. 일본요리의 기본

1) 조미료(調味料 ; ちょうみりょう) – 조미료

(1) 사토(砂糖 ; さとう) - 설탕

설탕은 사탕수수를 분쇄, 농축하여 얻은 원당을 정제하여 얻은 것으로서, 정백당인 백설탕이 대표적인 감미료이다. 흑설탕, 황설탕, 백설탕 등으로 분류되며, 가공방법에 따라 각설탕, 분설탕, 빙설탕 등으로도 분류할 수 있다. 조리 시 용도에 따라 선택하여 사용하는데 주로 백설탕을 이용한다.

(2) 시오(塩 : しお) - 소금

소금은 요리에 짠맛을 더해주는 조미료로서의 역할 외에도, 다른 조미료와 함께 식품에 첨가하였을 때 단맛을 돋우어주기도 하며, 신맛을 줄이는 억제효과도 낼 수 있다. 제염이나 가공한 맛소금(味塩 ; あじしお)을 주로 많이 사용한다. 일본의 소금은 이온교환막법으로 만든 것과 수입한 천일염을 원료로 하는 것, 그 외에 특수제법 소금, 그리고 공업용, 특수용 소금 등으로 크게 분류된다.

① 식염

이온교환막법에 의한 것, 염기성 탄산마그네슘을 첨가하지 않은 것으로 용해되기 쉽다. 일반적으로 조리용으로 사용된다.

② 정제염

해외에서 수입된 천일염을 녹여서 재제 가공한 것. 염기성 탄산마그네슘을 첨가하였다.

③ 식탁염

정제염과 같이 만들어졌지만, 염기성 탄산마그네슘을 많이 첨가하고 있다. 식탁에서 요리에 뿌리는 소금으로 맑은국 등에 사용한다.

④ 지물염

해외에서 수입된 천일염을 세정하고 분쇄하여 사과산, 구연산 등을 첨가한 것. 입자가 굵어 직접 식용하지는 않는다. 짠맛은 온도가 높은 만큼 혀가 느끼는 순도가 낮아 뜨거울 때 딱 좋은 맛이 식으면 짠맛이 줄어들므로 넣을 때 주의한다. 니모노 등에 설탕과 같이 사용할 때에는 설탕을 먼저 넣어 간을 한 다음 소금을 넣는 것이 좋다. 소금은 재료에서 물을 빼앗기 때문에 조직이 절여져서, 설탕이 스며들기 어렵게 되기 때문이다.

(3) 스(酢 ; す) - 식초

양조식초(곡물, 과실류)와 합성식초로 나눌 수 있다. 양조식초는 곡물, 과실 등을 초산균을 이용하여 발효시킨 것이며, 합성식초는 빙초산을 물로 희석하여 여러 가지 식품첨가물을 넣어 만든 것이다. 또 다이다이(ダイダイ), 가보스(カボス), 스다치(スダチ), 레몬(レモン) 등의 과즙도 향기가 좋아 식초의 일종으로 초회 등의 요리에 사용된다. 식초는 신맛을 내기도 하지만, 식품의 방부제 역할과 식욕을 증진시키기 위하여도 쓰이는 중요한 조미료이다.

(4) 쇼유(醤油 ; しょうゆ) - 간장

대두 또는 탈지대두, 소맥을 원료로 하여 누룩을 만들어 식염을 가하여 발효, 숙성시킨 것이다. 숙성에 의해 독특한 향과 색, 맛이 생겨난다. 간장에는 염분이 많이 함유되어 있어 삼투압이 강하므로 재료의 수분을 탈수시키며, 어류나 육류의 냄새를 제거하고, 방부효과가 있다.

① 고이쿠치쇼유(濃口醤油 ; こいくちしょうゆ) - 진간장

관동지방의 대표적인 간장으로, 전체 생산량의 8할을 차지하며, 보통 간장이라고 하면 이것을 말한다. 색이 진하고 맛이 좋은 것이 특징이며, 요리에 일반적으로 폭넓게 사용되고 있다.

② 우스쿠치쇼유(薄口醤油 ; うすくちしょうゆ) - 국간장, 연간장

관서지방을 중심으로 서일본에서 주로 사용하였으며, 제조공정은 고이쿠치와 같으나, 철분이 적은 물을 사용하고, 전국에 아마자케(甘酒)를 넣어 연한 색이 난다. 맛과 향이 담백하므로 야채나 생선요리 시 재료의 맛과 색을 손상시키지 않고 은은한 향기를 낸다.

③ 시로쇼유(白醤油 ; しろしょうゆ) - 백간장

소맥을 주원료로 하여 삶은 대두와 함께 누룩을 만들어 염수를 가하여 만든다. 우스쿠치 간장보다 색이 연하고, 맛은 별로 없지만 독특한 균의 향이 있어 스이모노, 니모노에 사용된다.

④ 다마리쇼유(溜醤油 ; たまりしょうゆ) - 색간장

대두를 주원료로 하여 다른 간장과 달리 소맥은 사용하지 않는다. 숙성된 전국의 추출액에 열을 가하지 않고 그대로 제품으로 만든다. 맛이 진하고 약간의 단맛이 나지만, 향이 좋지 않다. 사시미간장, 다레(垂れ), 니모노(煮物)의 색을 내는 데 사용된다. 온도와 효소의 영향을 받기 쉬우므로 반드시 밀봉하고 냉장고에 보관하는 것이 바람직하다.

(5) 미소(味噌 ; みそ) - 된장

콩이나 쌀, 또는 보리 등에 소금과 누룩을 넣어 발효, 숙성시킨 것으로서, 염분의 농도와 숙성의 정도에 따라 보존기간이 다르다. 된장은 원료, 색, 맛, 산지 등에 따라 분류된다. 향기와 맛의 특징을 잘 살려 적당히 혼합하여 사용한다. 이것의 액즙을 사용한 것이 간장이고, 전체적으로 먹는 것이 된장이다. 원료에 의하여 쌀된장, 보리된장, 콩된장 등으로 분류된다.

(6) 미림(味醂 ; みりん)

소주에 누룩과 찐 찹쌀을 혼합하여 당화시킨 단맛의 술로서, 일반적으로 알코올 14% 정도를 함유하고 있다. 조미료로써 단독으로 사용되기보다는 간장 등의 다른 조미료와 함께 섞어 사용되고 있다. 요리에 단맛과 감칠맛을 한층 높여주며, 광택이 나게 하기도 한다. 또 초회 등의 비가열 요리에 사용되는 경우에는 알코올을 태워서 사용하는데 이것을 니기리미림(煮切り味醂)이라고 한다.

(7) 사케(酒 ; さけ) - 청주

원래는 음료로 사용하지만, 생선 등의 냄새를 제거하거나 요리에 맛을 내기 위해서도 사용된다. 미림과 마찬가지로 가열하지 않는 요리에는 가열하여 알코올 성분을 태운 다음에 사용한다. 음료로 사용되는 청주는 고장마다 다양한 특성과 맛을 나타내며, 그 종류는 상당히 많다.

2) 향신료

(1) 와사비(山葵 ; わさび) - 와사비

와사비는 우리말로 고추냉이라고도 하며, 그 뿌리를 강판에 갈아서 생선회 등에 이용한다. 매운맛과 향기가 일품이며, 생물로도 유통이 가능하지만, 갈아서 진공 냉동하여 포장하거나 분말가루로 유통되는 경우가 많다. 분말인 경우는 차가운 물과 섞어 나무젓가락으로 힘차게 저어주면 매운맛이 증가한다. 잎사귀 부분을 뜯어서 도마 위에 놓고 칼등으로 두드려도 매운맛과 향기가 난다.

(2) 가라시(辛子 ; からし) - 겨자

평지과의 갓 종자의 분말을 이용한 것으로 미지근한 물에 개어 사용한다. 토종겨자와 서양겨자(mustard)가 있는데, 일반적으로 겨자라고 하면 토종겨자를 말한다. 현재는 서양겨자도 많이 사용되고 있으며 어묵, 육류요리 등의 양념으로 많이 쓰인다.

(3) 도가라시(唐辛子 ; とうがらし) - 고추

가지과의 식물로 단맛 종과 매운맛 종으로 구별하는데, 매운맛 종은 매의 발톱이라고도 불리는 빨간 고추가 대표적이다. 생물을 사용하거나 건조시켜 사용하기도 하고, 분말을 사용하는 경우도 있다. 생고추를 강판에 갈아 무즙과 섞어 사용하는데 이것을 모미지오로시(紅葉卸 ; もみじおろし), 또는 아카오로시(赤卸 ; あかおろし)라고 하며 야쿠미(薬味 ; やくみ)에 이용된다.

(4) 산쇼(山椒 ; さんしょう) - 산초

귤과의 식물로 어린 잎사귀와 열매를 향신료로 사용한다. 어린 싹은 기노매(木の芽)라고 하는데, 손바닥에 놓고 치면 독특한 향기가 나며, 맑은국 등의 고명(天盛 ; てんもり)으로 이용된다. 건조분말은 고나산쇼(粉山椒)라고 하며, 장어양념구이에 뿌려주거나 시치미도가라시(七味唐辛子 ; しちみどうがらし)의 재료로 쓰인다.

(5) 쇼가(生薑 ; しょうが) - 생강

생강과의 식물로 식용, 약용, 향신료 등으로 널리 사용된다. 재배, 수확방법에 따라 뿌리생강, 잎생강 등으로 분류할 수 있다. 뿌리생강을 갈거나 가늘게 썰어서 생선이나 육류요리의 냄새 제거에 사용한다. 잎생강은 손질하여 식초 등에 절여서 생선구이의 곁들임 등에 사용한다.

3) 조리도구

(1) 호초(包丁 ; ほうちょう) - 칼

일본요리에 사용하는 칼은 모양과 크기가 다양하여 그 종류가 수십 종에 이른다. 용도와 재료의 성질에 따라 사용법이 다르므로 잘 이해하고 활용해야 하며, 여기서는 가장 기본적인 칼만 소개하기로 한다.

① 우스바보초(薄刃包丁 ; うすばぼうちょう) - 채소용 칼

주로 야채를 취급하는 칼로서, 칼날이 거의 도마의 표면에 닿도록 되어 있다. 가쓰라무키(桂剥き)에 적합하며, 관동형은 칼끝이 각이 졌고, 관서형은 봉의 선단이 둥글게 되어 있다.

② 데바보초(出包丁 ; でばぼうちょう) - 생선 손질용 칼

주로 어류나 수조육류(獣鳥肉類)를 오로시하는 데 사용하며, 뼈에서 살을 발라내는 사바쿠(捌く)에 사용하거나 뼈를 자르는 데 사용된다. 칼의 크기와 날의 두께는 재료에 따라 적당한 것을 선택하도록 되어 있다. 특히 단단한 것을 절단할 때도 사용한다.

③ 사시미보초(刺身包丁 ; さしみぼうちょう) - 생선회용 칼

생선회를 썰거나, 요리를 가르는 데 사용된다. 칼날이 예리하며, 폭에 비해 길이가 길다. 칼날의 끝이 날카로운 것이 야나기바(柳刃)라고 불리는 관서형이며, 칼끝이 각이 진 것이 다코히키(蛸引き)라 불리는 관동형 생선회 칼이다.

④ 우나기보초(鰻包丁 ; うなぎぼうちょう) - 장어용 칼

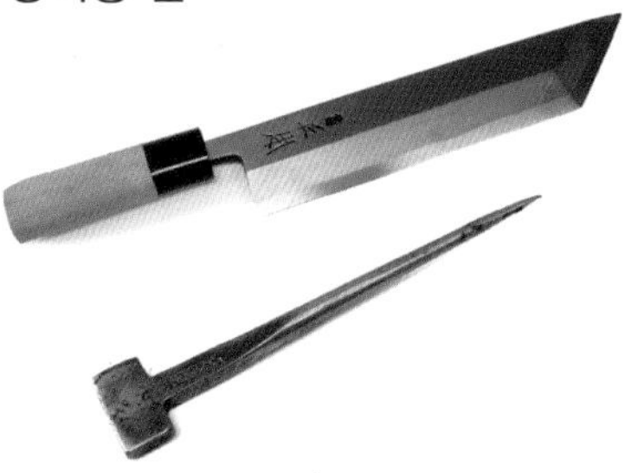

장어를 오로시하는 데 편리한 칼로서, 지방마다 칼의 생김새가 다르다. 어느 칼을 사용하든 메우치(目打ち)로 장어를 도마에 고정시켜 사용한다.

⑵ 나베(鍋 ; なべ) - 냄비

삶거나 조리고 튀기거나 굽고 찌는 것 등 냄비는 조리를 하는 데 없어서는 안 되는 기본적인 기구이다. 재질의 특징을 잘 알고, 두께, 크기, 깊이 등도 고려하여 용도에 맞는 것을 사용해야 한다.

① 얏토코나베(やっとこ鍋) - 집게냄비

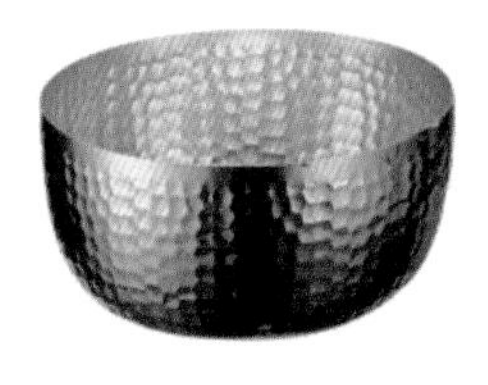

손잡이가 없이 깊이가 낮은 편평한 모양으로 잡을 때 얏토코(집게)를 이용하므로 이름이 붙여졌다. 일본요리의 주방에서 많이 쓰이고 있으며, 재질은 알루미늄이나 동으로 되어 있다.

② 가타테나베(片手鍋 ; かたてなべ) – 편수냄비

손잡이가 하나 달린 냄비로 국물을 따라 내는 주둥이가 하나 있으며, 편구 양쪽에 있으면 야채를 따를 때 편하다. 일반적으로 편하게 많이 사용하는 것이므로 대부분 소형이며, 데나베(手鍋 ; てなべ)라고 부르는 경우가 많다.

③ 료테나베(兩手鍋 ; りょうてなべ) – 양수냄비

냄비 양측에 잡을 수 있는 손잡이가 있다. 중형 이상의 크기로 다량의 요리를 삶거나 조릴 때 이용된다.

④ 아게나베(揚鍋 ; あげなべ) – 튀김용 냄비

튀김 전용 냄비로 기름의 온도를 일정하게 유지하고, 두껍고 어느 정도 깊어 바닥이 편평한 것이 좋다. 재질은 구리 합금이나 철이 대표적이고, 양은이나 알루미늄, 스테인리스 등도 있다. 처음 사용할 때 구워서 사용하고, 사용한 다음 오래된 기름을 사용할 때에는 야채의 자른 면을 기름에 볶아 사용하고, 사용한 후에는 세제나 염화제로 부드럽게 닦아낸다.

⑤ 다마고야키나베(卵焼鍋 ; たまごやきなべ) – 달걀말이용 사각팬

달걀말이를 하기 편리하게 사각으로 만든 냄비로, 마키야키(巻焼), 또는 다시마키나베(出汁巻鍋)라고도 불린다. 불소수지 가공의 알루미늄 재질도 있지만, 열전달 방법이 균일한 구리재가 좋다. 안쪽에 도금되어 있으며, 사용 전 야채를 잘라 기름에 볶아 낸다. 도금된 곳은 고온에 약하므로 과열로 굽는 것을 피한다. 달걀을 말고 난 후 나무뚜껑으로 눌러 모양을 잡아주며, 사용 후에는 기름코팅이 벗겨지지 않도록 그대로 두었다 사용하거나, 물로 살짝만 닦아 기름을 얇게 발라 둔다. 최근에는 사용이 편리하도록 고안된 코팅팬이 나와서 사용 중이다.

다마고야키나베(다시마키나베)　　　　코팅팬

⑥ 돈부리나베(丼鍋 ; どんぶりなべ) – 덮밥용 냄비

고기덮밥이나 계란덮밥 등 덮밥을 만들 때 사용된다. 1인분의 적당한 양을 담아 만들기 편하고, 손망치로 두들긴 알루미늄제와 구리가 대표적이다. 재료를 밥 위로 덮을 때, 냄비로부터 올려놓기 때문에 원형을 유지하여 담을 수 있는 편리함이 있다.

⑦ 스키야키나베(鋤焼鍋 ; すきやきなべ)

스키야키 전용 냄비로, 대부분 두꺼운 철로 만들어져 무겁다. 비교적 열전도율이 적고, 전체에 고르게 열을 전달하여 기름의 퍼짐성이 좋은 철재나 합금재가 많다. 냄비를 깊게 만든 철재나베도 있는데 샤부샤부 전용으로 만들어졌지만, 스키야키나 다른 냄비요리에도 많이 사용되고 있다.

⑧ 도나베(土鍋 ; となべ)

흙으로 만들어 구워낸 냄비로, 양쪽에 잡는 손잡이가 있고, 두꺼운 뚜껑이 있다. 열전도율은 좋지 않으나, 보온력이 우수하므로 1~3인용 정도의 즉석냄비요리에 이용된다. 냄비요리용 냄비 중에서 그릇의 요소를 겸비하여 1인분용으로도 식탁에 오르는 냄비로, 최근에는 다양한 재질로 만들어지고 있다.

(3) 마나이타(まな板 ; まないた) - 도마

도마는 사용하는 공간을 고려하여 크기와 두께를 정한다. 위생 면에서는 특히 신경을 써서 항상 청결을 유지하도록 하고 어패류, 육류, 야채용 또는 생선의 세척용과 요리의 절단용 등 될 수 있으면 목적에 따라 사용을 구분해야 한다. 재질에는 목재와 플라스틱재가 있으며, 특징에 따라 사용하고, 각각 적합한 방법에 따라 사용해야 한다.

① 목재

히노키(桧 : 노송), 야나기(柳 : 버드나무), 호오(朴 : 후박나무), 이초(銀杏 : 은행나무), 도치(栃 : 상수리나무) 등이 사용되며, 사용 시에는 재료의 냄새나 색, 흡수력 등에 의한 물의 흐름 등을 고려한다. 적시기 곤란한 재료를 자를 때에는 물을 묻히지 않는다. 사용 후에는 충분히 물로 씻어서 소금으로 문질러 닦는다. 열탕을 가하여 소독하고 건조시킨다.

② 플라스틱

재료가 거의 자르기 어렵고 칼날에 대한 탄성이 강한 결점이 있으나, 잡균을 제거하기 쉬우므로 생식용에는 플리스틱재의 사용을 권장한다. 사용 시에는 밑에 행주를 깔고 미끄러지지 않게 하며, 사용 후에는 물로 씻어 주방용 세제나 수세미로 닦아 열탕하여 소금으로 소독한다.

(4) 무시키(蒸し器 ; むしき) - 찜기, 찜통

증기를 통해 열을 재료에 가하는 데 이용된다. 스테인리스, 알루미늄, 합금 등의 금속재와 목재가 있어 각형이나 원형이 있다. 일반적으로 금속제품을 널리 사용하고 있으며, 현장에서는 "무시캉"이라고도 한다. 목재 제품은 세이로(蒸籠 ; せいろう)라고 하며, 열효율은 좋고 나무가 여분의 수분을 적당히 흡수하는 이점이 있다.

무시키

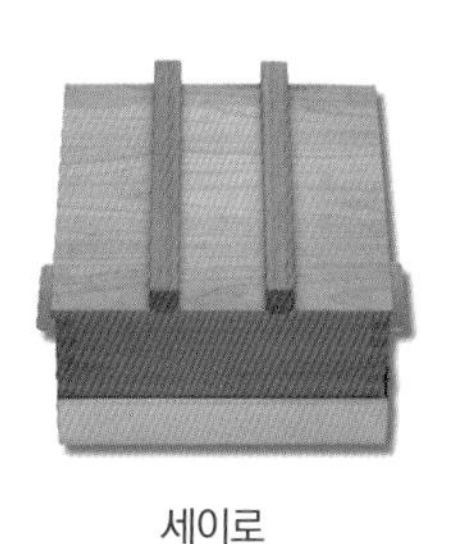
세이로

(5) 우라고시(裏漉 ; うらごし) - 체

원형의 목판에 망을 씌워 입힌 기구. 체를 내리거나 가루를 거르고, 다시를 거를 때, 재료의 건더기를 걸러내는 등 여러 가지 용도가 있다. 망의 재질은 말꼬리털, 스테인리스, 나일론 등이 있다. 망의 눈이 가는 것부터 굵은 것까지 여러 단계가 있다. 말털로 만든 것은 가루를 거를 때 이외에는 절대로 물에 적시지 않도록 하고, 망이 파손되지 않도록 한다.

⑹ 오도시부타(落し蓋 ; おどしぶた) - 조림용 뚜껑

주로 니모노(煮物)를 만들 때, 냄비 중앙에 깊숙이 떨어뜨려 재료나 국물에 직접 닿게 하는 뚜껑을 말한다. 나무로 만든 것과 종이로 만든 것이 있다. 조림요리를 하는 경우, 많지 않은 국물에도 오도시부타가 쓰여서 재료의 윗부분부터 국물에 젖게 하여 전체에 맛이 배도록 한다.

⑺ 오로시가네(卸金 ; おろしがね) - 강판

오로시가네는 무나 와사비, 생강 등을 갈 때 사용한다. 동, 알루미늄, 스테인리스, 도기 등 여러 가지 재질이 있다. 안과 밖에 눈의 크기가 다른데, 무는 굵은 눈을, 생강이나 와사비는 가는 눈을 사용한다. 즙을 가는 용도 외에 손잡이는 전복의 몸을 껍질에서 떼어내는 데 편리하다. 사용 후에는 물로 세척하여 눈 사이에 남아 있는 섬유질을 제거하도록 한다. 잘 떨어지지 않는 경우에는 대나무 구시(串)를 이용하며, 수세미를 사용할 때에는 조심스럽게 닦아야 한다.

사메가와(鮫皮 ; さめがわ) - 상어 껍질

초밥전문점에서 와사비를 직접 갈 때 사용하는 강판으로, 표면을 상어의 가죽으로 만든 강판을 사용하는데, 말 그대로 사메가와라고 읽는다.

(8) 스리바치, 스리코기(擂鉢 ; すりばち, 擂り粉木 ; すりこぎ) - 일본식 절구, 봉

재료를 으깨어 잘게 하거나, 끈기가 나도록 하는 데 사용한다. 스리바치는 흙으로 만들어 구운 절구로, 내부에 잔잔한 빗살무늬의 홈이 패어 있다. 스리코기는 막대봉으로, 재료를 짓이겨 부수며, 잘 섞어주는 데 사용한다. 사용한 다음 홈에 남아 있는 찌꺼기들을 잘 제거해 주어야 한다.

(9) 나가시바코(流箱 ; ながしばこ) - 찜틀, 굳힘틀

계란두부 등의 무시모노(蒸し物), 고마도후(胡麻豆腐) 같은 네리모노(練り物), 한천을 이용한 요세모노(寄せ物) 등을 만드는 데 이용하는 사각상자로, 이중으로 되어 있어 사용이 편리하다. 스테인리스로 만든 것이 많으며, 현장에서는 나가시캉이라고도 한다.

(10) 오시바코(押し箱 ; おしばこ) - 누름틀

밥을 넣어 눌러 모양을 찍어내는 것과 상자초밥을 만들기 위한 것의 두 종류가 있다. 목재로 되어 있으며, 밥이나 초밥을 넣은 뒤 위에 재료를 넣고 뚜껑으로 누르면 모양이 잡힌다. 뚜껑과 몸체를 들어내면 밑판에 모양이 잡힌 밥이나 초밥이 남는다. 사용 전에 반드시 물을 축여주어야만 밥알이 달라붙지 않으며, 사용 후에는 물로 세척하여 건조시켜 보관한다.

⑾ 구시(串 ; くし) - 꼬치

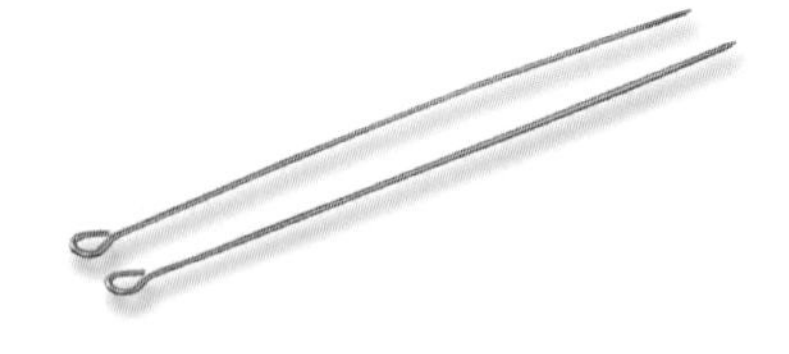

주로 생선구이에 사용하는 것으로, 쇠구시는 스테인리스로 되어 있으며, 굵기와 길이가 용도별로 차이가 있다. 또 대나무로 만든 제품도 있으며, 역시 용도에 따라 굵기와 길이, 그리고 모양이 다양하다.

⑿ 자루(笊 ; ざる) - 소쿠리

재료를 넣어두거나 물기를 빼고 재료를 넣은 채로 데치는 등 폭넓게 사용된다. 재질은 대나무로 된 것과 스테인리스로 된 것이 가장 많다. 용도에 따라 편평한 것과 깊은 것, 둥근 것과 사각진 것, 큰 것과 작은 것 등 종류가 다양하다. 사용 후 부착물이 남지 않도록 세척하여 건조시킨다.

⒀ 한기리(半切り ; はんぎり) - 초밥 비빔통

초밥을 만들 때 사용한다. 거의 모두가 히노키(桧)라 불리는 목재를 이용한다. 사용 시에는 반드시 물을 듬뿍 축여 수분을 흡수하도록 한 뒤에 사용한다. 그래야 밥알이 달라붙지 않을 뿐만 아니라, 초밥초가 나무에 스며들지 못하기 때문이다. 사용 후에는 세척하여 건조시켜 뒤집어서 보관하도록 한다. 초밥통은 한다이(飯台 ; はんだい)라고도 하며, 뚜껑이 있어 초밥을 담아서 사용한다.

한기리

초밥통

⒁ 마키스(巻き簾 ; まきす) - 김발

김초밥 따위의 재료를 마는 데 사용하며 삶은 야채를 말거나 찜요리의 재료를 고정하기 위해 사용한다. 대나무로 되어 있어 견고하며, 강한 열에도 변형되지 않는다. 대나무의 표면이 보이는 곳이 바깥면이며, 오니스다레(鬼簾)로 불리는 것은 삼각형의 굵은 대나무를 엮어 만든 것으로, 재료의 표면에 파도 모양이 남도록 되어 있다.

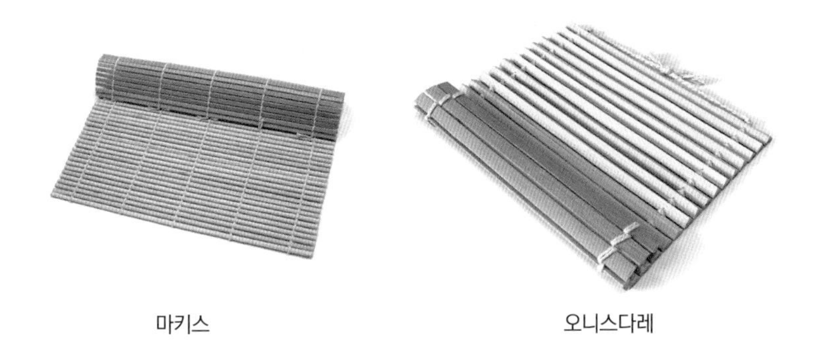

마키스　　오니스다레

⒂ 호네누키(骨抜き ; ほねぬき) - 핀셋

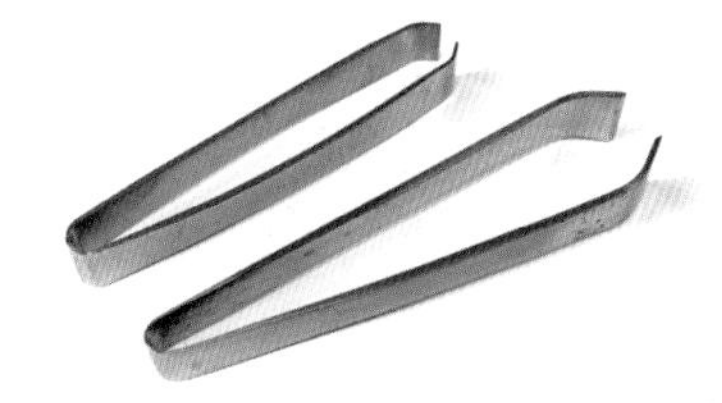

생선의 치아이(血合) 부근의 잔가시를 제거하거나 유자 등의 과육을 빼내는 데 사용하는 도구이다. 핀셋 모양으로 스테인리스 제품이 많다.

(16) 메우치(目打ち ; めうち) - 장어송곳

장어를 손질할 때, 눈의 아랫부분을 관통하여 도마에 머리를 고정시키는 송곳이다.

(17) 우로코히키(鱗引き ; うろこひき) - 비늘치기

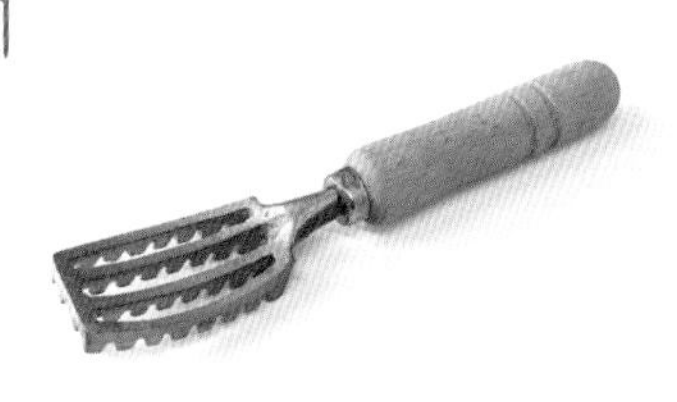

생선의 비늘을 제거하는 데 이용하며, 고케히키(鱗引き)라고도 한다. 살이 부드러운 생선에는 사용할 수 없다.

(18) 이치몬지(一文字 ; いちもんじ) - 뒤지개

젓가락으로 잡기 곤란한 크거나 부드러운 재료를 뒤집을 때 편리한 도구로, 주걱의 일종이다. 또 나가시캉(流缶)에 요세모노 재료를 편평하게 잡아주는 데 사용할 수도 있다.

(19) 하케(刷毛 ; はけ) - 요리용 붓

생선구이에 다레(垂れ)를 바르거나 재료에 가루를 얇게 바를 때 사용하는 요리용 붓이다. 털의 재질이나 길이는 용도에 따라 상이하며, 털이 빠지지 않는 제품이 좋다.

(20) 하시(箸 ; はし) - 젓가락

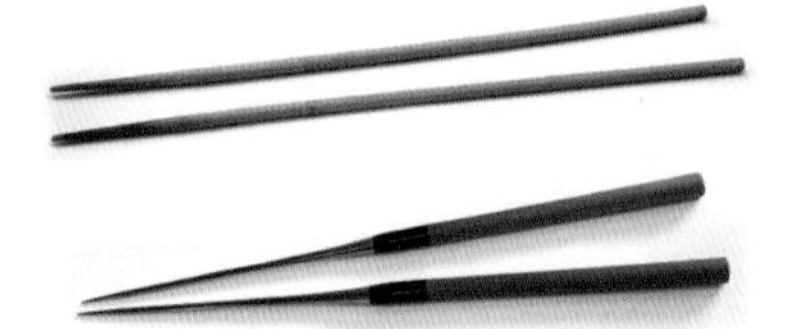

조리용 젓가락으로 대나무 제품이 미끄럽지 않고 가벼우며, 견고하여 사용하기 편리하다. 튀김용은 철재로 되어 있고, 손잡이는 플라스틱으로 되어 있다.

(21) 고무베라(ゴム篦 ; ゴムべら) - 고무주걱

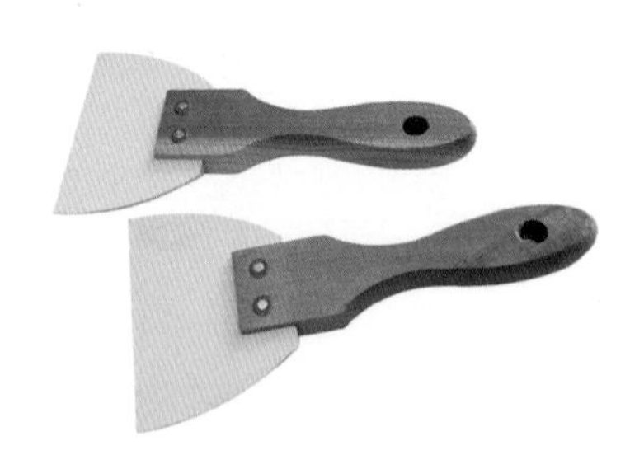

조리 중 조리용기에 묻어 있는 잔여물을 긁어모으는 데 사용한다. 손잡이는 나무로, 아래쪽은 유연한 고무로 되어 사용하기 편리하다.

(22) 가타(型 ; かた)

도시락 밥의 모양을 눌러서 만들거나, 채소를 주로 꽃 모양으로 찍어내는 형틀을 말한다. 용도와 크기에 따라 모양과 크기가 다양하다.

(23) 가쓰라무키(桂剝き ; かつらむき)

무를 얇게 만드는 기구. 무를 돌려깎기 하는 도구로 겡을 만들 때 사용하거나, 그물을 만들 때도 사용한다.

(24) 게즈리부시바코(削節箱 ; けずりぶしばこ)

나무토막 같은 가쓰오부시를 대패처럼 갈아서 게즈리부시를 만드는 기구로, 고급요리를 만들 때, 가쓰오부시의 휘발성 향미를 놓치지

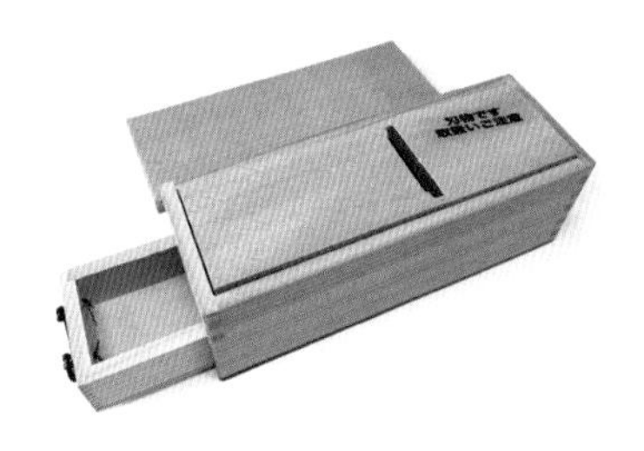

않기 위해 즉석에서 갈아 쓸 때 사용하는 도구이다. 일반적인 요리에서는 기계로 깎아서 만든 게즈리부시를 사용하고, 통상적으로 가쓰오부시라 부르기도 한다.

(25) 가이와리(貝割 ; かいわり) - 조개칼

조개를 손질할 때, 특히 조개를 벌릴 때 사용하는 기구로, 조개껍질 사이에 밀어넣어 조갯살과 관자를 떼어내는 데 사용한다.

4) 그릇

그릇은 그 안에 담는 요리와 조화를 이루며, 요리를 맛있어 보이게 하는 역할을 한다. 일본요리의 그릇은 재질, 모양, 색 등의 변화가 풍부하다. 이곳에서는 그릇의 재질에 의한 취급방법 등에 관하여 기초적인 지식을 나타내 보았다. 아래에 나열한 것 외에도 조개의 껍질(전복, 가리비, 대합)이나 식물을 이용한 것(유자, 레몬, 스다치 껍질) 등이 있다.

(1) 도자기

원료의 점토나 흙 등을 섞어 물로 반죽한 뒤 굳혀서 성형하여 고열로 구운 것을 말한다. 원료의 성분과 굽는 온도에 따라 토기, 도기, 석기, 자기 등으로 분류한다.

① 토기(土器)

점토와 물을 반죽하여 성형한 것을 건조시켜 구운 것으로 굽는 온도는 가장 낮다. 흡수성이 높고 깨지기 쉬우며, 유약을 바르지 않고 굽는 것이 대부분이며 호로쿠(炮烙), 카와라케(土器) 등이 있다. 현재 식기로는 거의 사용하지 않는다. 옛날부터 신사 등에 일회용으로 사용하는 경우가 많았다.

② 도기(陶器)

성형한 반죽을 구운 다음 유약을 발라 다시 구운 것으로 굽는 온도는 석기와 같이 약한 불로 하며, 다시 유약을 바르지 않는 것도 있다. 흡수성이 있고, 자기(磁器)만큼 강하지 않으므로 바탕이 두터운 것이 많다. 보기에 부드럽고 따뜻한 느낌을 준다.

③ 석기(火石器)

돌과 같이 단단하게 구운 것을 의미한다. 굽는 온도가 높고, 흡수성이 없으며 불투명하다. 거의가 유약을 바르지 않고, 야키시메(焼締)라고도 한다.

④ 자기(磁器)

도석(陶石), 장석(長石) 등과 점토를 섞어 가장 높은 온도로 구워낸 것으로 흡수성이 거의 없으며, 글라스와 같이 투명성이 있다. 채색이나 그림을 그려 넣으며, 섬세한 표현이 가능하고, 투명성을 살려내는 경우가 많다.

도자기 그릇은 사용하기 전에 물로 씻어 열탕에 넣어 삶아 자연건조시킨다. 이렇게 하면 소독됨과 동시에 깨지지 않게 된다. 사용 후에는 찌꺼기가 남지 않도록 세척하고, 곰팡이가 생기는 것을 방지하도록 한다. 유약을 바르지 않은 그릇과 석기는 물에 담갔다가 사용한다.

(2) 칠기(漆器)

표면에 도장으로 옻칠을 한 그릇으로 옻은 옻나무과 식물의 수지(樹脂)를 도료로 하여 내수성, 내열성, 내구성이 뛰어나다. 재질로는 천연목과 합성수지, 합성수지와 천연목의 혼합품이 있지만, 천연목에 옻칠을 하는 것이 잘 받아 융합이 잘된다. 신제품은 옻칠의 냄새가 나므로 직사광선이 통하지 않는 어두운 그늘의 통풍이 잘 되는 곳이 두면 좋다. 급한 경우에는 쌀통에 며칠 넣어두거나 식초물에 담그면 냄새 제거 시간을 줄일 수 있다. 사용 하루 전에 더운물에 담가 충분히 물을 머금도록 하며, 사용 후에는 바로 더운 물로 세척하여 둔다. 남은 수분은 부드러운 천으로 닦아내며, 장시간 사용하지 않는 경우에는 종이나 천으로 싸서 나무상자에 넣어 차고 어두운 곳에 보관한다.

(3) 목기(木器)

대나무를 사용하는 경우가 많으며, 푸른 대나무는 청량감이 있어 음식을 담을 때 물을 묻혀주면 색이 더욱 살아난다. 그러나 색이 변하기 쉬우므로 비닐랩으로 싸서 보관하도록 한다. 백색대나무는 푸른 것을 불에 말려서 햇볕에 건조시킨 것으로 부드러운 탄력이 있어 바구니나 자루(笊)를 만들어 사용한다. 비교적 오랫동안 아름다움이 보존되며, 도자기와는 다른 부드러운 풍경을 식탁에 안겨준다.

(4) 글라스(glass)

적당한 무게와 냉기를 가지고 있으며 청량감이 있다. 옛날부터 식기로 이용되어 왔으나 에도시대 이후에 기술이 발전되어 현재는 무색투명한 것으로서 거기에 칠을 한 것 등 다양한 종류가 있다. 특수한 가공에 의해 내열성과 경도가 높으나, 급격한 온도변화에 민감하므로 취급에 주의를 요한다. 부드러운 스펀지를 사용하여 세척하고, 자연건조시키도록 한다.

(5) 금속기(金屬器)

금, 은, 주석, 동, 철, 알루미늄, 합금 등 재질이 다양하다. 파손의 우려가 적으나 화학적인 변화에 의해 변색되기 쉽다. 표면에 상처가 나지 않도록 주의하며, 각 금속에 적당한 광약을 사용하여 닦아준다.

5. 조리기초기능

1) 기본 썰기

재료나 조리법에 의해 각각 자르는 방법이 있다. 먹기 좋고, 조리하기 편리하며, 맛을 내기 쉽고, 보기에도 아름다운 썰기 방법을 결정하는 것이 중요하다. 같은 조리법이라도 담는 그릇이나 방법에 따라 써는 방법을 달리할 수 있다.

여기에서는 기본적인 썰기 방법과 그 용어를 설명하였는데, 조리기술을 배우기 위해서는 그 용어의 이해와 숙지가 필수적이라 할 수 있다.

(1) 와기리(輪切り ; わぎり, 仏 ; Rondelle)

무, 당근과 같이 둥근 모양의 것을 통째로 놓고 써는 것을 말하며, 두께는 용도에 따라 다르게 한다. 위에서 직각으로 썰되, 두께가 일정하도록 써는 것이 중요하다.

칼날을 살짝 밀거나 당기면서 내려 썰어야 효과적이다.

⑵ 한게쓰기리(半月切り；はんげつぎり)

와기리한 것을 반으로 자른 것으로 반달 모양이 된다. 둥글고 긴 모양의 재료를 길이로 이등분하여 와기리처럼 자른다. 용도에 따라 두께가 다르겠지만, 역시 일정한 두께로 써는 것이 중요하다.

⑶ 이초기리(銀杏切り；いちょうぎり)

원형을 십자로 나누어 자른 모양. 은행잎을 생각나게 하는 모양에서 이름이 지어졌다. 원통형의 재료를 1/4로 잘라 용도에 따른 두께로 썰어 사용한다. 즉 원통형으로 썰면 와기리, 반으로 갈라썰면 한게쓰기리, 사등분하여 썰면 이초기리가 되는 것이다. 원형 가운데 칼집을 넣으면 은행잎 모양이 된다.

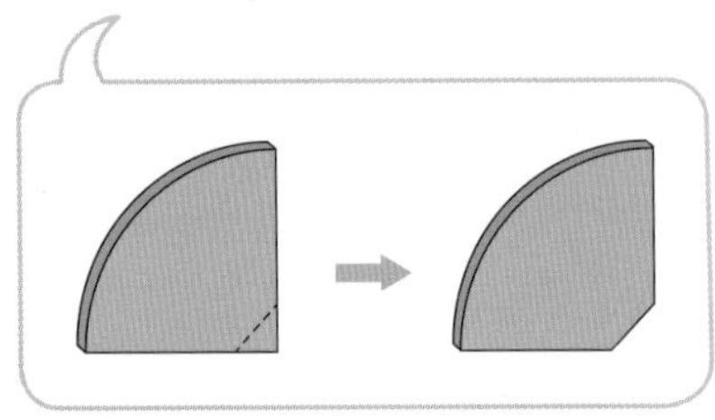

⑷ 구시가타기리(櫛形切り ; くしがたぎり)

① 반월형의 양단을 잘라낸 모양. 어묵 등의 자르기에 주로 사용된다.

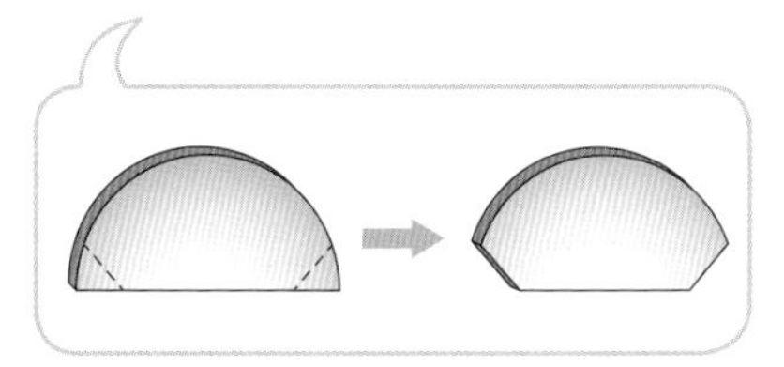

② 양파, 토마토, 레몬 같은 둥근 모양의 것을 반으로 갈라 중심에서부터 방사형으로 잘라낸 것을 말한다.

⑸ 고구치기리(小口切り ; こぐちぎり)

주로 가늘고 긴 재료를 끝에서부터 적당한 두께로 자른 모양. 주로 실파를 얇게 썰 때 사용하는 썰기 방법이며, 사용재료가 다양하고 요리에의 활용도도 상당히 넓다.

가장 기본적인 썰기로 가늘게 썰되, 일정한 모양으로 써는 것이 중요하다.

(6) 효시키기리(拍子木切り;ひょうしきぎり, 仏; Batonnet)

길이 4~5cm, 두께 1cm 정도의 사각막대 모양으로 썬 모양. 주로 채소를 재료로 이용할 때 사용하는 썰기 방법이다.

(7) 사이노메기리(采の目切り; さいのめぎり, 仏; Des)

약 1cm 길이의 정육면체 주사위 모양. 재료를 우선 두께 1cm 정도의 막대 모양으로 썬 다음, 1cm 정도의 폭으로 썰어서 사용한다.

(8) 나나메기리(斜め切り ; ななめぎり)

재료를 어슷하고 도톰하게 자른 모양. 대파와 같이 긴 야채에 주로 이용된다.

역시, 일정한 굵기와 각도를 유지하며 써는 것이 매우 중요하다.

(9) 아라레기리(霰切り ; あられぎり, 仏 ; Brunoise)

재료를 7~8mm 정도의 입방체로 자른 모양. 사이노메기리보다 작게 자르는 것이므로, 정확한 칼질이 중요하다. 즉 작은 주사위 모양으로 써는 방법이다.

⑽ 센기리(千切り ; せんぎり, 仏 ; Julienne)

재료를 5~6cm 길이로 얇게 썰어서 포갠 다음 가늘게 채썬 모양이다. 한식에서는 채썰기라고 표현하는 방법이다.

⑾ 미징기리(微塵切り ; みじんぎり, 仏 ; Hacher)

채로 썬 것을 다지듯이 썬 모양. 조리할 때도 사용하지만, 초보자가 칼질 연습할 때 사용하면 좋은 방법이다.

⑿ 센롯퐁기리(千六本 ; せんろっぽん, 仏 ; Allumette)

센기리의 하나로, 성냥개비 두께로 채썬 모양을 말한다.

처음 슬라이스로 썰 때부터 두께가 일정해야 하며, 그래야만 최종 굵기가 일정하게 완성될 수 있다.

⒀ 하리기리(針切り ; はりぎり)

바늘과 같이 가늘게 썰어 놓은 모양. 주로 생강이나 구운 김 등을 썰 때 이용하며, 다양한 용도로 사용된다.

특히, 김을 썰 때는 데바칼 끝을 이용하여 작두처럼 썰되, 팔목 스냅을 이용해서 썰도록 한다.

⒁ 단자쿠기리(短冊切り ; たんざくぎり, 仏 ; Rectangle)

재료의 높이 1cm, 폭 4~5cm 크기로 얇게 썬 모양. 마치 나박김치용과 같으며 주로 무나 당근 등에 이용된다.

⒂ 가쓰라무키(桂剥き ; かつらむき, 仏 ; Ruban)

무나 당근, 오이 등의 야채를 돌려가며 얇게 껍질을 벗기듯 깎아내는 모양. 가늘게 채썰기 위해서 하는 경우가 많으며, 너무 얇게 깎기보다는 역시 일정한 두께로 깎아나가는 것이 중요하다.

(16) 란기리(乱切り ; らんぎり)

당근, 우엉, 오이 등의 야채를 손으로 돌려가며 자른 면의 각도를 어슷하게 하는 모양. 삼각 모양이 되도록 썬다.

조림이나 볶음요리의 채소재료가 일정한 모양과 크기로 보이도록 유념하여 썰도록 한다.

(17) 사사가키(笹掻 ; ささがき)

대나무 잎 모양. 연필을 깎듯이 재료를 손으로 돌려가며 대나무 잎 모양이 되도록 자른다. 주로 우엉썰기에 이용되는 방법이며, 잘 익지 않는 재료를 단시간에 익히기 위해서 사용된다.

(18) 멘도리(面取り；めんどり)

무, 당근 등의 야채를 자른 모서리 부분을 다듬는 것. 조리 중에 서로 부딪혀 파이거나, 모양이 변형되는 것을 방지하기 위하여 사용된다. 각이 있는 재료를 익히게 되는 경우 대부분 멘도리해 주도록 한다.

2) 생선

일본은 주변이 바다로 둘러싸여 있으므로 해산물이 풍부하다. 오래전부터 여러 가지 어개류를 그대로 생선회 또는 조림, 구이, 찜, 튀김 등으로 조리하여 갖가지 요리에 이용하여 왔다. 일본요리가 발달하는 과정에서 중요한 역할을 맡고 있는 것이다. 또 보존을 겸한 된장조림이나 건조품을 만들기도 하며, 소금에 절여 액상으로 된 것을 조미료로 사용하는 등 생선의 모든 부분을 적절히 이용하여 왔다. 육식이 완전히 보급된 지금도 일본요리의 메뉴에는 어패류를 중심으로 한 것이 많다.

(1) 어패류의 선택방법

① 어류

눈이 팽팽하고 검은 눈동자가 맑으며, 육질에 탄력이 있는 것이 좋다. 배가 단단하고 비늘이 떨어지지 않으며, 아가미가 선홍색으로 변색되지 않은 것이 신선한 것이다. 생선 본래의 색이 유지되어 있으며, 점액물질이 생기지 않은 것이 좋으나 점액이 있는 생선은 그 점액이 투명한 것이 선도가 좋은 것이다.

- 참돔 : 눈 위가 청색으로 빛나고, 전체적으로 금색과 적색이 비친다.
- 옥돔, 갯장어 : 신선한 것은 점액이 액상이지만, 선도가 떨어지면 희게 변색된다.
- 민물장어 : 둥글고 윤기가 흐르며, 곧아야 하고, 상처가 없어야 한다.
- 가다랑어 : 표면이 까칠까칠한 것
- 고등어 : 등의 무늬가 선명한 것

② 패류

냉동 유통되는 것을 제외하고는 가급적 생물을 사용하도록 한다. 신선한 것은 껍질을 까서 조갯살을 만지면 급히 수축한다. 대합 등의 조개류는 가볍게 두들겼을 때 딱딱거리는 맑은 소리가 나며, 피조개는 무거운 소리가 나는 것이 좋다. 조갯살은 살이 두텁고 색이 선명하며, 탄력이 좋고 냄새나 점액이 없는 것을 선택하도록 한다.

③ 해산물

냉동되었던 것과 생물은 질감이 확실히 다르고, 가격도 차이가 난다. 경우에 따라서는 냉동이 비싼 경우도 있지만, 가급적 생물의 품질이 좋다.

- 게 : 죽은 것은 급속히 선도가 떨어지므로 반드시 살아 있는 것을 이용한다. 특히 참게는 물에서 꺼내면 즉시 선도가 떨어지기 쉬우므로 바로 조리하도록 한다. 어느 종류의 게도 집게가 떨어지지 않도록 하고, 껍질이 비교

적 단단하며, 묵직함이 느껴지는 것이 좋다.

- 문어 : 손가락으로 가볍게 눌러보면 색이 약간 변하고, 다리 빨판의 흡착력이 강한 것이 좋다.
- 오징어 : 신선한 것은 몸이 선명하며, 내장이 보일 만큼 투명하고, 다리의 흡착력이 강하다. 또 가볍게 손을 대면 체색이 변하고, 신선도가 떨어지면 채색이 변하면서 투명감이 떨어진다.
- 성게알 : 신선한 것은 색이 선명하고, 입자의 구분이 확실하며, 표면이 봉긋한 모양을 하고 있다. 표면이 젖어 있거나 녹은 듯한 모양을 한 것은 피하도록 한다.
- 새우 : 껍질이 선명하고 깨끗하며, 중량감이 느껴지는 것이 좋다. 머리나 껍질 부분이 검게 변색한 것은 피하도록 한다.

⑵ 생선의 손질법

① 비늘 제거

생선은 물이나 염수로 수세미를 사용하여 재빨리 씻어 표면에 점액이 없도록 한다.

- 바라비키(ばら引き)

거의 모든 생선에 일반적으로 사용하는 방법으로, 비늘이 바라바라 하는 소리를 내며 떨어져 나간다고 해서 붙여진 이름이다. 생선의 머리를 왼손으로 잡고, 오른손으로 우로코비키를 잡아 좌측으로 비늘을 긁어낸다. 꼬리 쪽부터 시작하여 머리까지 벗겨내면서, 특히 지느러미 옆부분과 등, 배 부분의 비늘을 잘 떼어내도록 한다.

- 스키비키(すき引き)

육질이 부드럽거나, 비늘이 작은 생선에 적합한 방법으로, 좌측의 꼬리를 왼손으로 잡고 오른손의 칼을 눕혀 꼬리부터 머리 쪽으로 비늘을 벗겨낸다. 칼을 상하로 움직이며 우측으로 진행하여 생선 껍질이 상하지 않도록 주의한다. 옥돔, 가자미, 광어, 방어 등의 생선에 쓰이는 방법이다.

- 제이고(ぜいご)

전갱이과의 생선 좌우 측면에 붙은 비늘을 말하며, 이것을 젠고(ぜんご)라고도 한다. 가시와 같은 모양으로 되어 있는데, 생선의 머리를 좌측으로 하여 꼬리 쪽부터 칼을 넣고 도려내어 제거한다.

② 아가미와 내장 제거

머리를 그대로 둔 채 아가미와 내장만을 먼저 제거하는 것이 거의 모든 생선에 통용되는 일반적인 방법이다. 특히 머리를 요리에 사용하는 경우에는 아가미를 미리 제거하는 것이 편리하다.

③ 머리 자르기

머리를 떼어내기 전에 머리를 요리에 사용할 것인지의 여부와, 사용한다면 어떤 요리에 어떻게 사용할 것인지를 먼저 결정하고 나서 용도에 맞게 잘라낸다.

④ 오로스

기본적으로 산마이오로시(三枚卸 : 세장뜨기) 방법을 가장 많이 이용하며, 큰 생선이나 광어, 또는 가자미 종류들은 고마이오로시(五枚卸 : 다섯장뜨기)로 하는 경우도 있다.

(3) 생선 보관법

물로 씻은 생선은 즉시 오로시하여 냉장고에 보관하면 선도를 오래 유지시킬 수 있다. 생선회용으로 손질한 생선을 냉장고에 넣을 때, 우스이다(薄板)로 겹겹이 싸서 수분으로 인한 변질을 최대한 억제한다. 또한 지리나 조림에 사용할 생선은 대바구니에 넣어 얼음을 채워 놓도록 하고, 얼음이 녹아 물이 되면 선도가 떨어질 수 있으므로, 녹은 물을 버리고 얼음을 수시로 채워 놓도록 한다.

⑷ 소금 뿌리기

생선에 소금을 뿌리는 이유는 단순히 맛만을 위한 것이 아니고, 수분의 탈수로 살을 단단하게 하며, 냄새를 제거하기 위한 것이다. 또한 염장으로 인한 방부효과도 있으며, 소금으로 처리하는 방법은 목적에 따라 다음의 네 가지로 분류된다.

① 후리지오(振塩 ; ふりじお)

생선에 직접 소금을 뿌리는 것으로, 일반적으로 가장 많이 사용하는 방법이다. 소금을 뿌리는 양에 따라 고쿠우스지오(ごく薄塩), 우스지오(薄塩), 고지오(強塩)로 구별되며, 생선의 크기와 두께, 종류, 선도, 조리법을 감안하여 방법을 선택한다. 소금을 뿌릴 경우 손에 소금을 한 줌 쥐고, 생선에서 40~50cm 정도 떨어진 곳에서 손을 흔들며 손가락 사이로 소금을 조금씩 떨어뜨린다. 생선은 껍질이 바닥을 향하도록 놓고 살코기 부분에 소금을 뿌리며, 전체적으로 균일하게 뿌려지도록 한다.

② 다테지오(立て塩 ; たてじお)

맛이 담백한 작은 생선은 살이 얇고 그다지 크지 않으므로, 후리지오(振塩) 방법으로는 우스지오(薄塩)가 곤란하다. 이러한 경우에는 생선에 소금을 직접 뿌리지 않고, 염수에 침지시킨다. 원칙적으로 해수 염도인 3% 정도의 염수를 만들어, 생선의 선도와 크기를 고려하여 시간을 조절한다. 이 염수를 다테지오라고 하며, 다시마를 담가 지미성분이 우러나오게 하면 더욱 좋다.

③ 마부시지오(まぶし塩)

생선 전체에 소금을 듬뿍 묻히는 방법으로, 냄새가 강한 고등어나 전갱이 등의 등푸른 생선에 이용한다. 또는 시메사바(締め鯖)를 만드는 전 단계로 마부시지오를 해주어도 좋다. 후리지오(振塩)와 같은 소금의 양으로는, 생선에서 나오

는 다량의 수분 때문에 소금이 녹아버리고 만다. 또한 비교적 지방이 많은 생선이므로 소금이 침투하기 어려운 점도 있다.

④ 가미지오(紙塩 ; かみじお)

종이를 통하여 생선에 염분이 약하게 배도록 하는 방법으로, 여분의 수분이나 악취를 종이가 흡수하는 효과가 있다. 생선이 가지고 있는 수분 외에도 소금이 녹아서 수분이 생기므로, 다테지오(立て塩)보다 염분의 가감이 훨씬 용이하다. 생선의 맛이 빠져나가지 못하고, 여분의 수분을 제거하며, 씹힘성과 맛이 증가한다. 보리멸, 공미리, 가리비, 키조개 등을 처리하는 경우에도 이용할 수 있다.

3) 채소 손질

(1) 세척

야채에는 흙이나 이물질, 농약, 세균, 기생충 등이 붙어 있는 것도 있기 때문에 조리하기 전에 그 오염원을 깨끗하게 씻어낼 필요가 있다. 야채 종류에 따라 흐르는 물을 효율적으로 이용하여, 신속하게 처리함으로써 야채가 가지고 있는 맛과 영양분의 손실을 최대한 줄이도록 한다. 몇 번이라도 깨끗해질 때까지 물을 바꾸어 헹궈서 그대로 먹을 수 있도록 한다. 필요하다면 전용세제를 이용하여도 무방하나, 이런 경우에는 물에 충분히 헹궈주어야 한다.

① 엽채류

시금치 등은 큰 용기에 물을 가득 받아 야채를 담가 흔들면서 흙 등의 이물질을 제거하며, 뿌리부분은 흐르는 물에서 부착물들을 완전히 떼어내도록 한다. 한꺼번에 많은 양을 하지 말고, 한 줄기씩 씻어내도록 한다.

② 근채류

무나 당근은 수세미를 사용하여 흙은 닦아내는 것이 효율적이다.

③ 버섯류

수분에 의해 변색의 우려가 있고 향이 달아나기 쉬우므로, 사용하기 직전에 씻어준다. 특히 자연송이버섯은 가급적이면 물에 접촉하지 않도록 하며, 물에 젖은 것은 마른행주로 물기를 가볍게 닦아주도록 한다.

(2) 절단

야채는 주로 얇은 칼을 사용하여 자른다. 먹기 쉽고 불에서 잘 익으며, 모양이나 크기가 요리에 어울리도록 두께를 조절하는 것이 중요하다. 이렇게 하면 보기에도 아름다울뿐더러, 이런 과정에서 재료의 조직이 어떤 상태인지 파악해 둘 필요가 있다.

① 부드러운 야채

섬유방향으로 자르면 약간 질겨져서 씹는 촉감을 좋게 할 수 있다.

② 단단한 야채

섬유방향의 직각으로 자르면 조금 연한 느낌을 줄 수 있다.

같은 썰기 방법도 재료나 용도에 의해 크기나 두께에 변화를 주는 것이 중요하며, 다량 조리 시에는 일정한 크기를 유지하도록 한다.

(3) 야채의 아쿠(灰汁)

야채가 가지고 있는 아린 맛, 떫은맛, 쓴맛, 매운맛 등의 원인이 되는 성분을 아쿠(灰汁)라고 한다. 아쿠 중에는 갈변을 일으키는 것도 있으며, 수용성인 것이 많으므로 껍질을 벗겨 뜨거운 물에 데쳐서 냉수에 담그는 방법으로 제거할 수 있다. 그러나 아쿠 제거가 지나치면 재료가 가지고 있는 맛과 영양도 빠져나가기 때문에, 적당히 조절하는 것이 중요하다.

① 옥살산

아린 맛을 느끼게 하는 성분으로 시금치나 죽순에 다량 함유되어 있다. 수용성이므로 물에 씻으면 어느 정도 제거된다.

② 폴리페놀계 화합물

우엉, 땅두릅, 연근, 산마, 백합근, 가지, 감자, 사과 등에 함유되어 있으며, 껍질을 벗기면 산화되어 갈변이 일어난다. 이것을 방지하기 위해 껍질을 벗김과 동시에 물에 담가 공기와의 접촉을 차단하도록 한다. 여기에 약간의 소금이나 식초를 넣으면 더욱 효과적이다.

(4) 삶기

야채를 삶으면 색이 더욱 선명해지고, 조직이 부드러워지며, 전분의 호화를 일으켜 소화를 용이하게 한다. 야채를 삶는 것은 불을 이용하는 것 이외에도, 아쿠를 물에 용해시키던지, 갈변을 일으키는 효소는 불활성화시키는 방법도 있다. 또한 깨끗하게 색을 내거나, 맛을 잃지 않도록 삶을 때, 물을 조금 첨가하면 효과적인 경우도 있다.

① 삶는 요령

- 물의 양을 많이 한다.
- 물에 담가서 데칠 것인지, 물을 뿌려서 할 것인지를 결정한다.
- 푸른색의 야채는 단시간 데친다.
- 근채류는 속이 익을 수 있도록 반쯤 익으면, 냉수에 헹구지 않고 건져둔다.

② 소금

거의 모든 야채에 이용된다. 조직이 부드러워지고, 약간의 소금기를 함유하고 있으면 엽록소가 안정되므로 야채의 색이 선명해진다.

③ 식초

땅두릅, 연근 등의 흰색 야채를 보다 하얗게 보이기 위해 사용하는 방법이다. 재료가 너무 많으면 딱딱해지고, 식초의 맛이 밸 수도 있으므로 요리에 따라 사용을 자제하는 경우도 있다.

④ 쌀뜨물

죽순이나 우엉 등의 아쿠가 강한 야채에 사용하는 방법으로, 아쿠성분을 흡착시키고 재료를 부드럽게 한다. 또한 무나 순무, 감자류 등에 이용하여 표백효과를 볼 수 있으며, 양이 줄어드는 것을 방지할 수 있다.

⑤ 중조(重曹)

알칼리성이므로 단단한 섬유가 많은 야채를 부드럽게 하고, 녹색도 선명하게 한다. 그러나 사용량이 너무 많으면 조릴 때 부서지기 쉬우므로 주의해야 한다.

⑥ 명반(明礬)

물에 적당량 용해시키거나 재료의 표면에 문질러 바른다. 재료를 졸아들게 하는 작용이 있어 가지의 경우에는 껍질이 질겨지고, 색이 빠지게 된다. 사용량이 많으면 재료가 단단해지므로 주의한다.

(5) 냉각

물에 데친 야채를 냉각하는 주 목적은 더 이상 가열시키지 않음과 동시에, 신선한 색의 발현을 유도하기 위해서이다. 그 방법은 세 가지로 야채의 성질과 요리에 이용되는 상황에 따라 결정된다.

① 냉수침지

녹색 야채 등의 깨끗한 색을 보호하기 위해서 또한 아쿠의 제거를 위해 냉수에 담근다.

② 대류냉각

물에 담그지 않고 자루 등에 담아 식힌다. 아쿠가 많지 않고, 변색하기 어려운 것과 맛이 소실되기 쉬운 것들에 적합한 방법이다. 열이 너무 가해지지 않도록 재빨리 데쳐내는 것이 중요하다.

③ 열수침지

삶아낸 물에서 그대로 식히는 것. 죽순 등 굵고 단단한 재료에 해당된다. 재료의 중심까지 열을 가하며 동시에 아쿠가 제거된다. 또한 검정콩을 환원철과 함께 담가 놓으면, 색이 보다 안정되게 나므로 삶은 국물 그대로 냉각시킨다.

4) 수조육류(獸鳥肉類)

일본요리는 어개류를 사용하는 것이 많다. 그것은 사면이 바다라서 해산물의 혜택을 많이 누리고, 불교사상의 영향으로 주로 농경용 가축을 식용하는 것을 금지했기 때문이다. 또한 오랜 기간 동안 육식을 금해온 까닭에 육식을 추잡한 것으로 생각하는 의식이 침투하여, 육식습관을 긴 시간 동안 가질 수가 없었다. 명치유신 이후 육식금지가 해제되면서, 외국의 요리도 물밀듯이 들어와 여러 가지 육요리(肉料理)가 생겨나게 되었다. 일본요리에서 고기를 사용하는 방법은 어육요리에 비해 떨어졌으나, 육류의 안정적인 공급으로 인해 비교적 보존이 쉽고, 식재로써의 가치도 높아졌다. 식생활의 변화로 어류에 한정되었던 메뉴들이 육요리를 함께 메뉴에 넣는 시도가 계속되고 있다.

(1) 규니쿠(牛肉 ; ぎゅうにく) - 소고기

소고기는 부위에 따라 육질의 차이가 크지만, 일본요리에서는 부드러운 육질 부분이 기호에 맞는다. 특히 로스니쿠(ロース肉 ; loin)는 시모후리니쿠(霜降肉)라 불리는데, 살코기 속에 하얀 지방의 교잡도가 높은 것이 상품으로 되어 있다. 지방이 많지 않고 부드러운 히레니쿠(ヒィレ肉 ; fillet)도 좋아한다. 일본의 대표

적인 식용육은 마쓰사카우시(松阪牛)로 알려져 있는데, 육질의 상강도를 높이기 위하여 특수한 사료와 사과에 맥주를 마시게 하고, 음악을 듣게 하며 소주를 몸에 발라 맛사지를 해준다고 한다.

우육을 이용한 요리로는 스키야키(鋤焼), 미소즈케(味噌漬け, 샤부샤부, 다다키(叩き), 아미야키(網焼き) 등이 있다.

(2) 부타니쿠(豚肉 ; ぶたにく) - 돼지고기

돈육은 쇠고기처럼 부위에 따른 차이가 크지 않으나, 비교적 지방이 많고 부드럽다. 선택할 때는 광택 있는 담홍색으로 탄력성이 높은 것이 좋고, 지방은 흰 백색을 나타내는 것이 좋다. 돈육은 기생충이 있으므로 반드시 익혀서 조리해야 하나, 최근에는 특수한 사료로 사육된 청정무균돈육(清淨無菌豚肉)이 출하되어, 이러한 면에서는 다소 안심할 수 있게 되었다. 지방이 거의 없는 등심은 튀김요리에 사용하고, 적당한 지방이 있는 것은 구이나 냄비, 조림요리에 이용한다.

(3) 도리니쿠(鶏肉 ; とりにく) - 닭고기

식용으로 가장 많이 출하되는 것은 미국에서 개량된 브로일러로서, 육질이 부드럽고 냄새가 많지 않으며 수분이 적당해서 촉감이 좋다. 우육이나 돈육에 비해 선도가 떨어지기 쉬우므로, 구입 후 바로 조리하여 사용하도록 한다. 껍질을 제외한 부분의 육질에 지방이 그다지 많지 않으므로 부드럽고, 특히 다리부분(股肉)의 탄력성이 좋아 요리에 자주 이용된다. 구이, 조림, 튀김, 무침 등의 요리에 사용되며, 특히 사사미(笹身 – 안심)부위는 지방이 거의 없어 부드럽고, 냄새가 나지 않아 사시미나 초밥으로도 이용이 가능하다. 뼈에서 언어 개량한 것으로 여러 가지 조리에 활용하며, 특히 닭뼈를 구워서 만든 다레(垂れ)는 데리야키(照り焼き)의 맛을 향상시킨다.

(4) 가모니쿠(鴨肉 ; かもにく) - 오리고기

시장에 출하되는 것은 대부분 오히루(おひる)라 불리는 일종의 집오리로서, 다리의 크기가 작으므로 가슴살을 많이 이용한다. 살에 붙은 지방이 두터워 로스(ロース)라 불리는 부위가 많다. 육질이 선명한 담홍색으로 지방이 단단하며, 냄새가 나지 않는 것이 좋다. 구울 때는 속까지 열이 전달되도록 하며, 특유의 육향이 있으므로 파 또는 미나리 등을 요리할 때 사용하는 것이 좋다. 냄비요리, 소금구이, 데리야키, 스키야키 등을 조리하는 데 사용한다.

(5) 우즈라(鶉 ; うずら) - 메추리

닭고기보다 육질이 부드럽고 작으며 담백한 맛이 나지만, 독특한 풍미가 있어 조리에 유의한다. 살은 광택이 있고 냄새가 적은 것이 좋다. 살코기는 쓰케야키(付焼き), 산쇼우야키(山椒焼), 미소즈케(味噌漬け) 등에 이용된다.

(6) 이노시시니쿠(猪肉 ; いのししにく) - 멧돼지

특유의 향과 냄새가 있으므로 맛이 있고, 육질은 단단하나 가열하면 부드러워지며, 냄새도 제거되어 맛이 좋아진다. 다시에 된장을 풀어 야채와 구운 두부 등을 넣어 함께 끓이면서 먹는 냄비요리가 유명하다.

(7) 우마니쿠(馬肉 ; うまにく) - 말고기

육질은 적색이며 지방이 적고 우육과 유사하나, 글리코겐이 다량 함유되어 있어 씹으면 단맛이 난다. 혐오감을 줄이기 위하여 사쿠라니쿠(桜肉 ; さくらにく)라고도 하며, 기생충에 대한 항체로 인해 기생충감염의 우려가 없이 생육을 먹는 우마사시(馬刺し ; うまさし)가 유명하다. 스키야키, 샤부샤부 등 쇠고기와 유사하게 조리에 이용된다.

(8) 슷폰(鼈 ; すっぽん) - 자라

담수거북의 일종으로, 턱의 힘이 강하여 물리면 곤란하므로 취급에 주의를 요하며, 반드시 살아 있는 것을 요리에 사용한다. 복부는 핑크색이 감도는 백색이 좋고, 색이 너무 검은 것은 피하는 것이 좋다. 껍질은 다시를 뽑고, 4개의 다리는 반등분하여 시모후리(霜降 ; しもふり)하여 냉수에 담갔다가 껍질을 벗겨 사용한다. 부위에 따라 날로 먹을 수도 있으나 대부분 다시마를 이용하여 익혀서 사용한다. 냄비요리, 맑은국 요리가 대표적이며, 냄새가 있으므로 조리할 때 청주, 파, 생강 등을 이용한다.

5) 란루이(卵類 ; らんるい) – 난류

달걀을 가장 많이 이용하며 다음은 메추리알이다. 단백질과 지질 등의 영양소가 많아 가치가 높은 식품이다. 알 특유의 성질을 살려 각가지 용도로 요리재료에 사용되고 있다.

(1) 다마고(鷄卵 ; たまご, けいらん) - 달걀

달걀은 보통 상온에서 2~3일 만 지나면 부패하고, 냉장고 안에서는 2~3주 정도 영양가는 변화가 없지만, 선도가 떨어지고 주위의 냄새를 흡수하므로 주의해야 한다. 조리에 사용할 때에는, 별도의 용기에 하나씩 깨뜨려서 이상이 없는지 확인해야 한다. 난백의 단차가 확실하고, 난황의 높이가 높은 것이 신선한 것이다. 껍질에 금이 가거나 물에 담그면, 잡균 오염의 우려가 있으므로 주의하며, 달걀의 성질을 잘 이용하여 조리에 활용하도록 한다.

① 열응고성

난황은 65~70℃, 난백은 70~80℃에서 거의 응고된다. 이 온도의 차를 살려서 온센다마고(溫泉卵)를 만든다.

② 기포성

거품기를 이용하여 휘저으면 공기를 품고 거품이 되며, 특히 난백이 이 성질이 강하다. 스리미 등에 섞어 부드럽게 하거나, 디저트 등에 얹어 눈이 내린 것처럼 보이게 할 수도 있으며, 튀김옷으로 사용할 수도 있다.

③ 유화성

난황에는 물과 기름을 잘 섞어주는 작용을 하는, 레시틴이 다량 함유되어 있어 마요네즈 등을 만드는 데 응용된다.

④ 기타

수분을 머금고도 응고되는 보수성을 이용하여 달걀두부를 만들고, 난백의 결착성을 이용하여 어묵이나 구이요리의 데리(照り)를 내는 데 이용하기도 한다.

⑤ 내장란(内臟卵)

닭의 난소에 들어 있는 알로 색이 진하다. 황색을 내어 강조하는 요리에 착색재료로 이용하며, 탕에 풀어 넣어 맑은국 재료로 사용하기도 한다.

(2) 우즈라타마고(鶉卵 ; うずらたまご) - 메추리알

크기가 작으므로 삶아서 여러 요리에 얹어내는 재료로 사용된다. 썰어서 세공하면 상당히 여러 가지 효과를 연출할 수 있다.

6) 건조, 가공품

일본요리에 사용되는 건조물, 가공품, 염장품 등의 종류는 매우 다양하다. 이것들은 보존을 위한 것이지만, 건조나 염장에 의해 독특한 향미를 제공하기도 하며, 특유의 맛이나 촉감이 생겨나게도 한다. 건조품들은 수분에 의한 변질로 곰팡이 등이 생겨날 수 있으므로, 밀봉하여 냉암소에 보관한다.

(1) 와카메(若芽 ; わかめ) - 미역

염장미역, 건조미역, 열처리한 건미역 등이 있으며, 물에 데치면 선명한 색이 난다. 너무 매끄럽거나 흐물거리는 것은 좋지 않다. 염장미역은 물에 담가 소금기를 빼내고, 건미역은 물에 불려 사용하는데, 약 10~15배 정도 중량이 증가하므로 사용량을 잘 가늠해야 한다.

① 충분한 양의 물에 30분 정도 담가 불린다.
② 끓는 물에 살짝 데쳐서 색을 낸다.
③ 냉수에 담가 냉각시킨다.
④ 도마에 올려 줄기를 도려내고, 용도에 맞게 잘라서 사용한다.

(2) 호시시타케(干し椎茸 ; ほししいたけ) - 건표고버섯

표고버섯은 건조시키면 맛과 영양분이 증가한다. 갓은 황갈색, 줄기는 황백색인 것이 건조가 잘된 것이며, 생표고버섯과 달리 주로 냄비요리나 조림요리에 이용된다. 일단 물에 불려 사용하며, 버섯을 불린 물은 지미성분이 용출되어 있으므로 조리에 활용하면 좋다.

① 충분한 양의 냉수에 담가 오토시부타(落し蓋)를 덮어 20분 정도 불린다.
② 조심스럽게 표고버섯에 붙은 이물질과 흙 등을 떼어내고 물을 버린다.
③ 새로이 미지근한 물에 담가 오토시부타(落し蓋)를 덮어 6시간 정도 완전히 불린다.
④ 버섯의 물기를 짜낸 다음 용도에 따라 절단하고, 불려낸 물을 요리의 국물로 사용한다.

(3) 간표(干瓢 ; かんぴょう) - 박고지

호박의 내부 과육을 얇고 길게 깎아내어 건조시킨 것으로, 줄이 두텁고 일정하며 연한 미색이 나는 것이 좋다.

① 충분한 양의 냉수에 10분 정도 담가 물을 먹게 한다.
② 물에서 건져낸 다음 소금을 뿌려 비벼낸다.
③ 끓는 물에 넣어 삶는다.
④ 삶은 것을 자루에 담아 식혀서 용도에 맞게 사용한다.

(4) 고야도후(高野豆腐 ; こうやとうふ) - 냉동두부

일본에는 고야도후(高野豆腐) 또는 고오리도후(凍り豆腐)라고 하는 식용 냉동두부가 있다. 이것은 두부를 냉동 건조시킨 것으로, 현재는 공장에서 생산되어 물에 불릴 필요가 없는 것도 있다. 다만 특유의 냄새가 있으므로, 물이 맑아질 때까지 계속 세척해 주어야 하며, 조릴 때 부서지지 않도록 너무 불리지 말아야 한다. 지방분이 산화되기 쉬우므로 되도록 빨리 사용한다.

① 넓은 사각 스테인리스 용기에 두부를 나란히 놓고, 뜨거운 물을 부어준다.
② 두부가 뜨지 않도록 오토시부타(落し蓋)를 사용하여 눌러준다.
③ 손으로 눌러 다 녹았는지 확인한다.
④ 흐르는 물에 두부를 짜듯이 씻어낸 뒤에 사용한다.

(5) 기쿠라게(木耳 ; きくらげ) - 목이버섯

무색무취의 검은 버섯으로 사람의 귀와 유사하게 생겼다고 하여 이름이 지어졌다. 잘 건조되어 크고 검은색이 선명한 것이 좋다.

① 물로 잘 씻어 냉수에 6시간 정도 담가 불린다.
② 뿌리부분을 잘라낸다.
③ 끓는 물에 살짝 데쳐낸다.
④ 자루에 담아 물기를 빼서 사용한다.

(6) 다이즈(大豆 ; たいず) - 대두

일반적으로 완숙한 대두의 건조품으로서, 색이 깨끗하고 입자가 고른 것이 좋다. 유지를 다량 함유하고 있으며, 오래되면 산화되어 맛이 떨어지므로 주의한다.

① 물에 잘 씻어 냉수에 하루 정도 담가둔다.
② 껍질을 제거하고 돌을 골라낸다.
③ 자루에 건져 물기를 뺀 다음, 냄비에 담아 충분한 물로 삶는다. 물이 끓기 시작하면 불을 줄여 약한 불에서 콩이 익도록 한다.
④ 냄비에 냉수를 틀어 서서히 콩이 식도록 하여 사용한다.

7) 다시(出汁 ; だし) – 국물

일본요리에 있어서 다시는 국이나 냄비, 조림 등의 요리에 맛을 내는 기본으로서 중요성을 갖는다. "다시를 뽑는다"는 표현에서도 알 수 있는 바와 같이, 다시를 만드는 것은 식품이 가지고 있는 엑기스를 최대한 끌어내는 것을 말한다. 아무리 좋은 재료를 사용하였어도 너무 끓이면 여분의 맛이나 냄새가 나므로 주의해야 한다. 다시의 재료가 되는 것들도 나름대로 특징이 있으므로 그 성질을 잘 파악하는 것이 중요하다.

국물을 내기 위해 가장 많이 사용하는 것으로는, 가쓰오부시(鰹節)와 다시마(昆布)를 들 수 있다. 특히 일번다시를 잘 만들기 위해서는 재료의 질이 대단히 중요하다. 또한 물의 냄새도 다시의 맛에 영향을 미치므로, 수돗물을 사용할 때는 미리 받아두었다가 사용하거나, 활성탄 등으로 여과하여 사용하면 좋다. 미네랄성분이 많은 경수보다는 연수가 다시의 맛을 내는 데는 더 적합한 것으로 알려져 있다.

(1) 재료

① 가쓰오부시(鰹節 ; かつおぶし) – 가다랑어포

가쓰오부시

가다랑어를 오로시하여 삶은 것을 훈연하면서 건조시킨 것으로서, 나무토막과 같은 형태이며, 세장뜨기한 것으로 만들었기 때문에 부위별로 맛과 명칭이 다르다. 시중에는 이것을 잘게 갈아 만든 게즈리부시(削節)로 유통되는 경우가 많으나, 특유의 휘발성 향기성분의 맛을 살리기 위해 고급요리를 취급하는 곳에서는, 필요할 때마다 기구를 이용하여 조금씩 깎아서 사용하기도 한다.

게즈리부시기

게즈리부시

② 곤부(昆布 ; こんぶ) – 다시마

다시를 뽑기 위해 사용하는 다시마는, 우선 건조가 잘되어 검은색이나 짙은 녹갈색을 띠고 있으며, 감미성분인 만니톨이 전체적으로 하얗게 묻어 있는 것이 좋다. 보관 시 용기에 넣어 습기가 차지 않도록 냉암소에 두도록 한다.

③ 자쓰부시(雜節 ; ざつぶし) - 잡부시류

가다랑어 이외의 생선을 가공하여 만든 부시(節)류로서 참치, 고등어, 정어리 등이 있다. 향미가 가쓰오부시보다는 다소 떨어지고 맛은 진하므로, 용도는 기호에 따라 각각 다르고, 경우에 따라 섞어서 사용하기도 하며, 보통은 면요리의 국물이나 된장국에 이용하는 경우가 많다.

(2) 만드는 방법

① 이치반다시(一番出汁 ; いちばんだし) - 일번다시

가쓰오부시와 다시마를 이용하여 재료의 맛을 단시간에 용출시켜 최고의 풍미를 얻어낸 국물을 말한다. 가쓰오부시의 맛난 맛인 이노신산(inosinic acid)과 다시마의 글루타민산(glutamic acid)이 혼합되어 맛이 더욱 강해지는 상승효과가 있다. 맑은국이나 조림, 찜 요리 등의 국물로 사용된다.

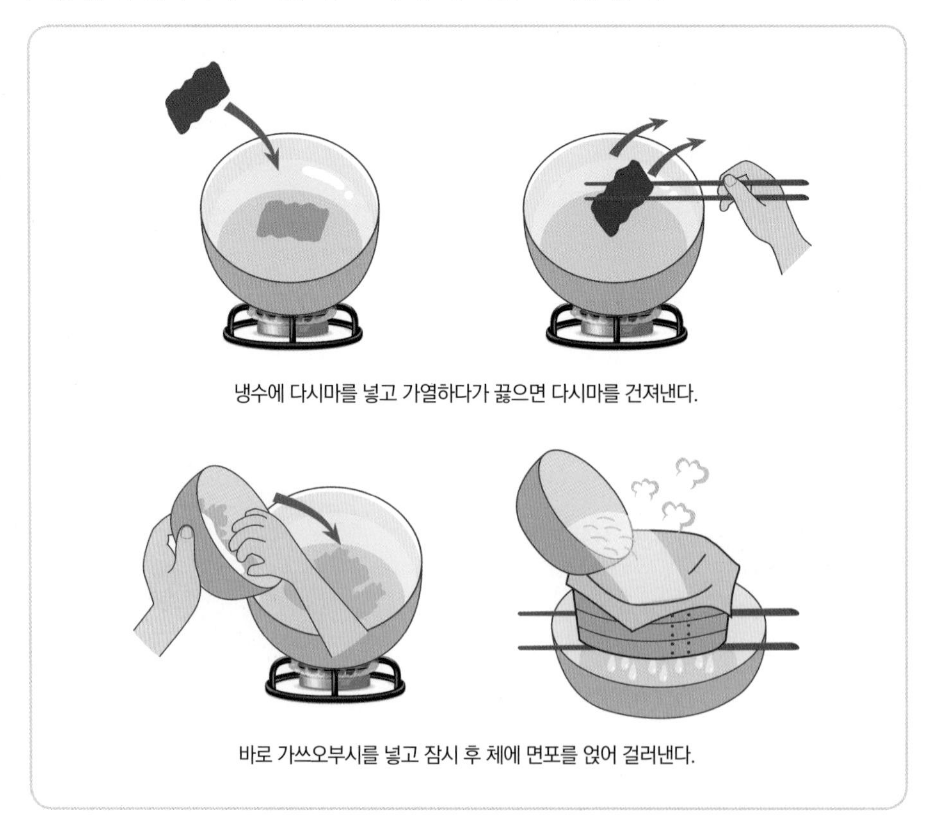

냉수에 다시마를 넣고 가열하다가 끓으면 다시마를 건져낸다.

바로 가쓰오부시를 넣고 잠시 후 체에 면포를 얹어 걸러낸다.

- 물 2리터에 다시마 5g을 넣고 끓인다.
- 물이 끓으면 다시마를 건져내고 가쓰오의 게즈리부시를 50g 넣는다.
- 불을 끄고 거품을 건져낸 다음, 체에 소창을 깔고 걸러낸다.

※ 완성된 다시는 건강한 사람의 정상적인 소변색과 같이 맑고 투명하다. 혹시라도 재료가 아깝다는 생각에 끓는 물에 오래 두면 탁한 색과 더불어 텁텁한 맛이 나므로 주의한다.

② 니반다시(二番だし；にばんだし) - 이번다시

일번다시에서 남은 재료를 이용하여 만든 것으로 된장국이나, 맛이 진한 조림요리에 사용한다.

- 일번다시에서 남은 다시마와 게즈리부시에 물 2리터를 붓고 약한 불로 끓인다.
- 새로운 게즈리부시를 조금 넣고 불을 끈다.
- 거품을 걷고 체에 소창을 깔고 걸러낸다.

③ 니보시다시(煮干し出汁；にぼしだし) - 멸치다시

원래 니보시(煮干)란 삶아서 말린 모든 재료를 뜻하며, 멸치 외에 정어리, 패주, 새우 등 여러 가지가 있다. 그러나 보통은 멸치 말린 것을 지칭하는 경우가 많고, 잘 건조되어 광택이 나며, 껍질이 상하지 않고 단단한 것이 좋다. 사용 전에 머리와 내장을 제거하면 다시의 쓴맛을 방지할 수 있으며, 된장국이나 면요리, 조림요리 등에 이용된다.

- 멸치의 머리와 내장을 제거하고 물에 살짝 씻어낸다.
- 물에 멸치 30g과 다시마 5g을 넣어 냉장고에서 한두 시간 정도 우려낸다.
- 그대로 불에 올려 끓으면 불을 끄고 거품을 제거하여 걸러낸다.

④ 도리다시(鶏出汁 ; とりだし) - 닭다시

닭에서 얻어낸 국물로 부드럽고 담백하며 동물성 특유의 풍미가 있다. 닭은 신선한 것을 이용하고, 상처가 있거나 냄새가 나는 것은 피하도록 하며, 다시를 만들 때는 뼈나 다리를 이용한다.

- 닭의 발톱을 잘라낸다.
- 닭발(뼈)에 뜨거운 물을 부어 데쳐준다.
- 핏기와 응고된 이물질을 제거한다.
- 용기에 물 8리터를 붓고 닭발 1kg과 다시마 2장을 넣고 끓인다.
- 불을 줄여 약한 불에서 약 절반이 될 때까지 거품을 걷어가며 졸인다.
- 불을 끄고 걸러내어 사용한다.

⑤ 곤부다시(昆布出汁 ; こんぶだし) - 다시마다시

다시마를 물에 푹 담가 우려낸 것으로서 냄비요리용 국물로 이용된다. 쇼진요리의 기본국물로서 다른 다시와 병용하는 경우도 많다.

- 물 2리터에 다시마 60g을 담가 7시간 정도 우려낸다.

⑥ 시타케다시(椎茸出汁 ; しいたけだし) - 표고버섯다시

표고버섯 건조품을 우려낸 것으로 맛과 향이 강하므로 다른 국물과 혼용하여 사용하는 경우가 많다.

- 물 1리터에 30g의 표고버섯을 담가 30분 정도 불린다.
- 표고버섯을 건져내어 물을 버리고, 흙과 이물질을 제거한다.
- 새 물에 다시 버섯을 담가 10시간 정도 불려 우려낸 뒤 걸러서 사용한다.

제 2 장

국가기술 자격검정 실기시험 문제 및 해설

1. 일식조리기능사

개요

한식, 양식, 중식, 일식, 복어조리의 메뉴 계획에 따라 식재료를 선정, 구매, 검수, 보관 및 저장하며 맛과 영양을 고려하여 안전하고 위생적으로 조리 업무를 수행하며 조리기구와 시설을 위생적으로 관리, 유지하여 음식을 조리, 제공하는 전문인력을 양성하기 위하여 자격제도 제정

수행직무

일식메뉴 계획에 따라 식재료를 선정, 구매, 검수, 보관 및 저장하며 맛과 영양을 고려하여 안전하고 위생적으로 음식을 조리하고 조리기구와 시설관리를 수행하는 직무

실시기관 홈페이지

http://q-net.or.kr

실시기관명

한국산업인력공단

실기과제

문제번호	일식과제명	시험시간
1	갑오징어명란무침	20
2	도미머리맑은국	30
3	대합맑은국	20
4	된장국	20
5	도미조림	30
6	문어초회	30
7	해삼초회	20
8	소고기덮밥	30
9	우동볶음(야끼우동)	30
10	메밀국수(자루소바)	30
11	삼치소금구이	30
12	소고기간장구이	20
13	전복버터구이	25
14	달걀말이	25
15	도미술찜	30
16	달걀찜	30
17	생선초밥	40
18	참치김초밥	20
19	김초밥	25

시험시간
20분

갑오징어 명란무침

요구사항

※ 주어진 재료를 사용하여 갑오징어 명란무침을 만드시오.

가. 명란젓은 껍질을 제거하고 알만 사용하시오.
나. 갑오징어는 속껍질을 제거하여 사용하시오.
다. 갑오징어를 소금물에 데쳐 0.3cm×0.3cm×0.3cm 크기로 썰어 사용하시오.

수험자 유의사항

1. 만드는 순서에 유의하며, 위생과 숙련된 기능평가를 위하여 조리작업 시 맛을 보지 않습니다.
2. 지정된 수험자 지참준비물 이외의 조리기구나 재료를 시험장내에 지참할 수 없습니다.
3. 지급재료는 시험 전 확인하여 이상이 있을 경우 시험위원으로부터 조치를 받고 시험 중에는 재료의 교환 및 추가지급은 하지 않습니다.
4. 요구사항 및 지급재료의 규격은 "정도"의 의미를 포함하며, 재료의 크기에 따라 가감하여 채점됩니다.
5. 위생복, 위생모, 앞치마, 마스크를 착용하여야 하며, 시험장비·조리기구 취급 등 안전에 유의합니다.
6. 다음 사항은 실격에 해당하여 채점 대상에서 제외됩니다.
   가) 수험자 본인이 시험 도중 시험에 대한 포기 의사를 표현하는 경우
   나) 위생복, 위생모, 앞치마, 마스크를 착용하지 않은 경우
   다) 시험시간 내에 과제 두 가지를 제출하지 못한 경우
   라) 문제의 요구사항대로 과제의 수량이 만들어지지 않은 경우
   마) 완성품을 요구사항의 과제(요리)가 아닌 다른 요리(예, 달걀말이 → 달걀찜)로 만든 경우
   바) 불을 사용하여 만든 조리작품이 작품특성에 벗어나는 정도로 타거나 익지 않은 경우
   사) 해당과제의 지급재료 이외 재료를 사용하거나, 요구사항의 조리기구(석쇠 등)로 완성품을 조리하지 않은 경우
   아) 지정된 수험자 지참준비물 이외의 조리기술에 영향을 줄 수 있는 기구를 사용한 경우
   자) 가스레인지 화구를 2개 이상(2개 포함) 사용한 경우
   차) 시험 중 시설·장비(칼, 가스레인지 등) 사용 시 시험위원 및 타 수험자의 시험 진행에 위해를 일으킬 것으로 시험위원 전원이 합의하여 판단한 경우
   카) 요구사항에 표시된 실격 및 부정행위에 해당하는 경우
7. 항목별 배점은 위생상태 및 안전관리 5점, 조리기술 30점, 작품의 평가 15점입니다.
8. 시험시작 전 가벼운 몸 풀기(스트레칭) 동작으로 긴장을 풀고 시험을 시작합니다.

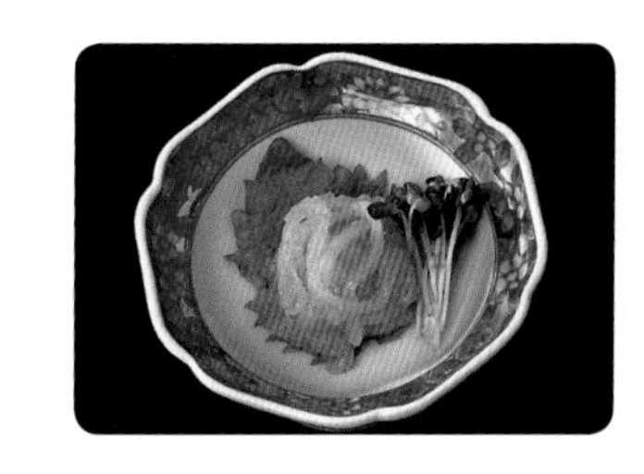

지급재료목록

재료명	규격	단위	수량	비고
갑오징어몸살		g	70	
명란젓		g	40	
무순		g	10	
소금	정제염	g	10	
청차조기잎(시소)		장	1	깻잎으로 대체 가능

고이카노 사쿠라아에

갑오징어 명란무침

甲烏賊の桜和え : こういかのさくらあえ, Marinated Cuttle Fish & Cod-Roe with Sake

조리법

1. 갑오징어는 손질하여 속껍질을 벗긴 후, 길이 5cm로 가늘게 채썰어준다.
2. 연한 소금간을 한 미지근한 청주에 살짝 담갔다가 건져둔다.
3. 명란젓은 껍질 속의 알을 긁어내어 나무젓가락을 이용하여 잘 섞어준다.
4. 두 가지 재료가 잘 섞이도록 무쳐준다.
5. 오목한 작은 그릇에 시소를 깔고, 그 위에 명란무침을 담아 무순을 곁들여낸다.

주의사항

1. 갑오징어가 익지 않도록 데우는 청주의 온도에 주의한다.
2. 갑오징어는 가급적 최대한 가늘고 일정한 두께로 채썬다.
3. 명란젓은 기본간이 배어 있으므로 양념하는 데 유의한다.
4. 본 문제는 항상 다른 문제와 함께 출제되므로, 같이 나온 문제와 시간을 잘 조절하면서 요리하도록 한다.

1. 갑오징어

몸속에 딱딱한 갑(甲)을 가지고 있는 오징어의 총칭. 두꺼운 석회질(石灰質)의 큰 갑(甲)이 있고, 지느러미가 주변에 자리 잡고 있다. 산지 시장에서는 살아 있는 그대로의 모습을 볼 수 있으며, 잡으면 먹물을 내뿜기 때문에 스미이카(スミイカ)라도 불린다. 성분적으로 다른 오징어와 별다른 점은 없고, 무기질, 비타민, 지질이 적다. 맛이 좋아 회나 초밥재료로 많이 쓰이나, 삶거나 구워서 조리를 해도 별미를 느낄 수 있다.

2. 사쿠라아에(桜和え)

벚나무(cherry) 또는 벚꽃의 색으로 음식 만드는 것을 통칭하는 말. 명란젓무침은 원래 멘타이코(明太子 : 명태자; めんたいこ), 즉 명란젓을 이용한 무침요리이지만, 색이 벚꽃과 유사해서 미화하여 이르는 말이다.

시험시간 30분

도미머리 맑은국

요구사항

※ 주어진 재료를 사용하여 도미머리 맑은국을 만드시오.

가. 도미머리 부분을 반으로 갈라 50 ~ 60g 크기로 사용하시오.
(단, 도미는 머리만 사용하여야 하고, 도미 몸통(살) 사용할 경우 실격 처리됩니다.)
나. 소금을 뿌려 놓았다가 끓는 물에 데쳐 손질하시오.
다. 다시마와 도미머리를 넣어 은근하게 국물을 만들어 간 하시오.
라. 대파의 흰 부분은 가늘게 채(시라가네기) 썰어 사용하시오.
마. 간을 하여 각 곁들일 재료를 넣어 국물을 부어 완성하시오.

수험자 유의사항

1. 만드는 순서에 유의하며, 위생과 숙련된 기능평가를 위하여 조리작업 시 맛을 보지 않습니다.
2. 지정된 수험자 지참준비물 이외의 조리기구나 재료를 시험장내에 지참할 수 없습니다.
3. 지급재료는 시험 전 확인하여 이상이 있을 경우 시험위원으로부터 조치를 받고 시험 중에는 재료의 교환 및 추가지급은 하지 않습니다.
4. 요구사항 및 지급재료의 규격은 "정도"의 의미를 포함하며, 재료의 크기에 따라 가감하여 채점됩니다.
5. 위생복, 위생모, 앞치마, 마스크를 착용하여야 하며, 시험장비·조리기구 취급 등 안전에 유의합니다.
6. 다음 사항은 실격에 해당하여 채점 대상에서 제외됩니다.
   가) 수험자 본인이 시험 도중 시험에 대한 포기 의사를 표현하는 경우
   나) 위생복, 위생모, 앞치마, 마스크를 착용하지 않은 경우
   다) 시험시간 내에 과제 두 가지를 제출하지 못한 경우
   라) 문제의 요구사항대로 과제의 수량이 만들어지지 않은 경우
   마) 완성품을 요구사항의 과제(요리)가 아닌 다른 요리(예, 달걀말이 → 달걀찜)로 만든 경우
   바) 불을 사용하여 만든 조리작품이 작품특성에 벗어나는 정도로 타거나 익지 않은 경우
   사) 해당과제의 지급재료 이외 재료를 사용하거나, 요구사항의 조리기구(석쇠 등)로 완성품을 조리하지 않은 경우
   아) 지정된 수험자 지참준비물 이외의 조리기술에 영향을 줄 수 있는 기구를 사용한 경우
   자) 가스레인지 화구를 2개 이상(2개 포함) 사용한 경우
   차) 시험 중 시설·장비(칼, 가스레인지 등) 사용 시 시험위원 및 타 수험자의 시험 진행에 위해를 일으킬 것으로 시험위원 전원이 합의하여 판단한 경우
   카) 요구사항에 표시된 실격 및 부정행위에 해당하는 경우
7. 항목별 배점은 위생상태 및 안전관리 5점, 조리기술 30점, 작품의 평가 15점입니다.
8. 시험시작 전 가벼운 몸 풀기(스트레칭) 동작으로 긴장을 풀고 시험을 시작합니다.

지급재료목록

재료명	규격	단위	수량	비고
도미	200~250g	마리	1	도미과제 중복시 두가지 과제에 도미 1마리 지급
대파	흰 부분(10cm)	토막	1	
죽순		g	30	
건다시마	5X10cm	장	1	
소금	정제염	g	20	
연간장		mL	5	진간장 대체 가능
레몬		개	1/4	
청주		mL	5	

다이 스이모노

도미머리 맑은국

鯛吸い物 : たいすいもの, Sea Bream Clear Soup

조리법

1. 도미머리를 손질하여 반으로 갈라 소금을 뿌렸다가 시모후리하여 사용하도록 한다.
2. 물에 데쳐내어 찬물로 헹구어(시모후리), 비늘과 응고된 피 등의 불순물을 제거한다.
3. 죽순을 삶아 1~2mm 정도로 얇게 썰어 국물에 소금과 간장으로 약하게 간을 해 담가놓는다.
4. 다시마국물(곤부다시)에 도미머리를 넣고 은은하게 끓이면서 간장과 소금, 청주로 간을 한다.
5. 맑은국 그릇에 도미머리를 넣고, 죽순을 1~2mm로 썰어 올리고, ③에서 끓여낸 국물을 8부 정도 채운다.
6. 레몬껍질(오리발) 모양낸 것을 국물에 띄우고, 파를 가늘게 채썬 것(시라가네기)으로 장식하여 제출한다.

주의사항

1. 국물이 너무 탁해지지 않도록 약한 불에서 끓인다.
2. 소금간은 약간 싱거운 맛이 나도록 한다.
3. 맑은국의 국물 색이 약하게 나도록 간장의 양에 주의한다.
4. 레몬은 노란 껍질부분만 사용하여 오리발 모양을 내도록 한다.
5. 대파의 향이 은은하게 나도록 시라가네기의 굵기와 양에 유의한다.
6. 도미과제가 두 가지 중복되어 나왔을 경우 한 마리만 지급될 수 있으므로 사용부위에 유의한다.

용어 해설

1. 시라가네기(白髮葱 : しらがねぎ)

대파의 흰 부분을 백발처럼 가늘게 자른 것을 의미하며, 회나 맑은국 등의 요리의 곁들임으로 사용한다. 은은한 향과 모양을 내는 효과가 있다.

※ 보통은 맑은국 위에 얹어내는 재료로 미쓰바(三つ葉 : みつば; 셋잎)를 많이 사용하나, 간편하게 쑥갓을 사용하기도 한다. 문제를 잘 보고 재료를 사용하도록 한다.

시험시간
20분

대합 맑은국

요구사항

※ **주어진 재료를 사용하여 대합 맑은국을 만드시오.**

가. 조개 상태를 확인한 후 해감하여 사용하시오.

나. 다시마와 백합조개를 넣어 끓으면 다시마를 건져내시오.

수험자 유의사항

1. 만드는 순서에 유의하며, 위생과 숙련된 기능평가를 위하여 조리작업 시 맛을 보지 않습니다.
2. 지정된 수험자 지참준비물 이외의 조리기구나 재료를 시험장내에 지참할 수 없습니다.
3. 지급재료는 시험 전 확인하여 이상이 있을 경우 시험위원으로부터 조치를 받고 시험 중에는 재료의 교환 및 추가지급은 하지 않습니다.
4. 요구사항 및 지급재료의 규격은 "정도"의 의미를 포함하며, 재료의 크기에 따라 가감하여 채점됩니다.
5. 위생복, 위생모, 앞치마, 마스크를 착용하여야 하며, 시험장비·조리기구 취급 등 안전에 유의합니다.
6. 다음 사항은 실격에 해당하여 채점 대상에서 제외됩니다.
   가) 수험자 본인이 시험 도중 시험에 대한 포기 의사를 표현하는 경우
   나) 위생복, 위생모, 앞치마, 마스크를 착용하지 않은 경우
   다) 시험시간 내에 과제 두 가지를 제출하지 못한 경우
   라) 문제의 요구사항대로 과제의 수량이 만들어지지 않은 경우
   마) 완성품을 요구사항의 과제(요리)가 아닌 다른 요리(예, 달걀말이 → 달걀찜)로 만든 경우
   바) 불을 사용하여 만든 조리작품이 작품특성에 벗어나는 정도로 타거나 익지 않은 경우
   사) 해당과제의 지급재료 이외 재료를 사용하거나, 요구사항의 조리기구(석쇠 등)로 완성품을 조리하지 않은 경우
   아) 지정된 수험자 지참준비물 이외의 조리기술에 영향을 줄 수 있는 기구를 사용한 경우
   자) 가스레인지 화구를 2개 이상(2개 포함) 사용한 경우
   차) 시험 중 시설·장비(칼, 가스레인지 등) 사용 시 시험위원 및 타 수험자의 시험 진행에 위해를 일으킬 것으로 시험위원 전원이 합의하여 판단한 경우
   카) 요구사항에 표시된 실격 및 부정행위에 해당하는 경우
7. 항목별 배점은 위생상태 및 안전관리 5점, 조리기술 30점, 작품의 평가 15점입니다.
8. 시험시작 전 가벼운 몸 풀기(스트레칭) 동작으로 긴장을 풀고 시험을 시작합니다.

지급재료목록

재료명	규격	단위	수량	비고
백합조개	개당 40g, 5cm 내외	개	2	
쑥갓		g	10	
레몬		개	1/4	
청주		mL	5	
소금	정제염	g	10	
국간장		mL	5	진간장 대체 가능
건다시마	5X10cm	장	1	

하마구리 스이모노

대합 맑은국

蛤吸物 : はまぐりすいもの, Clam Clear Soup

조리법

1. 대합(백합조개)을 두들겨 골라서 소금물에 담가 해감을 토해내게 한다.
2. 찬물에 다시마와 대합을 넣고 가열하다가 끓기 시작하면 다시마를 건져낸다.
3. 은은하게 끓는 다시에 간장으로 색을 내고, 소금과 청주로 약하게 간을 한다.
4. 레몬껍질의 노란 부분으로 오리발 모양을 만들어두고, 쑥갓의 잎을 잘라 준비해 둔다.
5. 맑은 국그릇에 대합을 넣고, 국물을 8부 정도 되게 부은 다음, 레몬껍질(오리발)과 쑥갓잎을 살짝 띄워 제출한다.

주의사항

1. 조개는 즉시 씻어 소금물에 담가놓는다.
2. 쑥갓잎은 찬물에 담가 시들지 않도록 한다.
3. 조개가 너무 익지 않도록 가열시간에 유의한다.
4. 레몬 껍질은 아주 얇게 노란색 부분만을 사용한다.
5. 작품 제출 시 뜨거운 상태로 나갈 수 있도록 준비한다.

용어 해설

1. 하마구리(蛤 : はまぐり) – 대합

구리(栗 : くり; 밤)와 모양이 유사하다고 해서 유래된 이름이라고 한다. 요리에서는 구이나, 초밥, 술찜 등이 있으나 맑은국(우시오지루)이 대표적이다. 일반적으로 대합을 지칭하지만, 우리나라에서 대합은 지방마다 명칭이 다르기 때문에 백합조개로 통한다.

2. 맑은국의 두 가지 이름

▸ 스이모노(吸い物 : すいもの)

소금과 간장 등으로 연하게 간을 하여 만든 맑은국 요리로 스마시지루(清し汁 : すましじる)라고도 하며, 다음의 네 가지 요소로 구성되어 있다.

- 다시(出し : だし)
  국물 : 다시마나 가쓰오부시 다시에 소금과 간장으로 간을 한 것
- 완다네(椀種 : わんだね)
  주재료 : 냄새가 없는 수조어개류(獸鳥魚介類), 알, 야채 등
- 완쓰마(椀妻 : わんつま)
  부재료 : 주재료와 맛과 배색 따위의 조화가 잘되는 야채, 버섯, 해조 등
- 스이구치(吸い口 : すいぐち)
  향기재료 : 산초, 생강 등 계절 향을 나타낼 수 있는 재료

▸ 우시오지루(潮汁 : うしおじる)

소금으로만 간을 하여 끓여낸 맑은 국물요리로 조개나 생선을 이용하여 만든다. 소금만 넣고 조린 요리는 우시오니(潮煮 : うしおに)라고 한다.

시험시간
20분

된장국

요구사항

※ 주어진 재료를 사용하여 된장국을 만드시오.

가. 다시마와 가다랑어포(가쓰오부시)로 가다랑어국물(가쓰오다시)을 만드시오.

나. 1cm x 1cm x 1cm로 썬 두부와 미역은 데쳐 사용하시오.

다. 된장을 풀어 한소끔 끓여내시오.

수험자 유의사항

1. 만드는 순서에 유의하며, 위생과 숙련된 기능평가를 위하여 조리작업 시 맛을 보지 않습니다.
2. 지정된 수험자 지참준비물 이외의 조리기구나 재료를 시험장내에 지참할 수 없습니다.
3. 지급재료는 시험 전 확인하여 이상이 있을 경우 시험위원으로부터 조치를 받고 시험 중에는 재료의 교환 및 추가지급은 하지 않습니다.
4. 요구사항 및 지급재료의 규격은 "정도"의 의미를 포함하며, 재료의 크기에 따라 가감하여 채점됩니다.
5. 위생복, 위생모, 앞치마, 마스크를 착용하여야 하며, 시험장비·조리기구 취급 등 안전에 유의합니다.
6. 다음 사항은 실격에 해당하여 채점 대상에서 제외됩니다.
   가) 수험자 본인이 시험 도중 시험에 대한 포기 의사를 표현하는 경우
   나) 위생복, 위생모, 앞치마, 마스크를 착용하지 않은 경우
   다) 시험시간 내에 과제 두 가지를 제출하지 못한 경우
   라) 문제의 요구사항대로 과제의 수량이 만들어지지 않은 경우
   마) 완성품을 요구사항의 과제(요리)가 아닌 다른 요리(예, 달걀말이 → 달걀찜)로 만든 경우
   바) 불을 사용하여 만든 조리작품이 작품특성에 벗어나는 정도로 타거나 익지 않은 경우
   사) 해당과제의 지급재료 이외 재료를 사용하거나, 요구사항의 조리기구(석쇠 등)로 완성품을 조리하지 않은 경우
   아) 지정된 수험자 지참준비물 이외의 조리기술에 영향을 줄 수 있는 기구를 사용한 경우
   자) 가스레인지 화구를 2개 이상(2개 포함) 사용한 경우
   차) 시험 중 시설·장비(칼, 가스레인지 등) 사용 시 시험위원 및 타 수험자의 시험 진행에 위해를 일으킬 것으로 시험위원 전원이 합의하여 판단한 경우
   카) 요구사항에 표시된 실격 및 부정행위에 해당하는 경우
7. 항목별 배점은 위생상태 및 안전관리 5점, 조리기술 30점, 작품의 평가 15점입니다.
8. 시험시작 전 가벼운 몸 풀기(스트레칭) 동작으로 긴장을 풀고 시험을 시작합니다.

지급재료목록

재료명	규격	단위	수량	비고
일본된장		g	40	
건다시마	5X10cm	장	1	
판두부		g	20	
실파		g	20	1뿌리
산초가루		g	1	
가다랑어포(가쓰오부시)		g	5	
건미역		g	5	
청주		mL	20	

미소시루

된장국

味噌汁 : みそしる, Soybean Paste Soup

조리법

1. 다시마는 젖은 행주를 빨아 꼭 쥐어짠 후, 닦아서 약 2컵의 찬물에 넣고 끓인다.
2. 물이 끓어오르면 다시마를 건져내고, 가쓰오부시를 넣은 다음 고운체로 걸러낸다.
3. 두부는 약 1cm의 주사위 모양으로 썰어서, 연한 소금물에 살짝 삶아낸다.
4. 생미역은 두부와 같이 소금물에 삶아내고, 건미역일 경우에는 찬물에 불려낸 다음, 도마 위에 길게 펼쳐 약 1cm 정도의 길이로 절단해 놓는다.
5. 실파는 가늘게 채썰기하여, 찬물로 매운 기를 헹구어낸다.
6. ②의 가쓰오부시 다시 2cup에 된장 1Ts를 풀어 고운체로 걸러내어 청주 1Ts로 간을 하고, 거품을 걷어내면서 살짝 끓여낸다.
7. 된장국 그릇에 앞서 준비한 ③, ④의 재료를 담고, 끓여낸 국물을 부어 실파와 산초를 뿌려 제출한다.

주의사항

1. 된장국에 간을 할 때는 소금이나 간장은 절대 사용하지 않고, 간이 약하면 된장을 더 풀어 넣고, 간이 셀 경우에는 다시를 더 부어 넣는다.
2. 끓일 때 불은 너무 세지 않도록 하며, 한번 끓으면 바로 불을 끄고, 한번 끓은 된장국은 다시 끓이면 맛이 떨어지므로 주의하도록 한다.
3. 된장국물의 양은, 그릇의 80% 정도면 적당하다.
4. 산초가루는 향이 강하므로 지극히 소량만 넣도록 한다.

용어 해설

1. 미소(味噌 : みそ) – 된장

보리 또는 쌀의 누룩에 찐 대두(大豆), 소금, 물을 섞어 발효 및 숙성시킨 것으로, 그 액즙(液汁)을 이용한 것이 현재의 간장이 되었고, 전체를 그대로 먹을 수 있도록 한 것이 된장이다.

▸ 유래

된장의 원형은 중국 대륙으로부터 한반도를 통해 일본에 전해졌고, 그 이름은 당시 조선어(朝鮮語)인 밀조(蜜祖; ミソ)에서 유래되었다고 한다. 그 후, 각 지방의 원료, 기후, 풍토, 식습관, 기호 등으로 인해, 독특한 제조기술이 발전하여 현재는 우리나라보다 다양한 종류의 제품이 생산되고 있다.

▸ 분류

원료(原料)나 색, 소금의 양, 기타 각 지방별로 여러 종류의 방법이 있으나, 일반적으로는 주로 조미료로 사용되는 것이 보통의 된장이고, 부식(副食)이나 가공용(加工用)으로 쓰이는 것도 있다. 보통의 된장은 그 쓰이는 원료에 따라 다르지만 보통 고메미소(米みそ; 쌀된장), 무기미소(麦みそ; 보리된장), 마메미소(豆みそ; 콩된장) 등으로 분류된다.

▸ 시로미소(白味噌 : しろみそ) – 흰된장

된장은 색깔로 크게 흰된장과 적된장으로 나뉜다. 황색을 띠고, 향기가 진하며, 단맛이 강하다. 고지(こうじ; 누룩)의 양이 많고, 식염의 함유량이 6% 이하이므로 저장성이 낮다.

▸ 아카미소(赤味噌 : あかみそ) – 적된장

흰된장에 반대되는 뜻으로 짙은 색을 내는 된장의 총칭이다. 이것은 된장을 만드는 과정에서 장시간 고온처리되므로 착색된 것이다. 적된장국을 끓이는 방법은 흰된장국을 끓이는 방법과 같다.

시험시간 30분

도미조림

요구사항

※ **주어진 재료를 사용하여 도미조림을 만드시오.**

가. 손질한 도미를 5~6cm로 자르고 머리는 반으로 갈라 소금을 뿌리시오.
나. 머리와 꼬리는 데친 후 불순물을 제거하시오.
다. 도미를 냄비에 앉혀 양념하고 오토시부타(냄비 안에 들어가는 뚜껑이나 호일)를 덮으시오.
라. 완성 후 접시에 담고 생강채(하리쇼가)와 채소를 앞쪽에 담아내시오.

수험자 유의사항

1. 만드는 순서에 유의하며, 위생과 숙련된 기능평가를 위하여 조리작업 시 맛을 보지 않습니다.
2. 지정된 수험자 지참준비물 이외의 조리기구나 재료를 시험장내에 지참할 수 없습니다.
3. 지급재료는 시험 전 확인하여 이상이 있을 경우 시험위원으로부터 조치를 받고 시험 중에는 재료의 교환 및 추가지급은 하지 않습니다.
4. 요구사항 및 지급재료의 규격은 "정도"의 의미를 포함하며, 재료의 크기에 따라 가감하여 채점됩니다.
5. 위생복, 위생모, 앞치마, 마스크를 착용하여야 하며, 시험장비·조리기구 취급 등 안전에 유의합니다.
6. 다음 사항은 실격에 해당하여 채점 대상에서 제외됩니다.
   가) 수험자 본인이 시험 도중 시험에 대한 포기 의사를 표현하는 경우
   나) 위생복, 위생모, 앞치마, 마스크를 착용하지 않은 경우
   다) 시험시간 내에 과제 두 가지를 제출하지 못한 경우
   라) 문제의 요구사항대로 과제의 수량이 만들어지지 않은 경우
   마) 완성품을 요구사항의 과제(요리)가 아닌 다른 요리(예, 달걀말이 → 달걀찜)로 만든 경우
   바) 불을 사용하여 만든 조리작품이 작품특성에 벗어나는 정도로 타거나 익지 않은 경우
   사) 해당과제의 지급재료 이외 재료를 사용하거나, 요구사항의 조리기구(석쇠 등)로 완성품을 조리하지 않은 경우
   아) 지정된 수험자 지참준비물 이외의 조리기술에 영향을 줄 수 있는 기구를 사용한 경우
   자) 가스레인지 화구를 2개 이상(2개 포함) 사용한 경우
   차) 시험 중 시설·장비(칼, 가스레인지 등) 사용 시 시험위원 및 타 수험자의 시험 진행에 위해를 일으킬 것으로 시험위원 전원이 합의하여 판단한 경우
   카) 요구사항에 표시된 실격 및 부정행위에 해당하는 경우
7. 항목별 배점은 위생상태 및 안전관리 5점, 조리기술 30점, 작품의 평가 15점입니다.
8. 시험시작 전 가벼운 몸 풀기(스트레칭) 동작으로 긴장을 풀고 시험을 시작합니다.

지급재료목록

재료명	규격	단위	수량	비고
도미	200~250g	마리	1	
우엉		g	40	
꽈리고추		g	30	2개
통생강		g	30	
흰 설탕		g	60	
청주		mL	50	
진간장		mL	90	
소금	정제염	g	5	
건다시마	5X10cm	장	1	
맛술(미림)		mL	50	

다이 아라타키

도미조림

鯛粗炊き : たいあらたき, Boiled Sea Bream with Soy Sauce

조리법

1. 도미는 비늘을 긁어내고, 깨끗이 씻어 내장을 제거하여 3장뜨기(작은 것은 두장뜨기)한 다음 토막을 내고, 머리는 반으로 갈라, 꼬리와 함께 끓는 물에 데치거나 끼얹어 시모후리(霜降)하여 비늘과 핏기 등의 이물질을 제거한다.
2. 손질된 도미에 소금을 뿌렸다가 사용 전에 냉수로 씻어 비린내와 이취(異臭)를 제거해 준다.
3. 우엉은 길이 5cm, 굵기 8mm 정도의 나무젓가락 모양으로 썬다.
4. 생강은 얇게 채썰어 하리쇼가(針生姜)로 만든 것을, 물에 헹궈 미즈아라이(水洗い)하여 놓는다.
5. 준비한 냄비에 우엉을 깔고 도미를 얹은 다음, 다시물 1cup, 청주, 맛술, 설탕을 각각 2Ts씩 넣고 호일로 뚜껑을 만들어 냄비에 넣어 끓인다.
6. 도미가 익었으면 간장을 2.5Ts 넣고, 국물을 위로 끼얹어 가며 색을 내어 조린 후, 꽈리고추를 넣고 반쯤 익으면 불을 끄고 마무리한다.
7. 준비한 그릇에 도미를 산모양으로 담고(야마모리), 우엉과 꽈리고추를 앞쪽에 세운 다음, 하리쇼가의 물기를 제거하여 곁들여낸다.

주의사항

1. 국물이 너무 많거나, 너무 조려서 타지 않도록 주의하며 색을 내도록 한다.
2. 조리거나 담을 때, 도미의 머리와 살이 부서지지 않도록 유의한다.
3. 꽈리고추가 없으면 피망을 이용해도 된다. 단, 색이 변하지 않도록 주의한다.
4. 간장은 반드시 설탕을 넣은 다시가 끓어서, 도미가 한 번 익은 상태에서 넣도록 하며, 처음부터 넣고 조리지 않도록 한다.
5. 도미를 조릴 때 원래는 나무로 만든 뚜껑(오도시부타)을 사용하며, 쿠킹호일로라도 뚜껑을 만들어 사용하면 좋다.

용어 해설

1. 아라타키(粗炊き : あらたき)
생선을 손질(おろし)하고 남은 머리와 가마, 뼈살 등을 진한 국물로 한참 조려낸 것을 말한다. 간장, 청주, 미림, 설탕, 조미료 등을 끓이다가 중간에 재료를 넣고 조려낸다. 우엉 등을 곁들여 조리기도 한다. 도미나 방어 등의 큰 것이 맛이 좋아 주로 이용되며, 아라니(粗煮; あらに)라고도 한다.

2. 가부토니(兜煮 : かぶとに)
투구를 뜻하는 두(兜)자를 일본말로는 "가부토"라고 읽는다. 이것은 1마리의 생선머리를 쪼개어 조리한 모양이, 마치 투구의 모양과 같다 하여 지어진 이름이다. 가부토 야키(燒)나 가부토 무시(蒸) 등의 요리도 있으나, 도미의 머리를 이용한 다이가부토니(鯛兜煮)가 가장 대표적이다. 덴모리(天盛 : てんもり)로는 기노메(木の芽 : きのめ) 등을 이용한다.

3. 하리쇼가(針生姜 : はりしょうが)
생강의 뿌리를 바늘 모양으로 가늘게 채썰기한 것을 말하며, 가늘게 썬 생강을 물에 씻어 매운맛을 빼내고 사용한다. 도미조림이나 장어구이 등의 요리에서 냄새를 중화시키거나 입가심을 하는 역할을 한다.

4. 미즈아라이(水洗い : みずあらい)
물로 씻어내는 것. 생선 등을 손질할 때, 비늘이나 피 등을 물로 씻거나, 야채 등을 조리에 사용할 수 있도록 준비해 두는 것을 말함

5. 시모후리(霜降 : しもふり)
어류나 육류 등을 이용하기 전의 처리법 중 하나. 표면이 하얗게 되는 정도만 재료에 끓는 물을 뿌리거나, 끓는 물에 재료를 담가내는 것. 또는 직접 불을 가하는 것을 말함. 가열 후 바로 냉수에 담가 차갑게 하여, 표면의 미끄러운 액체, 비늘, 피, 냄새, 지방, 여분의 수분 등을 제거함과 동시에, 표면을 응고시켜 본래의 맛이 달아나지 않도록 하는 데 목적이 있다. 이러한 조리작업은 표면이 하얗게 변한 것이 마치, 서리가 내린 것 같다고 해서 시모후리라 전해지고 있다.

6. 야마모리(山盛り : やまもり) – 고봉(高峰) 담기
음식을 산처럼 수북하게 담아내는 모양

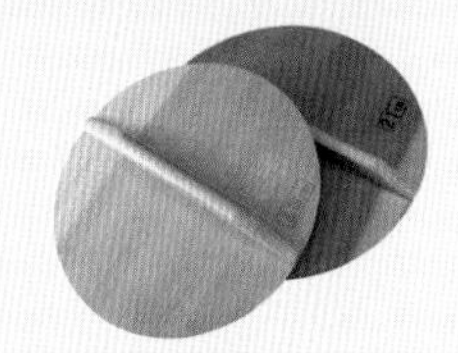

7. 오토시부타(落し蓋 : おとしぶた) – 조림요리용 뚜껑
조림요리를 하는 경우에 사용하는 것으로 냄비의 직경보다 작은 뚜껑을 말한다. 뚜껑이 냄비 안으로 들어가 재료 위에 직접 닿도록 하여 재료의 움직임을 방지하고, 대류효과를 올려줌으로써 조림의 간과 색이 잘 배도록 한다. 한지 등을 사용하기도 하며, 최근에는 호일로 대치하기도 한다.

도미 손질하는 방법

1. 도미를 물로 씻어 머리를 잡고 비늘을 친다.

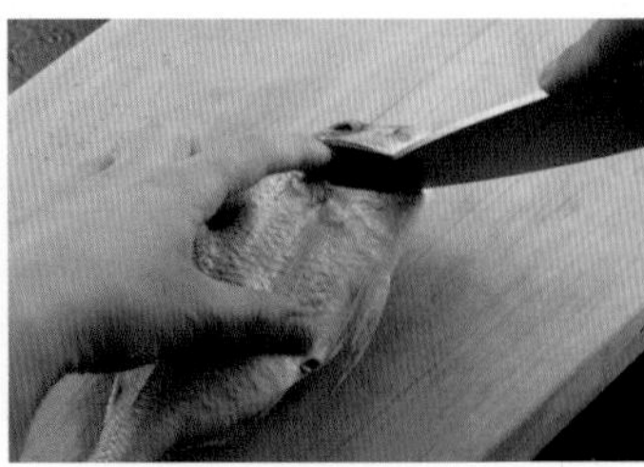

2. 아가미에 칼집을 넣어 아가미살과 분리시킨다.

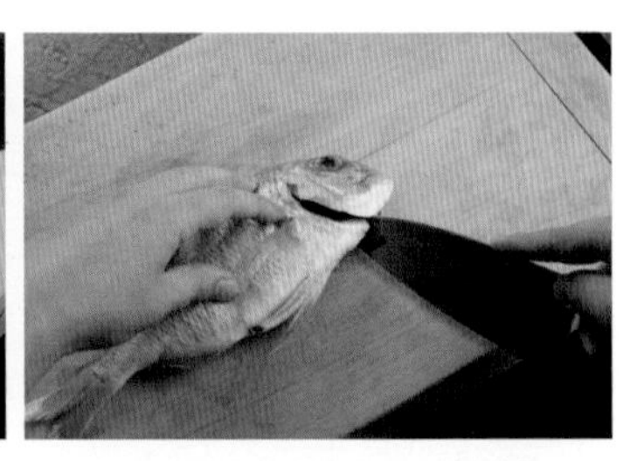

3. 아가미살 단단한 부분에 칼을 넣어 가른다.

4. 내장 부분 전까지만 힘을 주어 깊게 가른다.

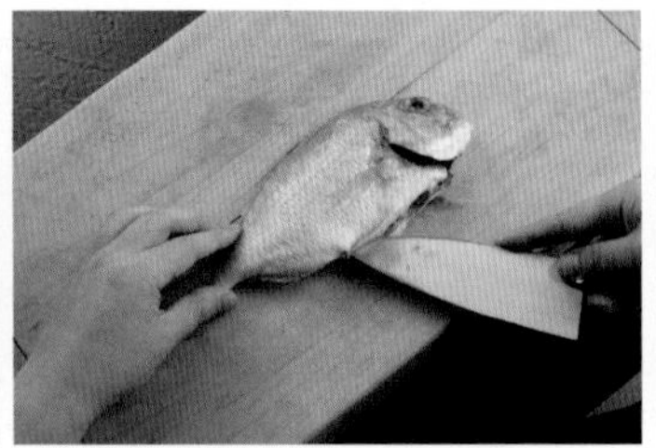

5. 배부분의 내장이 상하지 않게 칼끝으로 가른다.

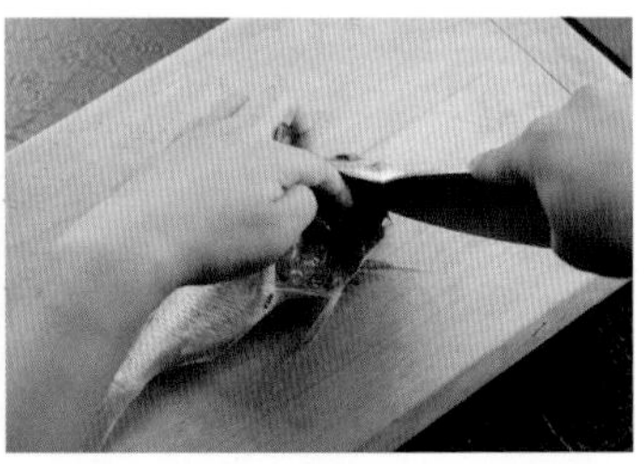

6. 아가미 끝부분을 칼끝으로 떼어 낸다.

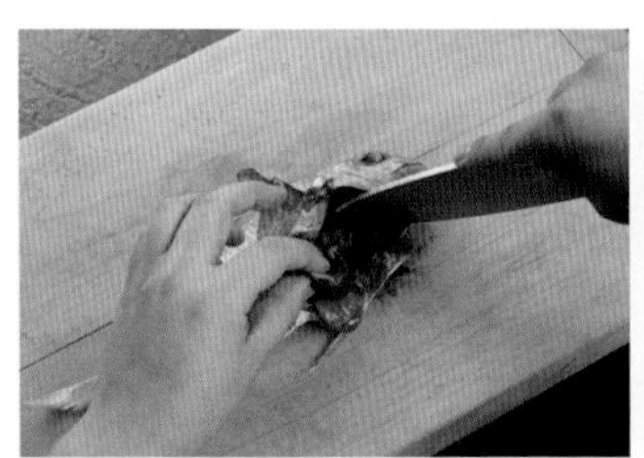

7. 아가미를 손으로 잡고 반대쪽을 떼어낸다.

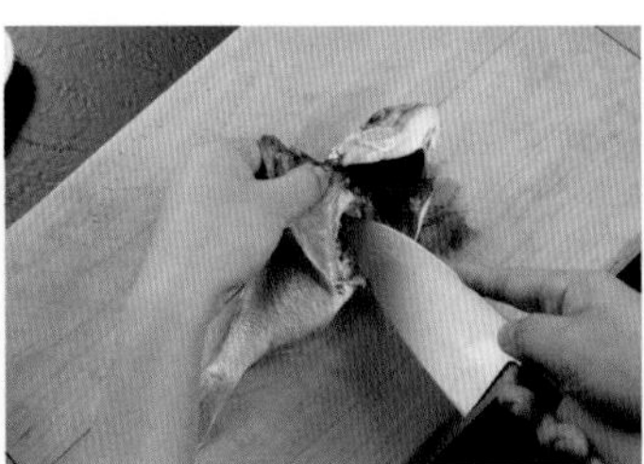

8. 내장까지 떼어내고 부레에 칼집을 넣어준다.

9. 등지느러미 끝부분에서 꼬리를 잘라준다.

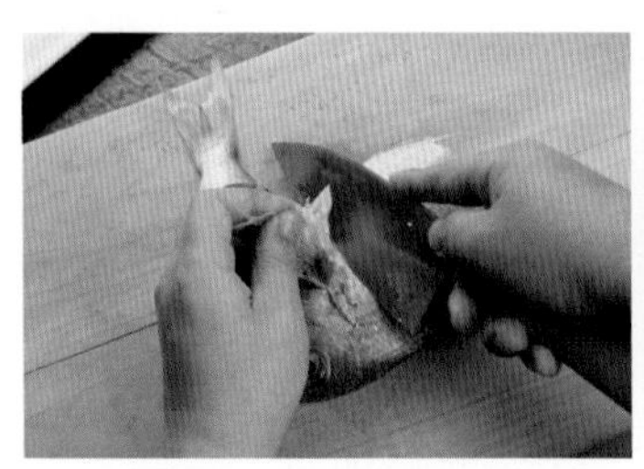

10. 밑지느러미 부분부터 머리와 몸 사이를 가른다.

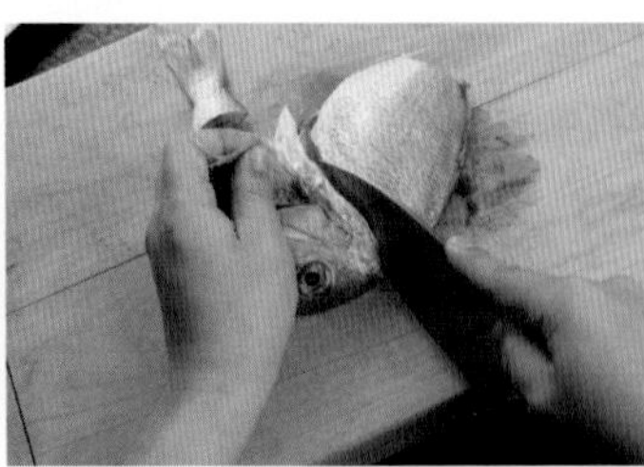

11. 머리 목 뒤 큰 뼈까지 갈라준다.

12. 반대쪽도 지느러미 부분부터 몸 사이를 가른다.

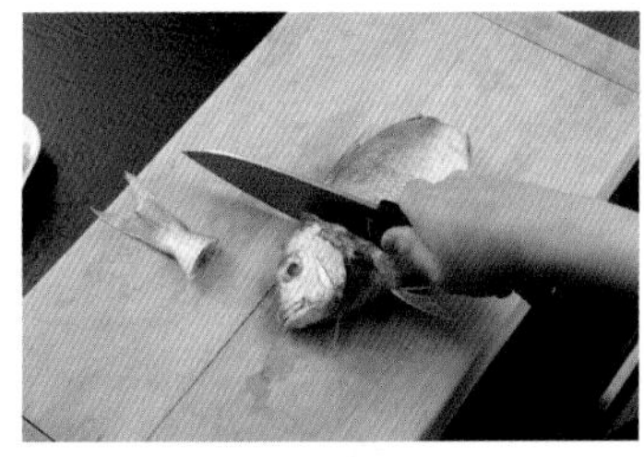

13. 목의 단단한 뼈를 잘라 머리와 몸을 분리시킨다.

14. 몸통 지느러미 부분에 칼집을 넣는다.

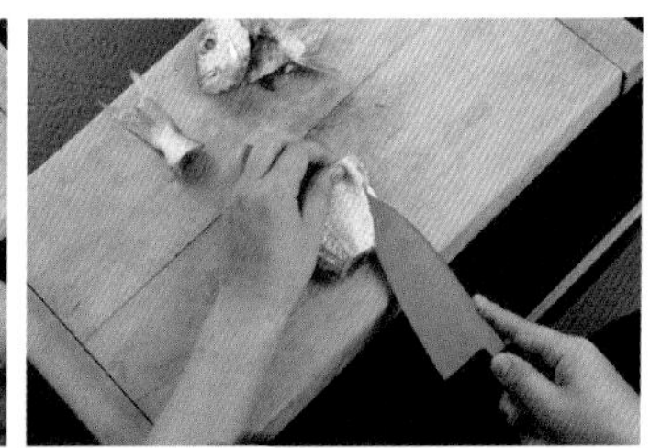

15. 칼집을 넣은 후에 3장뜨기를 시작한다.

16. 중심부 단단한 뼈를 칼끝으로 절단하고 가른다.

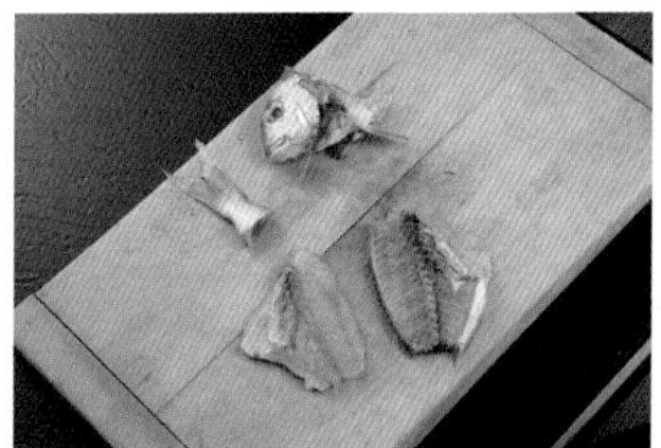

17. 2장뜨기한 모습

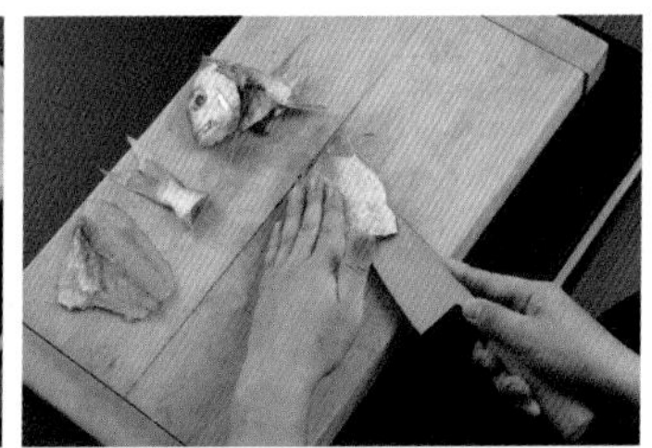

18. 반대쪽도 칼을 넣어 뼈와 살을 분리한다.

19. 3장뜨기 완성모습

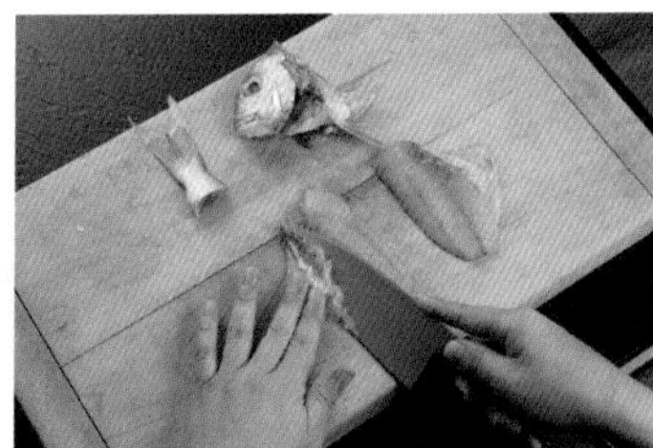

20. 배부분의 가시를 제거한다.

21. 꼬리 끝부분을 V자로 칼집을 넣어 손질한다.

22. 머리를 세워 윗니 사이로 칼끝을 넣는다.

23. 칼을 작두질하듯 힘을 주어 머리를 가른다.

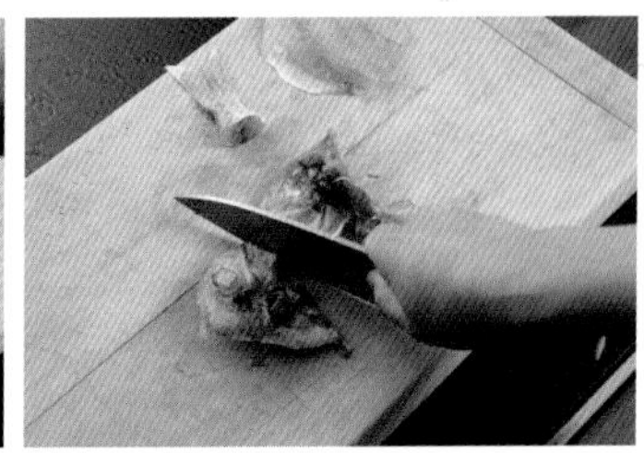

24. 머리를 가른 다음 아가미살 붙은 부분을 자른다.

시험시간
30분

문어초회

요구사항

※ 주어진 재료를 사용하여 문어초회를 만드시오.

가. 가다랑어국물을 만들어 양념초간장(도사스)을 만드시오.
나. 문어는 삶아 4~5cm 길이로 물결모양썰기(하조기리)를 하시오.
다. 미역은 손질하여 4~5cm 크기로 사용하시오.
라. 오이는 둥글게 썰거나 줄무늬(자바라)썰기 하여 사용하시오.
마. 문어초회 접시에 오이와 문어를 담고 양념초간장(도사스)을 끼얹어 레몬으로 장식하시오.

수험자 유의사항

1. 만드는 순서에 유의하며, 위생과 숙련된 기능평가를 위하여 조리작업 시 맛을 보지 않습니다.
2. 지정된 수험자 지참준비물 이외의 조리기구나 재료를 시험장내에 지참할 수 없습니다.
3. 지급재료는 시험 전 확인하여 이상이 있을 경우 시험위원으로부터 조치를 받고 시험 중에는 재료의 교환 및 추가지급은 하지 않습니다.
4. 요구사항 및 지급재료의 규격은 "정도"의 의미를 포함하며, 재료의 크기에 따라 가감하여 채점됩니다.
5. 위생복, 위생모, 앞치마, 마스크를 착용하여야 하며, 시험장비·조리기구 취급 등 안전에 유의합니다.
6. 다음 사항은 실격에 해당하여 채점 대상에서 제외됩니다.
   가) 수험자 본인이 시험 도중 시험에 대한 포기 의사를 표현하는 경우
   나) 위생복, 위생모, 앞치마, 마스크를 착용하지 않은 경우
   다) 시험시간 내에 과제 두 가지를 제출하지 못한 경우
   라) 문제의 요구사항대로 과제의 수량이 만들어지지 않은 경우
   마) 완성품을 요구사항의 과제(요리)가 아닌 다른 요리(예, 달걀말이 → 달걀찜)로 만든 경우
   바) 불을 사용하여 만든 조리작품이 작품특성에 벗어나는 정도로 타거나 익지 않은 경우
   사) 해당과제의 지급재료 이외 재료를 사용하거나, 요구사항의 조리기구(석쇠 등)로 완성품을 조리하지 않은 경우
   아) 지정된 수험자 지참준비물 이외의 조리기술에 영향을 줄 수 있는 기구를 사용한 경우
   자) 가스레인지 화구를 2개 이상(2개 포함) 사용한 경우
   차) 시험 중 시설·장비(칼, 가스레인지 등) 사용 시 시험위원 및 타 수험자의 시험 진행에 위해를 일으킬 것으로 시험위원 전원이 합의하여 판단한 경우
   카) 요구사항에 표시된 실격 및 부정행위에 해당하는 경우
7. 항목별 배점은 위생상태 및 안전관리 5점, 조리기술 30점, 작품의 평가 15점입니다.
8. 시험시작 전 가벼운 몸 풀기(스트레칭) 동작으로 긴장을 풀고 시험을 시작합니다.

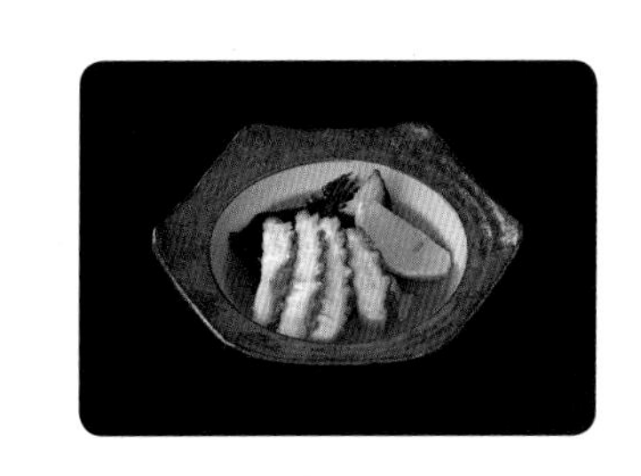

지급재료목록

재료명	규격	단위	수량	비고
문어다리	생문어, 80g	개	1	
건미역		g	5	
레몬		개	1/4	
오이	가늘고 곧은 것, 길이 20cm	개	1/2	
소금	정제염	g	10	
식초		mL	30	
건다시마	5X10cm	장	1	
진간장		mL	20	
흰 설탕		g	10	
가다랑어포(가쓰오부시)		g	5	

다코 스노모노

문어초회

蛸酢の物 : たこすのもの, Vinegared Octopus

조리법

1. 문어를 소금으로 문질러 깨끗하게 씻어, 간장을 약간 넣은 물에 삶아 찬물에 식혀놓는다.
2. 오이는 껍질의 가시를 제거하고, 소금으로 문질러 씻어 용도에 맞게 썰어 소금물에 절여둔다. (와기리 또는 자바라기리)
3. 생미역은 소금으로 비벼 살짝 끓여 사용하고, 건미역은 물에 불려 4cm 길이로 잘라둔다.
4. 절여진 오이는 꼭 짜서 물기를 제거하여 적절한 크기로 준비해 둔다.
5. 가다랑어포를 이용하여 다시를 뽑아 양념초간장(도사스)을 만든다.
6. 준비한 그릇에 미역과 오이를 가지런히 담고, 문어를 썰어 담는다.
7. 문어는 칼집이 어슷하게 파도치는 모양으로 나도록, 칼에 각도를 주며 썬다.
8. 레몬은 반달모양으로 썰어두었다가 문어초회를 장식해 준다.
9. 제출 전에 도사스를 재료 위에 끼얹어낸다.

주의사항

1. 문어는 질겨지는 것을 방지하기 위해 너무 오래 삶지 않도록 한다.
2. 오이는 취향에 따라 와기리 또는 자바라기리한다.

용어 해설

1. 다코(蛸 ; octopus) : 문어

연체동물로서 오징어와 같은 두족류인데, 10여 종류 중에서 일반적으로 식용하는 것은 참문어로, 최대길이는 약 3m에 달한다.

2. 도사스(土佐酢 : とさす)

다시 3Ts, 식초 2Ts, 설탕 1Ts, 미림 1Ts, 간장 1ts, 소금 1/2ts 비율로 넣어 잘 녹도록 섞는다.

3. 와기리(輪切り : わぎり)

기본썰기 방법 중 하나로 오이, 당근 등의 비교적 긴 재료를 통째로 얇게 써는 방법

4. 자바라기리(蛇腹切り : じゃばらぎり)

어슷하게 양면으로 칼집을 넣는 썰기 방법으로 칼집을 넣었을 때 길게 늘어나는 모양으로 장식채소썰기에 사용되는 방법

시험시간
20분

해삼초회

요구사항

※ 주어진 재료를 사용하여 해삼초회를 만드시오.

가. 오이를 둥글게 썰거나 줄무늬(자바라)썰기 하여 사용하시오.
나. 미역을 손질하여 4~5 cm로 써시오.
다. 해삼은 내장과 모래가 없도록 손질하고 힘줄(스지)을 제거하시오.
라. 빨간 무즙(아까오로시)과 실파를 준비하시오.
마. 초간장(폰즈)을 끼얹어 내시오.

수험자 유의사항

1. 만드는 순서에 유의하며, 위생과 숙련된 기능평가를 위하여 조리작업 시 맛을 보지 않습니다.
2. 지정된 수험자 지참준비물 이외의 조리기구나 재료를 시험장내에 지참할 수 없습니다.
3. 지급재료는 시험 전 확인하여 이상이 있을 경우 시험위원으로부터 조치를 받고 시험 중에는 재료의 교환 및 추가지급은 하지 않습니다.
4. 요구사항 및 지급재료의 규격은 "정도"의 의미를 포함하며, 재료의 크기에 따라 가감하여 채점됩니다.
5. 위생복, 위생모, 앞치마, 마스크를 착용하여야 하며, 시험장비·조리기구 취급 등 안전에 유의합니다.
6. 다음 사항은 실격에 해당하여 채점 대상에서 제외됩니다.
   가) 수험자 본인이 시험 도중 시험에 대한 포기 의사를 표현하는 경우
   나) 위생복, 위생모, 앞치마, 마스크를 착용하지 않은 경우
   다) 시험시간 내에 과제 두 가지를 제출하지 못한 경우
   라) 문제의 요구사항대로 과제의 수량이 만들어지지 않은 경우
   마) 완성품을 요구사항의 과제(요리)가 아닌 다른 요리(예, 달걀말이 → 달걀찜)로 만든 경우
   바) 불을 사용하여 만든 조리작품이 작품특성에 벗어나는 정도로 타거나 익지 않은 경우
   사) 해당과제의 지급재료 이외 재료를 사용하거나, 요구사항의 조리기구(석쇠 등)로 완성품을 조리하지 않은 경우
   아) 지정된 수험자 지참준비물 이외의 조리기술에 영향을 줄 수 있는 기구를 사용한 경우
   자) 가스레인지 화구를 2개 이상(2개 포함) 사용한 경우
   차) 시험 중 시설·장비(칼, 가스레인지 등) 사용 시 시험위원 및 타 수험자의 시험 진행에 위해를 일으킬 것으로 시험위원 전원이 합의하여 판단한 경우
   카) 요구사항에 표시된 실격 및 부정행위에 해당하는 경우
7. 항목별 배점은 위생상태 및 안전관리 5점, 조리기술 30점, 작품의 평가 15점입니다.
8. 시험시작 전 가벼운 몸 풀기(스트레칭) 동작으로 긴장을 풀고 시험을 시작합니다.

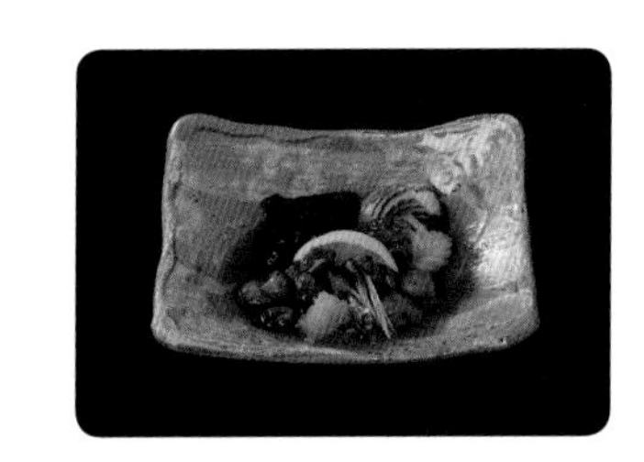

지급재료목록

재료명	규격	단위	수량	비고
해삼	fresh	g	100	
오이	가늘고 곧은 것, 길이 20cm	개	1/2	
건미역		g	5	
실파		g	20	1뿌리
무		g	20	
레몬		개	1/4	
소금	정제염	g	5	
건다시마	5X10cm	장	1	
가다랑어포(가쓰오부시)		g	10	
식초		mL	15	
진간장		mL	15	
고춧가루		g	5	고운 것

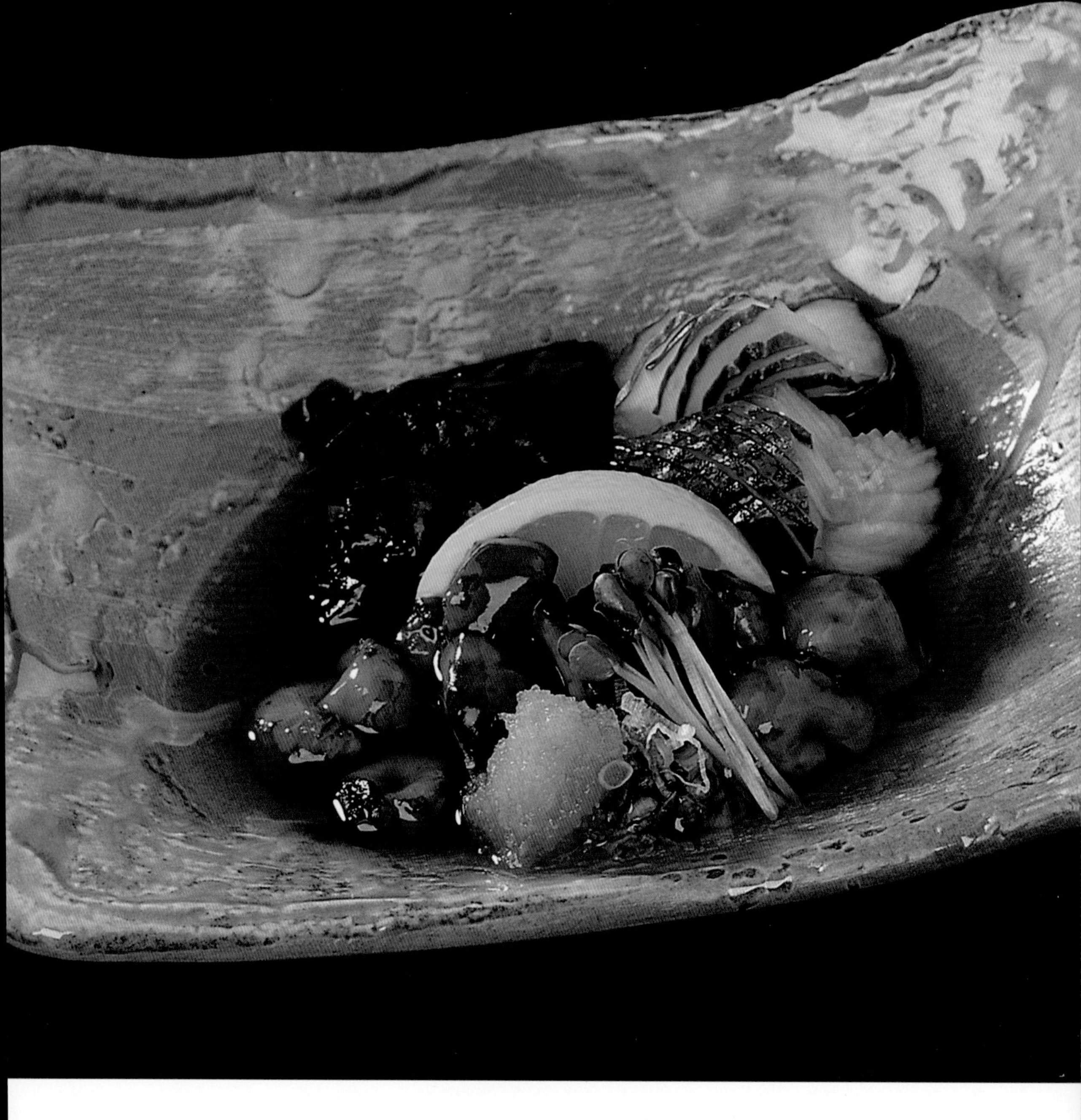

나마코 스노모노

해삼초회

海鼠酢の物 : なまこすのもの, Vinegared Sea Cucumber

조리법

1. 해삼은 배 쪽에 칼을 넣어 모래와 내장과 힘줄(스지)을 제거하고, 양끝을 잘라내어 소금으로 비벼 씻어 물에 헹군 후, 한입 크기로 썰어놓는다.
2. 오이는 칼로 가시를 제거하거나 소금으로 비벼서 가시를 없애고 물로 깨끗이 씻어낸 다음, 와기리 또는 자바라기리하여 소금물에 절여놓는다.
3. 생미역은 소금으로 비벼 살짝 끓여 사용하고, 건미역일 경우에는 물에 불려 4cm의 길이로 잘라놓는다.
4. 절여진 오이는 자바라기리한 것은 2cm 길이로 3개 정도 자르고, 와기리한 것은 가지런히 정리하여 놓는다.
5. 폰즈와 야쿠미(아카오로시, 레몬, 실파)를 만든다.
6. 그릇에 미역과 오이를 놓은 후 그 위에 해삼 자른 것을 놓은 다음 레몬과 아카오로시, 실파 등을 곁들인 후, 폰즈를 끼얹어 제출한다.

용어 해설

1. 나마코(海鼠 : なまこ) : 해삼

2. 스노모노(酢の物) : 초회

재료에 배합초를 곁들이거나, 재료를 배합초에 담근 요리. 주요리는 아니지만 계절감이 있고, 다과나 식전에 식욕을 증진시키는 데 중요한 역할을 한다. 재료에 따라 곁들이는 배합초의 종류가 다양하다.

3. 폰즈(ポン酢) : 초간장

다시 1, 간장 1, 식초 1의 비율이 이상적이다. 단맛을 원할 경우 설탕을 1/3 정도로 넣어주고, 향미증진을 위해 감귤류의 과즙을 약간 넣어준다.

시험시간
30분

소고기 덮밥

요구사항

※ 주어진 재료를 사용하여 소고기 덮밥을 만드시오.

가. 덮밥용 양념간장(돈부리 다시)을 만들어 사용하시오.
나. 고기, 채소, 달걀은 재료 특성에 맞게 조리하여 준비한 밥 위에 올려놓으시오.
다. 김을 구워 칼로 잘게 썰어(하리노리) 사용하시오.

수험자 유의사항

1. 만드는 순서에 유의하며, 위생과 숙련된 기능평가를 위하여 조리작업 시 맛을 보지 않습니다.
2. 지정된 수험자 지참준비물 이외의 조리기구나 재료를 시험장내에 지참할 수 없습니다.
3. 지급재료는 시험 전 확인하여 이상이 있을 경우 시험위원으로부터 조치를 받고 시험 중에는 재료의 교환 및 추가지급은 하지 않습니다.
4. 요구사항 및 지급재료의 규격은 "정도"의 의미를 포함하며, 재료의 크기에 따라 가감하여 채점됩니다.
5. 위생복, 위생모, 앞치마, 마스크를 착용하여야 하며, 시험장비·조리기구 취급 등 안전에 유의합니다.
6. 다음 사항은 실격에 해당하여 채점 대상에서 제외됩니다.
   가) 수험자 본인이 시험 도중 시험에 대한 포기 의사를 표현하는 경우
   나) 위생복, 위생모, 앞치마, 마스크를 착용하지 않은 경우
   다) 시험시간 내에 과제 두 가지를 제출하지 못한 경우
   라) 문제의 요구사항대로 과제의 수량이 만들어지지 않은 경우
   마) 완성품을 요구사항의 과제(요리)가 아닌 다른 요리(예, 달걀말이 → 달걀찜)로 만든 경우
   바) 불을 사용하여 만든 조리작품이 작품특성에 벗어나는 정도로 타거나 익지 않은 경우
   사) 해당과제의 지급재료 이외 재료를 사용하거나, 요구사항의 조리기구(석쇠 등)로 완성품을 조리하지 않은 경우
   아) 지정된 수험자 지참준비물 이외의 조리기술에 영향을 줄 수 있는 기구를 사용한 경우
   자) 가스레인지 화구를 2개 이상(2개 포함) 사용한 경우
   차) 시험 중 시설·장비(칼, 가스레인지 등) 사용 시 시험위원 및 타 수험자의 시험 진행에 위해를 일으킬 것으로 시험위원 전원이 합의하여 판단한 경우
   카) 요구사항에 표시된 실격 및 부정행위에 해당하는 경우
7. 항목별 배점은 위생상태 및 안전관리 5점, 조리기술 30점, 작품의 평가 15점입니다.
8. 시험시작 전 가벼운 몸 풀기(스트레칭) 동작으로 긴장을 풀고 시험을 시작합니다.

지급재료목록

재료명	규격	단위	수량	비고
소고기	등심	g	60	
양파	중(150g)	개	1/3	
실파		g	20	1뿌리
팽이버섯		g	10	
달걀		개	1	
김		장	1/4	
흰 설탕		g	10	
진간장		mL	15	
건다시마	5X10cm	장	1	
맛술(미림)		mL	15	
소금	정제염	g	2	
밥	뜨거운 밥	g	120	
가다랑어포(가쓰오부시)		g	10	

규니쿠노 돈부리

소고기 덮밥

牛肉の丼 : ぎゅうにくのどんぶり, Beef & Eggs on Rice

조리법

1. 밥을 덮밥그릇에 소복한 모양으로 담아놓는다.
2. 쇠고기는 가늘게 썰어, 먹기 좋은 한입 크기로 자른다.
3. 양파는 껍질을 벗겨 뿌리부분을 도려내고, 반으로 갈라 어슷하게 3~4cm 길이로 채썬다.
4. 실파도 뿌리를 잘라내고, 3~4cm 정도 길이로 어슷하게 썰어놓는다.
5. 김은 구워서 가늘게 썰거나(하리노리), 부숴놓는다.
6. 가다랑어국물을 이용하여 덮밥다시를 만든다.
   - 간장 1Ts, 다시 5Ts, 미림 1/3Ts, 설탕 1/3Ts의 분량을 냄비에 넣고 불에 올려 한번 끓여낸다.
7. 덮밥다시에 ②의 고기를 넣고 끓이다가 ④의 야채를 넣는다.
8. 야채가 반 정도 익었을 때 계란을 풀어 덮는다.
9. 계란이 50% 익었을 때 불을 끄고 국자로 모양이 흐트러지지 않도록 하여, ①의 밥 위에 덮이도록 담고 ⑤의 김을 덴모리하여 낸다.

주의사항

1. 덮밥 국물의 양은 밥그릇을 바로 놓았을 때는 보이지 않다가, 조금 기울였을 때 국물이 고여 있는 모양이 보이면 적당하다.
2. 고기나 야채가 너무 익지 않도록 조리시간과 불의 세기 조정에 유의한다.
3. 덴모리하는 김은 눅눅하지 않아야 하므로 제출 직전에 올려낸다.
4. 달걀은 흰자와 노른자가 적당히 섞일 정도로만 살짝 저어 사용한다.
5. 완성된 작품을 보았을 때 밥이 보이지 않아야 하며, 달걀은 70% 정도만 익은 상태가 되어야 한다.
6. 냄비에서 완성된 덮밥재료의 모양이 흐트러지지 않도록 모양을 유지하며 밥 위에 올려야 한다.

용어 해설

1. 돈부리(丼 : どんぶり) : 덮밥

돈부리모노(丼物 : どんぶりもの)의 준말로 사발에 따뜻한 밥을 넣고 그 위에 조리한 재료를 얹어 국물을 뿌린 것이다. 사발에 담는 음식물로는 소고기뿐만 아니라, 닭고기를 이용한 오야코돈부리(親子丼 : おやこどんぶり; 닭고기 덮밥), 돼지고기를 이용한 가쓰돈(カツ丼; 돈가스 덮밥), 버섯 덮밥 등이 있다.

소고기 덮밥은 줄여서 보통 규돈(牛丼)이라고 부른다.

2. 하리노리(針海苔 : はりのり)

구운 김을 바늘과 같이 가늘게 썰어낸 것

3. 덴모리(天盛 : てんもり) : 고명

완성된 요리 위에 올려놓는 것 또는 그 재료를 말한다. 여기에서는 김을 부수거나 가늘게 썰어 얹어낸다.

시험시간 **30분**

우동볶음(야끼우동)

요구사항

※ 주어진 재료를 사용하여 우동볶음(야끼우동)을 만드시오.

가. 새우는 껍질과 내장을 제거하고 사용하시오.
나. 오징어는 솔방울 무늬로 칼집을 넣어 1cm x 4cm 크기로 썰어서 데쳐 사용하시오.
다. 우동은 데쳐서 사용하고 숙주를 제외한 나머지 채소는 4cm 길이로 썰어 사용하시오.
라. 가다랑어포(하나가쓰오)를 고명으로 얹으시오.

수험자 유의사항

1. 만드는 순서에 유의하며, 위생과 숙련된 기능평가를 위하여 조리작업 시 맛을 보지 않습니다.
2. 지정된 수험자 지참준비물 이외의 조리기구나 재료를 시험장내에 지참할 수 없습니다.
3. 지급재료는 시험 전 확인하여 이상이 있을 경우 시험위원으로부터 조치를 받고 시험 중에는 재료의 교환 및 추가지급은 하지 않습니다.
4. 요구사항 및 지급재료의 규격은 "정도"의 의미를 포함하며, 재료의 크기에 따라 가감하여 채점됩니다.
5. 위생복, 위생모, 앞치마, 마스크를 착용하여야 하며, 시험장비·조리기구 취급 등 안전에 유의합니다.
6. 다음 사항은 실격에 해당하여 채점 대상에서 제외됩니다.
   가) 수험자 본인이 시험 도중 시험에 대한 포기 의사를 표현하는 경우
   나) 위생복, 위생모, 앞치마, 마스크를 착용하지 않은 경우
   다) 시험시간 내에 과제 두 가지를 제출하지 못한 경우
   라) 문제의 요구사항대로 과제의 수량이 만들어지지 않은 경우
   마) 완성품을 요구사항의 과제(요리)가 아닌 다른 요리(예, 달걀말이 → 달걀찜)로 만든 경우
   바) 불을 사용하여 만든 조리작품이 작품특성에 벗어나는 정도로 타거나 익지 않은 경우
   사) 해당과제의 지급재료 이외 재료를 사용하거나, 요구사항의 조리기구(석쇠 등)로 완성품을 조리하지 않은 경우
   아) 지정된 수험자 지참준비물 이외의 조리기술에 영향을 줄 수 있는 기구를 사용한 경우
   자) 가스레인지 화구를 2개 이상(2개 포함) 사용한 경우
   차) 시험 중 시설·장비(칼, 가스레인지 등) 사용 시 시험위원 및 타 수험자의 시험 진행에 위해를 일으킬 것으로 시험위원 전원이 합의하여 판단한 경우
   카) 요구사항에 표시된 실격 및 부정행위에 해당하는 경우
7. 항목별 배점은 위생상태 및 안전관리 5점, 조리기술 30점, 작품의 평가 15점입니다.
8. 시험시작 전 가벼운 몸 풀기(스트레칭) 동작으로 긴장을 풀고 시험을 시작합니다.

지급재료목록

재료명	규격	단위	수량	비고
우동		g	150	
작은새우	껍질 있는 것	마리	3	
갑오징어몸살		g	50	물오징어 대체가능
양파	중(150g)	개	1/8	
숙주		g	80	
생표고버섯		개	1	
당근		g	50	
청피망	중(75g)	개	1/2	
가다랑어포 (하나가쓰오)	고명용	g	10	
청주		mL	30	
진간장		mL	15	
맛술(미림)		mL	15	
식용유		mL	15	
참기름		mL	5	
소금		g	5	

야키우동

우동볶음

焼き饂飩 : やきうどん, Fried Noodles

조리법

1. 새우는 내장(모래주머니)과 머리, 껍질을 제거해 둔다.
2. 오징어는 속껍질을 분리하고 솔방울무늬로 칼집을 넣어 1cm × 4cm 정도 크기로 썰어 데쳐둔다.
3. 우동은 끓는 물에 데쳐둔다.
4. 양파와 피망, 표고버섯과 당근은 각각 채썰기하여 둔다.
5. 달구어진 팬에 식용유 1Ts를 두르고 당근을 먼저 볶다가, 해산물과 우동, 채소를 함께 넣어 볶는다.
6. 소금과 간장 1Ts로 간을 하고 청주 2Ts와 미림 1Ts(양념장), 소금 1/3ts 넣고 참기름 마무리하여 담아낸다.
7. 제출 전에 바로 가다랑어포(하나가쓰오)를 얹어낸다.

주의사항

1. 채소가 너무 익지 않도록 강한 불에 단시간 볶아내도록 한다.
2. 약한 불에 볶으면 채소에서 물이 나와 맛과 모양이 떨어지게 되므로 주의한다.
3. 강한 불에 태우지 않도록 팬을 흔들어 재료를 자주 뒤집어가며 볶아주도록 한다.

응용 방법

- 양배추, 베이컨 등을 첨가하면 맛이 더욱 좋아진다.
- 해산물을 많이 넣고, 홍합이나 굴소스를 첨가할 수 있다.
- 식용유로 볶다가 나중에 버터를 넣으면 고소한 향과 맛을 즐길 수 있다.
- 견과류를 함께 넣어 볶아도 좋고, 팬보다는 철판에서 볶으면 더욱 좋은 요리가 될 수 있다.

시험시간 30분

메밀국수(자루소바)

요구사항

※ 주어진 재료를 사용하여 메밀국수(자루소바)를 만드시오.

가. 소바다시를 만들어 얼음으로 차게 식히시오.
나. 메밀국수는 삶아 얼음으로 차게 식혀서 사용하시오.
다. 메밀국수는 접시에 김발을 펴서 그 위에 올려내시오.
라. 김은 가늘게 채 썰어(하리노리) 메밀국수에 얹어 내시오.
마. 메밀국수, 양념(야쿠미), 소바다시를 각각 따로 담아내시오.

수험자 유의사항

1. 만드는 순서에 유의하며, 위생과 숙련된 기능평가를 위하여 조리작업 시 맛을 보지 않습니다.
2. 지정된 수험자 지참준비물 이외의 조리기구나 재료를 시험장내에 지참할 수 없습니다.
3. 지급재료는 시험 전 확인하여 이상이 있을 경우 시험위원으로부터 조치를 받고 시험 중에는 재료의 교환 및 추가지급은 하지 않습니다.
4. 요구사항 및 지급재료의 규격은 "정도"의 의미를 포함하며, 재료의 크기에 따라 가감하여 채점됩니다.
5. 위생복, 위생모, 앞치마, 마스크를 착용하여야 하며, 시험장비·조리기구 취급 등 안전에 유의합니다.
6. 다음 사항은 실격에 해당하여 채점 대상에서 제외됩니다.
   가) 수험자 본인이 시험 도중 시험에 대한 포기 의사를 표현하는 경우
   나) 위생복, 위생모, 앞치마, 마스크를 착용하지 않은 경우
   다) 시험시간 내에 과제 두 가지를 제출하지 못한 경우
   라) 문제의 요구사항대로 과제의 수량이 만들어지지 않은 경우
   마) 완성품을 요구사항의 과제(요리)가 아닌 다른 요리(예, 달걀말이 → 달걀찜)로 만든 경우
   바) 불을 사용하여 만든 조리작품이 작품특성에 벗어나는 정도로 타거나 익지 않은 경우
   사) 해당과제의 지급재료 이외 재료를 사용하거나, 요구사항의 조리기구(석쇠 등)로 완성품을 조리하지 않은 경우
   아) 지정된 수험자 지참준비물 이외의 조리기술에 영향을 줄 수 있는 기구를 사용한 경우
   자) 가스레인지 화구를 2개 이상(2개 포함) 사용한 경우
   차) 시험 중 시설·장비(칼, 가스레인지 등) 사용 시 시험위원 및 타 수험자의 시험 진행에 위해를 일으킬 것으로 시험위원 전원이 합의하여 판단한 경우
   카) 요구사항에 표시된 실격 및 부정행위에 해당하는 경우
7. 항목별 배점은 위생상태 및 안전관리 5점, 조리기술 30점, 작품의 평가 15점입니다.
8. 시험시작 전 가벼운 몸 풀기(스트레칭) 동작으로 긴장을 풀고 시험을 시작합니다.

지급재료목록

재료명	규격	단위	수량	비고
메밀국수	생면	g	150	건면 100g 대체가능
무		g	60	
실파		g	40	2뿌리
김		장	1/2	
고추냉이		g	10	와사비분
가다랑어포 (가쓰오부시)		g	10	
건다시마	5X10cm	장	1	
진간장		mL	50	
흰 설탕		g	25	
청주		mL	15	
맛술(미림)		mL	10	
각얼음		g	200	

자루소바
메밀국수

笊蕎麦 : ざるそば, Buckwheat Noodles

조리법

1. 소바다시를 만들어 얼음물로 식혀둔다.
   (비율 : 다시 7, 간장 1, 설탕 1/2~1/3, 청주 1/3, 미림 1/4)
2. 무는 강판에 갈아 살짝 짜서 수분을 적절하게 제거하여 둔다.
3. 실파는 잘게 썰어 냉수에 헹구어두고, 김은 가늘게 채썰기(하리노리)하여 둔다.
4. 고추냉이(와사비)는 냉수에 개어 대젓가락으로 저어둔다.
5. 양념(야쿠미)으로 무, 실파, 와사비를 함께 가지런히 담아준다.
6. 끓는 물에 메밀국수를 넣고, 냉수를 조금씩 부어가며 충분히 익힌 것을 건져내어 냉수로 헹구어준다.
7. 메밀국수의 물기를 짜서 접시에 가지런히 담아 하리노리를 얹어낸다.
8. 소바다시, 야쿠미를 각각 담아 제출한다.

주의사항

1. 소바다시는 반드시 차게 식혀서 사용한다.
2. 메밀국수는 설익지 않도록 주의한다.
3. 하리노리가 눅눅해지지 않도록 보관에 유의한다.

▸ **자소바(茶蕎麦 : ちゃそば)**
녹차를 첨가하여 만든 메밀국수

시험시간 30분

삼치소금구이

요구사항

※ 주어진 재료를 사용하여 삼치소금구이를 만드시오.

가. 삼치는 세장뜨기한 후 소금을 뿌려 10~20분 후 씻고 쇠꼬챙이에 끼워 구워내시오.

나. 채소는 각각 초담금 및 조림을 하시오.

다. 구이 그릇에 삼치소금구이와 곁들임을 담아 완성하시오.

라. 길이 10cm 크기로 2조각을 제출하시오.

수험자 유의사항

1. 만드는 순서에 유의하며, 위생과 숙련된 기능평가를 위하여 조리작업 시 맛을 보지 않습니다.
2. 지정된 수험자 지참준비물 이외의 조리기구나 재료를 시험장내에 지참할 수 없습니다.
3. 지급재료는 시험 전 확인하여 이상이 있을 경우 시험위원으로부터 조치를 받고 시험 중에는 재료의 교환 및 추가지급은 하지 않습니다.
4. 요구사항 및 지급재료의 규격은 "정도"의 의미를 포함하며, 재료의 크기에 따라 가감하여 채점됩니다.
5. 위생복, 위생모, 앞치마, 마스크를 착용하여야 하며, 시험장비·조리기구 취급 등 안전에 유의합니다.
6. 다음 사항은 실격에 해당하여 채점 대상에서 제외됩니다.
   가) 수험자 본인이 시험 도중 시험에 대한 포기 의사를 표현하는 경우
   나) 위생복, 위생모, 앞치마, 마스크를 착용하지 않은 경우
   다) 시험시간 내에 과제 두 가지를 제출하지 못한 경우
   라) 문제의 요구사항대로 과제의 수량이 만들어지지 않은 경우
   마) 완성품을 요구사항의 과제(요리)가 아닌 다른 요리(예, 달걀말이 → 달걀찜)로 만든 경우
   바) 불을 사용하여 만든 조리작품이 작품특성에 벗어나는 정도로 타거나 익지 않은 경우
   사) 해당과제의 지급재료 이외 재료를 사용하거나, 요구사항의 조리기구(석쇠 등)로 완성품을 조리하지 않은 경우
   아) 지정된 수험자 지참준비물 이외의 조리기술에 영향을 줄 수 있는 기구를 사용한 경우
   자) 가스레인지 화구를 2개 이상(2개 포함) 사용한 경우
   차) 시험 중 시설·장비(칼, 가스레인지 등) 사용 시 시험위원 및 타 수험자의 시험 진행에 위해를 일으킬 것으로 시험위원 전원이 합의하여 판단한 경우
   카) 요구사항에 표시된 실격 및 부정행위에 해당하는 경우
7. 항목별 배점은 위생상태 및 안전관리 5점, 조리기술 30점, 작품의 평가 15점입니다.
8. 시험시작 전 가벼운 몸 풀기(스트레칭) 동작으로 긴장을 풀고 시험을 시작합니다.

지급재료목록

재료명	규격	단위	수량	비고
삼치	400~450g	마리	1/2	
레몬		개	1/4	
깻잎		장	1	
소금	정제염	g	30	
무		g	50	
우엉		g	60	
식용유		mL	10	
식초		mL	30	
건다시마	5X10cm	장	1	
진간장		mL	30	
흰 설탕		g	30	
청주		mL	15	
흰 참깨	볶은 것	g	2	
쇠꼬챙이	30cm	개	3	
맛술(미림)		mL	10	

사와라 시오야키

삼치소금구이

鰆塩焼き : さわら しおやき, Broiled Mackerel with Salt

조리법

1. 냉수에 건다시마를 넣어 끓여 곤부다시(다시마국물)를 뽑아 놓는다.
2. 삼치를 세장뜨기(산마이오로시)하여 손질한다.
   - 머리와 내장을 제거하고, 뼈에서 살이 깨지지 않도록 주의하며 발라낸 다음, 껍질 쪽에 칼집을 넣어 소금을 뿌려 놓는다.
3. 곁들임(아시라이. あしらい)을 만든다.
   - 우엉조림(긴피라고보, 金平牛蒡 ; きんぴらごぼう) : 우엉은 칼의 등으로 껍질을 긁어내고, 길이 5cm, 굵기 8mm 정도의 대나무 젓가락 모양으로 썰어, 기름에 볶다가 다시 1/2cup, 간장 1Ts, 청주 1ts, 맛술(미림) 1ts, 설탕 1ts를 넣고 타지 않게 바짝 조린 다음 볶은 참깨를 뿌려 버무려준다.
   - 무국화꽃(기카다이콩, 菊花大根 ; きかだいこん) : 무는 약 3cm 두께로 썰어 눕혀서, 1mm 간격으로 깊게 십자(十)칼집을 넣은 것을, 2cm 정도의 깍두기 모양으로 잘라, 모서리를 다듬어 소금물에 절여, 아마스(甘 ; あます ; 식초 1Ts, 물 3Ts, 설탕 1Ts, 소금 약간)에 초담금하여 무국화꽃을 만들어둔다.
   - 레몬을 반달모양으로 썰어 놓는다.
4. 삼치를 굽는다.
   - 소금에 절인 삼치를 물에 씻어 비린내를 없앤 후, 꼬치에 꿰어 소금을 살짝 뿌려 안쪽부터 굽는다.
5. 완성된 음식을 담는다.
   - 준비된 접시에 깻잎을 깔고, 그 위에 삼치의 좌측이 비스듬하게 껍질과 등이 위를 향하도록 놓고, 준비한 우엉조림과 무국화꽃(기카다이콩), 레몬 등의 곁들임(아시라이)을 접시의 우측 아래쪽 공간에 보기 좋게 담아낸다.

주의사항

1. 삼치가 짜지지 않도록 소금양에 주의하며, 구운 후 삼치의 살이 부서지지 않도록 꼬치를 살짝 돌리며 조심스럽게 빼낸다.
2. 우엉조림은 색이 진하게 나야 하고, 초담금한 것은 새콤달콤한 맛이 나야 한다.
3. 무국화꽃(기카다이콩)은 꽃잎처럼 사방으로 펼쳐 모양을 내준다.

용어 해설

1. 삼치(鰆 : さわら – 사와라)

고등어과의 海魚로서, 1m 길이의 가는 몸매와 작은 머리로 구성되어 있다. 평소에는 5m의 수심에서 무리지어 살다가, 추워지면 깊은 곳으로 이동하는데, 10월부터 지방이 축적되어 겨울의 삼치가 가장 맛이 좋다고 한다. 성숙한 알은 절여서 젓갈로도 활용된다. 약 20%의 단백질이 있고, 흰살생선으로는 비교적 많은 10%의 지질함량도 보이고 있다. 생선회로도 먹을 수 있지만, 살 속에 기생충이 있는 경우도 있으므로 주의해야 한다.

2. 소금구이(塩焼き : しおやき – 시오야키)

구이요리 중의 하나로, 재료에 소금을 뿌리거나 살짝 절여서 직화로 굽는 요리. 재료가 가지고 있는 고유의 맛을 그대로 살릴 수 있는 조리법이다. 강한 불로 빨리 구워서 익혀야 맛이 좋다. 껍질이 타지 않도록 주의한다.

3. 곁들임(あしらい – 아시라이)

서양요리의 가니쉬(garnish)에 해당하는 것으로, 그릇에 담은 요리를 한층 더 돋보이게 하기 위하여 추가로 곁들이는 것을 말한다. 주재료와 맛이나 영양의 밸런스가 맞아야 하고, 색채와 계절감이 있는 것이 잘 어울린다.

시험시간
20분

소고기 간장구이

요구사항

※ 주어진 재료를 사용하여 소고기 간장구이를 만드시오.

가. 양념간장(다래)과 생강채(하리쇼가)를 준비하시오.

나. 소고기를 두께 1.5cm, 길이 3cm로 자르시오.

다. 프라이팬에 구이를 한 다음 양념간장(다래)을 발라 완성하시오.

수험자 유의사항

1. 만드는 순서에 유의하며, 위생과 숙련된 기능평가를 위하여 조리작업 시 맛을 보지 않습니다.
2. 지정된 수험자 지참준비물 이외의 조리기구나 재료를 시험장내에 지참할 수 없습니다.
3. 지급재료는 시험 전 확인하여 이상이 있을 경우 시험위원으로부터 조치를 받고 시험 중에는 재료의 교환 및 추가지급은 하지 않습니다.
4. 요구사항 및 지급재료의 규격은 "정도"의 의미를 포함하며, 재료의 크기에 따라 가감하여 채점됩니다.
5. 위생복, 위생모, 앞치마, 마스크를 착용하여야 하며, 시험장비·조리기구 취급 등 안전에 유의합니다.
6. 다음 사항은 실격에 해당하여 채점 대상에서 제외됩니다.
   가) 수험자 본인이 시험 도중 시험에 대한 포기 의사를 표현하는 경우
   나) 위생복, 위생모, 앞치마, 마스크를 착용하지 않은 경우
   다) 시험시간 내에 과제 두 가지를 제출하지 못한 경우
   라) 문제의 요구사항대로 과제의 수량이 만들어지지 않은 경우
   마) 완성품을 요구사항의 과제(요리)가 아닌 다른 요리(예, 달걀말이 → 달걀찜)로 만든 경우
   바) 불을 사용하여 만든 조리작품이 작품특성에 벗어나는 정도로 타거나 익지 않은 경우
   사) 해당과제의 지급재료 이외 재료를 사용하거나, 요구사항의 조리기구(석쇠 등)로 완성품을 조리하지 않은 경우
   아) 지정된 수험자 지참준비물 이외의 조리기술에 영향을 줄 수 있는 기구를 사용한 경우
   자) 가스레인지 화구를 2개 이상(2개 포함) 사용한 경우
   차) 시험 중 시설·장비(칼, 가스레인지 등) 사용 시 시험위원 및 타 수험자의 시험 진행에 위해를 일으킬 것으로 시험위원 전원이 합의하여 판단한 경우
   카) 요구사항에 표시된 실격 및 부정행위에 해당하는 경우
7. 항목별 배점은 위생상태 및 안전관리 5점, 조리기술 30점, 작품의 평가 15점입니다.
8. 시험시작 전 가벼운 몸 풀기(스트레칭) 동작으로 긴장을 풀고 시험을 시작합니다.

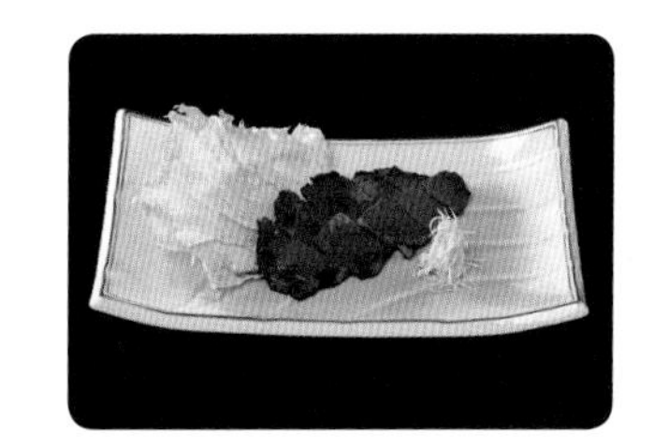

지급재료목록

재료명	규격	단위	수량	비고
소고기	등심	g	160	덩어리
건다시마	5X10cm	장	1	
통생강		g	30	
검은후춧가루		g	5	
진간장		mL	50	
산초가루		g	3	
청주		mL	50	
소금	정제염	g	20	
식용유		mL	100	
흰 설탕		g	30	
맛술(미림)		mL	50	
깻잎		장	1	

규니쿠노 데리야키

소고기 간장구이

牛肉の照焼き : ぎゅうにくのてりやき, Broiled Beef with Soy Sauce

조리법

1. 소고기는 넓게 펴서 오그라들지 않도록 칼집을 넣거나 두들겨준다.
2. 양념간장(다레)을 만든다.
   - 다시 1/2컵에 간장·청주 각 2Ts, 미림·설탕 각 1Ts씩을 넣어 절반 정도의 양이 되도록 조린다.
3. 생강을 마치 실처럼 곱게 채썰어 헹궈낸 뒤 물에 담가놓는다(하리쇼가).
4. 팬을 달구어 식용유를 바르고, 타지 않도록 조심스럽게 양면구이한다.
5. 양면이 절반쯤 익었으면 양념간장을 조금씩 부어가며 굽는다(2~3회).
6. 다 구운 소고기를 한입 크기로 자른 다음 제출용 접시에 올려놓는다.
7. 윤기가 흐르도록 데리를 살짝 더 발라주고, 산초가루를 뿌린 다음 하리쇼가를 곁들여낸다.

주의사항

1. 소고기를 자주 뒤집지 않도록 한다.
2. 색이 적당히 나면 뒤집어 굽고 난 다음 데리를 바른다.
3. 처음부터 데리를 바르면 익기 전에 탈 수 있으므로 주의한다.
4. 고기가 타지 않도록 불의 세기에 주의하면서 굽는다.
5. 데리는 적당한 점도가 되도록 약한 불에서 조린다.
6. 쇠고기는 완전히 익히지 않아도 무방하다.

용어 해설

1. 규니쿠(牛肉 : ぎゅうにく) : 우육

일본에서 요리에 사용하는 유명한 쇠고기 브랜드가 많지만, 대개는 와규(和牛 : わぎゅう)라고 통칭하고 있다. 고급 조리용으로 사육된 것은 마쓰사카니쿠, 고베니쿠 등이 대표적이며 마블링이 높아 세계 최고급이라 자랑하고 있으나 생산량이 적어 가격이 비싼 것이 단점이다.

2. 데리야키(照焼 : てりやき) : 간장구이

구이요리 중 하나로, 어개류(魚介類)나 수조육류(獸鳥肉類) 등을 조미료 등을 곁들여 잘 구워낸 요리. 양념간장(照りしょうゆ) 등을 덧발라 빛깔을 내며 굽는다.

시험시간
25분

전복버터구이

요구사항

※ 주어진 재료를 사용하여 전복버터구이를 만드시오.

가. 전복은 껍질과 내장을 분리하고 칼집을 넣어 한입 크기로 어슷하게 써시오.
나. 내장은 모래주머니를 제거하고 데쳐 사용하시오.
다. 채소는 전복의 크기로 써시오.
라. 은행은 속껍질을 벗겨 사용하시오.

수험자 유의사항

1. 만드는 순서에 유의하며, 위생과 숙련된 기능평가를 위하여 조리작업 시 맛을 보지 않습니다.
2. 지정된 수험자 지참준비물 이외의 조리기구나 재료를 시험장내에 지참할 수 없습니다.
3. 지급재료는 시험 전 확인하여 이상이 있을 경우 시험위원으로부터 조치를 받고 시험 중에는 재료의 교환 및 추가지급은 하지 않습니다.
4. 요구사항 및 지급재료의 규격은 "정도"의 의미를 포함하며, 재료의 크기에 따라 가감하여 채점됩니다.
5. 위생복, 위생모, 앞치마, 마스크를 착용하여야 하며, 시험장비·조리기구 취급 등 안전에 유의합니다.
6. 다음 사항은 실격에 해당하여 채점 대상에서 제외됩니다.
   가) 수험자 본인이 시험 도중 시험에 대한 포기 의사를 표현하는 경우
   나) 위생복, 위생모, 앞치마, 마스크를 착용하지 않은 경우
   다) 시험시간 내에 과제 두 가지를 제출하지 못한 경우
   라) 문제의 요구사항대로 과제의 수량이 만들어지지 않은 경우
   마) 완성품을 요구사항의 과제(요리)가 아닌 다른 요리(예, 달걀말이 → 달걀찜)로 만든 경우
   바) 불을 사용하여 만든 조리작품이 작품특성에 벗어나는 정도로 타거나 익지 않은 경우
   사) 해당과제의 지급재료 이외 재료를 사용하거나, 요구사항의 조리기구(석쇠 등)로 완성품을 조리하지 않은 경우
   아) 지정된 수험자 지참준비물 이외의 조리기술에 영향을 줄 수 있는 기구를 사용한 경우
   자) 가스레인지 화구를 2개 이상(2개 포함) 사용한 경우
   차) 시험 중 시설·장비(칼, 가스레인지 등) 사용 시 시험위원 및 타 수험자의 시험 진행에 위해를 일으킬 것으로 시험위원 전원이 합의하여 판단한 경우
   카) 요구사항에 표시된 실격 및 부정행위에 해당하는 경우
7. 항목별 배점은 위생상태 및 안전관리 5점, 조리기술 30점, 작품의 평가 15점입니다.
8. 시험시작 전 가벼운 몸 풀기(스트레칭) 동작으로 긴장을 풀고 시험을 시작합니다.

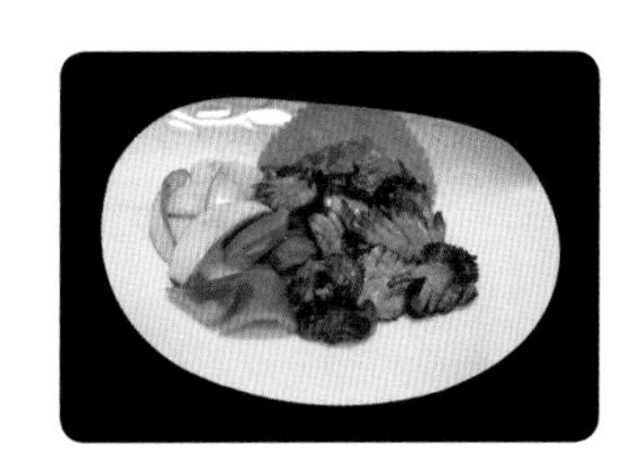

지급재료목록

재료명	규격	단위	수량	비고
전복	2마리, 껍질포함	g	150	
청차조기잎(시소)		장	1	깻잎으로 대체 가능
양파	중(150g)	개	1/2	
청피망	중(75g)	개	1/2	
청주		mL	20	
은행	중간 크기	개	5	
버터		g	20	
검은후춧가루		g	2	
소금	정제염	g	15	
식용유		mL	30	

아와비바타야키

전복버터구이

鮑バター焼き : あわびバターやき, Buttered Abalone

조리법

1. 수저 등을 이용하여 전복을 껍질에서 떼어내고, 내장과 분리하여 손질해 둔다.
2. 전복살은 한입 크기로 썰고, 내장은 끓는 물에 데쳐서 사용한다.
3. 양파와 청피망은 전복과 비슷하게 한입 크기로 썰어둔다.
4. 은행의 속껍질을 벗겨 사용한다.
5. 달구어진 팬에 식용유를 조금 두르고 전복과 채소를 넣어 살짝 볶은 후, 버터를 넣고 소금과 후춧가루로 간을 하여 볶아낸다.
6. 마지막으로 청주를 붓고 볶아 마무리한다.
7. 청차조기잎(시소)과 전복껍질을 이용하여 담아낸다.

주의사항

1. 단시간에 조리하므로 강한 불을 사용하되 태우지 않도록 한다.
2. 채소가 완전히 익지 않도록 한다.
3. 전복과 채소 고유의 색이 살아나도록 유의한다.

- 전복의 겉쪽에 칼집을 넣어, 전분을 묻혀 통째로 튀겨낸 다음, 버터에 볶아 한입 크기로 썰어서 담아낸다.
- 전분의 튀겨진 단맛과 버터의 향이 어우러져 색다른 감칠맛을 느끼게 한다.

시험시간
25분

달걀말이

요구사항

※ 주어진 재료를 사용하여 달걀말이를 만드시오.

가. 달걀과 가다랑어국물(가쓰오다시), 소금, 설탕, 맛술(미림)을 섞은 후 체에 걸러 사용하시오.
나. 젓가락을 사용하여 달걀말이를 한 후 김발을 이용하여 사각모양을 만드시오.
(단, 달걀을 말 때 주걱이나 손을 사용할 경우 감점 처리됩니다.)
다. 길이 8cm, 높이 2.5cm, 두께 1cm로 썰어 8개를 만들고, 완성되었을 때 틈새가 없도록 하시오.
라. 달걀말이(다시마끼)와 간장무즙을 접시에 보기 좋게 담아내시오.

수험자 유의사항

1. 만드는 순서에 유의하며, 위생과 숙련된 기능평가를 위하여 조리작업 시 맛을 보지 않습니다.
2. 지정된 수험자 지참준비물 이외의 조리기구나 재료를 시험장내에 지참할 수 없습니다.
3. 지급재료는 시험 전 확인하여 이상이 있을 경우 시험위원으로부터 조치를 받고 시험 중에는 재료의 교환 및 추가지급은 하지 않습니다.
4. 요구사항 및 지급재료의 규격은 "정도"의 의미를 포함하며, 재료의 크기에 따라 가감하여 채점됩니다.
5. 위생복, 위생모, 앞치마, 마스크를 착용하여야 하며, 시험장비·조리기구 취급 등 안전에 유의합니다.
6. 다음 사항은 실격에 해당하여 채점 대상에서 제외됩니다.
   가) 수험자 본인이 시험 도중 시험에 대한 포기 의사를 표현하는 경우
   나) 위생복, 위생모, 앞치마, 마스크를 착용하지 않은 경우
   다) 시험시간 내에 과제 두 가지를 제출하지 못한 경우
   라) 문제의 요구사항대로 과제의 수량이 만들어지지 않은 경우
   마) 완성품을 요구사항의 과제(요리)가 아닌 다른 요리(예, 달걀말이 → 달걀찜)로 만든 경우
   바) 불을 사용하여 만든 조리작품이 작품특성에 벗어나는 정도로 타거나 익지 않은 경우
   사) 해당과제의 지급재료 이외 재료를 사용하거나, 요구사항의 조리기구(석쇠 등)로 완성품을 조리하지 않은 경우
   아) 지정된 수험자 지참준비물 이외의 조리기술에 영향을 줄 수 있는 기구를 사용한 경우
   자) 가스레인지 화구를 2개 이상(2개 포함) 사용한 경우
   차) 시험 중 시설·장비(칼, 가스레인지 등) 사용 시 시험위원 및 타 수험자의 시험 진행에 위해를 일으킬 것으로 시험위원 전원이 합의하여 판단한 경우
   카) 요구사항에 표시된 실격 및 부정행위에 해당하는 경우
7. 항목별 배점은 위생상태 및 안전관리 5점, 조리기술 30점, 작품의 평가 15점입니다.
8. 시험시작 전 가벼운 몸 풀기(스트레칭) 동작으로 긴장을 풀고 시험을 시작합니다.

지급재료목록

재료명	규격	단위	수량	비고
달걀		개	6	
흰 설탕		g	20	
건다시마	5X10cm	장	1	
소금	정제염	g	10	
식용유		mL	50	
가다랑어포 (가쓰오부시)		g	10	
맛술(미림)		mL	20	
무		g	100	
진간장		mL	30	
청차조기잎(시소)		장	2	깻잎으로 대체 가능

다시마키

달걀말이

出汁巻 : だしまき, Egg Roll

조리법

1. 가다랑어국물(가쓰오다시)을 만든다.
2. 달걀 6개, 가다랑어국물(가쓰오다시) 3Ts, 설탕 1Ts, 소금 1/3ts, 간장 1/3ts, 맛술(미림) 1ts를 섞어 고운체에 거른다.
3. 사각팬에 대나무젓가락을 사용하여 달걀말기를 하고, 김발에 말아서 적당히 식힌 후 썰어 담아낸다.
4. 무는 강판에 갈아 찬물에 살짝 씻어서 물기를 가볍게 제거한 다음 진간장으로 간을 하고 색을 낸다.
5. 접시에 시소를 깔고, 그 위에 달걀말이를 규격(8cm×2.5cm×1cm, 8개)에 맞게 썰어 간장무즙과 함께 담아낸다.

주의사항

1. 달걀말이를 할 때 손으로 직접 말거나, 주걱 등을 사용하지 않는다.
2. 손목의 반동과 젓가락을 적절히 이용하여 달걀말이를 하도록 한다.
3. 달걀말이에 틈이 생기지 않도록 열조절과 팬의 기름양에 주의한다.
4. 무즙은 물로 한 번 씻어 물기를 짜내고 사용한다.

용어 해설

1. 다시마키(出汁巻 : だしまき) : 달걀(계란)말이

달걀에 다시를 섞어 약하게 간을 하여 구워낸 것으로서 달걀말이용 사각팬을 이용하여 기름을 얇게 두르고 달걀을 조금씩 넣어 말아가면서 구워내는 요리이다. 소메오로시(染め卸し)를 곁들인다.

2. 다마고야키(卵焼 : たまごやき) : 달걀(계란)구이

달걀을 풀어 설탕과 미림, 간장, 다시 등으로 조리하여 구워낸 것으로서, 생선살을 갈아 섞어주는 경우도 있다.

3. 다마고야키나베(卵焼鍋 : たまごやきなべ) : 달걀(계란)말이 팬

달걀구이 전용의 도구를 말하며, 직사각형은 관서형이고 정사각형은 관동형으로 알려져 있다. 구리, 철, 알루미늄의 재질을 사용하며, 열의 전도가 좋은 구리제품이 재료를 균일하게 잘 익혀준다.

4. 소메오로시(染卸 : そめおろし) : 간장무즙

무즙에 간장을 곁들여 간장색이 나도록 한 것을 말하며, 무즙을 갈아 수분을 짜낸 것을 산봉우리 모양으로 만들어 위에서 간장을 살짝 뿌리거나, 간장에 찍어내며, 주로 구이요리의 곁들임에 사용된다.

시험시간
30분

도미술찜

요구사항

※ 주어진 재료를 사용하여 도미술찜을 만드시오.

가. 머리는 반으로 자르고, 몸통은 세장뜨기하시오.
나. 손질한 도미살을 5~6cm로 자르고 소금을 뿌려, 머리와 꼬리는 데친 후 불순물을 제거하시오.
다. 청주를 섞은 다시(국물)에 쪄내시오.
라. 당근은 매화꽃, 무는 은행잎 모양으로 만들어 익혀내시오.
마. 초간장(폰즈)과 양념(야쿠미)을 만들어 내시오.

수험자 유의사항

1. 만드는 순서에 유의하며, 위생과 숙련된 기능평가를 위하여 조리작업 시 맛을 보지 않습니다.
2. 지정된 수험자 지참준비물 이외의 조리기구나 재료를 시험장내에 지참할 수 없습니다.
3. 지급재료는 시험 전 확인하여 이상이 있을 경우 시험위원으로부터 조치를 받고 시험 중에는 재료의 교환 및 추가지급은 하지 않습니다.
4. 요구사항 및 지급재료의 규격은 "정도"의 의미를 포함하며, 재료의 크기에 따라 가감하여 채점됩니다.
5. 위생복, 위생모, 앞치마, 마스크를 착용하여야 하며, 시험장비·조리기구 취급 등 안전에 유의합니다.
6. 다음 사항은 실격에 해당하여 채점 대상에서 제외됩니다.
   가) 수험자 본인이 시험 도중 시험에 대한 포기 의사를 표현하는 경우
   나) 위생복, 위생모, 앞치마, 마스크를 착용하지 않은 경우
   다) 시험시간 내에 과제 두 가지를 제출하지 못한 경우
   라) 문제의 요구사항대로 과제의 수량이 만들어지지 않은 경우
   마) 완성품을 요구사항의 과제(요리)가 아닌 다른 요리(예, 달걀말이 → 달걀찜)로 만든 경우
   바) 불을 사용하여 만든 조리작품이 작품특성에 벗어나는 정도로 타거나 익지 않은 경우
   사) 해당과제의 지급재료 이외 재료를 사용하거나, 요구사항의 조리기구(석쇠 등)로 완성품을 조리하지 않은 경우
   아) 지정된 수험자 지참준비물 이외의 조리기술에 영향을 줄 수 있는 기구를 사용한 경우
   자) 가스레인지 화구를 2개 이상(2개 포함) 사용한 경우
   차) 시험 중 시설·장비(칼, 가스레인지 등) 사용 시 시험위원 및 타 수험자의 시험 진행에 위해를 일으킬 것으로 시험위원 전원이 합의하여 판단한 경우
   카) 요구사항에 표시된 실격 및 부정행위에 해당하는 경우
7. 항목별 배점은 위생상태 및 안전관리 5점, 조리기술 30점, 작품의 평가 15점입니다.
8. 시험시작 전 가벼운 몸 풀기(스트레칭) 동작으로 긴장을 풀고 시험을 시작합니다.

지급재료목록

재료명	규격	단위	수량	비고
도미	200~250g	마리	1	
배추		g	50	
당근		g	60	둥근 모양으로 잘라서 지급
무		g	50	
판두부		g	50	
생표고버섯		개	1	20g
죽순		g	20	
쑥갓		g	20	
레몬		개	1/4	
청주		mL	30	
건다시마	5X10cm	장	1	
진간장		mL	30	
식초		mL	30	
고춧가루		g	2	고운 것
실파		g	20	1뿌리
소금	정제염	g	5	

5. 야쿠미(薬味 : やくみ)

요리에 첨가하는 향신료나 양념을 말한다. 요리에 조금 첨가하여 먹으면, 훨씬 더 좋은 맛을 내거나 향기를 발하여, 식욕을 증진시키는 역할을 한다. 폰즈의 야쿠미로는 모미지오로시(빨간 무즙), 실파, 레몬 등이 곁들여지며, 덴푸라의 덴다시 야쿠미로는 무즙과 생강즙, 실파를 사용한다.

6. 모미지오로시(紅葉卸 : もみじおろし)

고추즙에 무즙을 개어 빨간색을 띤 무즙을 말한다. 색은 단풍이 물든 것처럼 적색을 띠고 있어, 모미지(もみじ - 단풍)라는 이름을 붙였다. 아카오로시(赤卸 : あかおろし)라고도 하며, 폰즈에 곁들이거나, 초회 등의 덴모리(天盛り : てんもり - 고명같이 음식 위에 얹는 것)나 복껍질무침 등에 사용된다.

다이노 사카무시

도미술찜

鯛の酒蒸し：たいのさかむし, Steamed Sea Bream with Sake

조리법

1. 도미는 비늘을 긁고 내장을 제거한 후, 머리와 꼬리를 자르고 세장뜨기(산마이오로시)한다. 술찜에는 뼈를 사용하지 않으므로 오로시한 후에도, 속에 있는 가시를 제거해야 한다(pp.128~129 참조).
2. 무와 당근을 삶아서 각각 꽃모양과 매화모양으로 만들고(p.207 참조), 배추는 삶아서 말아놓는다.
3. 두부는 2cm 두께로 3~4cm 크기로 자르고, 표고는 칼집을 내어 모양을 낸다.
4. 죽순은 한 번 삶아 1~2mm 두께로 썰어놓는다.
5. 그릇에 다시마를 깔고, 배추와 무, 두부와 죽순을 놓은 다음 도미를 보기 좋게 놓은 후, 표고버섯과 당근은 앞쪽으로 보기 좋게 놓는다.
5. 다시와 청주를 1:1로 섞어, 소금과 조미료로 간을 하여, 그릇에 절반 정도 부어준다.
6. 김이 오른 찜통에 그릇째 넣고, 찐 다음 쑥갓을 넣어 마무리한다.
7. 폰즈와 야쿠미를 곁들인다.
   - 폰즈
     간장 2Ts, 식초 2Ts, 다시 2Ts, 청주(미림) 1ts, 설탕 1ts, 레몬이나 유자즙 약간
   - 야쿠미
     실파를 채썰어 물로 씻어낸 것과 레몬, 모미지오로시
8. 찜통에서 꺼낸 후 흐트러진 모양을 바로잡고, 국물이 너무 탁하지 않은지 또한, 국물의 양은 적당한 지 살펴보고 나서 폰즈와 야쿠미를 곁들여 제출한다.

주의사항

1. 채소의 담는 모양에 유의하며, 찔 때 너무 강한 불을 사용하거나 많이 익히지 않도록 한다.
2. 쑥갓의 색이 변하지 않도록 잘 마무리한다.
3. 머리를 사용하려면 반으로 갈라 꼬리와 함께 끓는 물에 데쳐서 비늘과 불순물 등을 제거한다.
4. 도미의 살은 뼈와 가시를 제거한 후, 소금을 뿌렸다가 물로 씻어 사용해야 냄새가 제거된다.
5. 도미의 사용부위는 조합되는 메뉴를 감안하여 머리나 꼬리, 살 부분 어디를 사용해도 무방하다. 다만, 손질할 때 필요한 부분만을 속히 손질하여 사용하도록 한다.
6. 도미의 손질은 데바칼로만 하여야 하며, 가위를 사용하지 않도록 한다.
7. 무, 당근, 죽순, 배추 등은 한번 삶아서 모양내거나 사용한다.

용어 해설

1. 다이(鯛 : たい) : 도미
도미과 물고기의 총칭으로 도미의 종류는 약 200종 이상으로 상당히 많으며, 마다이(真鯛 : まだい-참돔)가 가장 맛이 좋고 많이 이용되고 있다. 일본요리에 있어서 도미는 가장 중요한 생선으로 꼽히고 있으며, 회, 초밥, 조림, 튀김, 구이 등 거의 모든 요리가 가능하고, 버려지는 부위가 없이 사용된다.

2. 술찜(사카무시 : 酒蒸し : さかむし)
재료에 술을 끼얹어 찌는 것. 또는 그렇게 찐 요리를 말한다. 재료에 가볍게 소금을 치고, 그릇에 다시마를 가지런히 깐 다음 올려놓아 찜통에서 찐다. 재료로는 조개류와 흰살생선, 닭고기 등을 이용하며, 술과 다시를 섞어서 찌는 경우도 있으며, 폰즈에 찍어 먹는다.

3. 산마이오로시(三枚卸 : さんまいおろし)
생선 손질법의 하나로, 생선의 위쪽 살, 중간 뼈, 아래 살의 3장으로 뜨는 방법. 우선 머리와 내장을 제거한 생선의 위쪽 살을 떠내면 니마이오로시(二枚卸 : にまいおろし)가 되고, 다음의 중간 뼈에 붙어 있는 아래 고기를 떼어내면 산마이오로시가 된다.

4. 폰즈(ポン酢)
폰즈 쇼유(ポン酢 醤油 : ポンズ しょうゆ)의 약어로 오란다語의 "pons"에서 유래된 단어이며, 본래는 레몬이나 스다치(スダチ) 같은 향산성 감귤 등을 이용한 과즙초(果汁酢)의 뜻을 가지고 있지만, 식초와 간장을 섞은 초간장으로서 생선회나 초회, 지리냄비 등의 요리에 곁들여 먹는 소스의 일종으로 더 알려져 있다. 지리스(ちりす)라고도 한다.

시험시간
30분

달걀찜

요구사항

※ 주어진 재료를 사용하여 달걀찜을 만드시오.

가. 은행은 삶고, 밤은 구워서 사용하시오.
나. 간장으로 밑간한 닭고기와 나머지 재료는 1cm 크기로 썰어 데쳐서 사용하시오.
다. 가다랑어포로 다시(국물)를 만들어 식혀서 달걀과 섞으시오.
라. 레몬껍질과 쑥갓을 올려 마무리하시오.

수험자 유의사항

1. 만드는 순서에 유의하며, 위생과 숙련된 기능평가를 위하여 조리작업 시 맛을 보지 않습니다.
2. 지정된 수험자 지참준비물 이외의 조리기구나 재료를 시험장내에 지참할 수 없습니다.
3. 지급재료는 시험 전 확인하여 이상이 있을 경우 시험위원으로부터 조치를 받고 시험 중에는 재료의 교환 및 추가지급은 하지 않습니다.
4. 요구사항 및 지급재료의 규격은 "정도"의 의미를 포함하며, 재료의 크기에 따라 가감하여 채점됩니다.
5. 위생복, 위생모, 앞치마, 마스크를 착용하여야 하며, 시험장비·조리기구 취급 등 안전에 유의합니다.
6. 다음 사항은 실격에 해당하여 채점 대상에서 제외됩니다.
   가) 수험자 본인이 시험 도중 시험에 대한 포기 의사를 표현하는 경우
   나) 위생복, 위생모, 앞치마, 마스크를 착용하지 않은 경우
   다) 시험시간 내에 과제 두 가지를 제출하지 못한 경우
   라) 문제의 요구사항대로 과제의 수량이 만들어지지 않은 경우
   마) 완성품을 요구사항의 과제(요리)가 아닌 다른 요리(예, 달걀말이 → 달걀찜)로 만든 경우
   바) 불을 사용하여 만든 조리작품이 작품특성에 벗어나는 정도로 타거나 익지 않은 경우
   사) 해당과제의 지급재료 이외 재료를 사용하거나, 요구사항의 조리기구(석쇠 등)로 완성품을 조리하지 않은 경우
   아) 지정된 수험자 지참준비물 이외의 조리기술에 영향을 줄 수 있는 기구를 사용한 경우
   자) 가스레인지 화구를 2개 이상(2개 포함) 사용한 경우
   차) 시험 중 시설·장비(칼, 가스레인지 등) 사용 시 시험위원 및 타 수험자의 시험 진행에 위해를 일으킬 것으로 시험위원 전원이 합의하여 판단한 경우
   카) 요구사항에 표시된 실격 및 부정행위에 해당하는 경우
7. 항목별 배점은 위생상태 및 안전관리 5점, 조리기술 30점, 작품의 평가 15점입니다.
8. 시험시작 전 가벼운 몸 풀기(스트레칭) 동작으로 긴장을 풀고 시험을 시작합니다.

지급재료목록

재료명	규격	단위	수량	비고
달걀		개	1	
새우	약 6~7cm	마리	1	
어묵		g	15	판어묵
생표고버섯		개	1/2	10g
밤		개	1/2	
가다랑어포 (가쓰오부시)		g	10	
닭고기살		g	20	
은행	겉껍질 깐 것	개	2	
흰생선살		g	20	
쑥갓		g	10	
진간장		mL	10	
소금	정제염	g	5	
청주		mL	10	
레몬		개	1/4	
죽순		g	10	
건다시마	5X10cm	장	1	
이쑤시개		개	1	
맛술(미림)		mL	10	

자완무시

달걀찜

茶碗蒸し : ちゃわんむし, Cup Cooked Egg Custard

조리법

1. 닭고기살은 간장으로, 흰살생선은 소금으로 밑간을 하고, 소금물로 데쳐낸다.
2. 새우는 내장을 빼고, 껍질을 벗겨 끓는 물에 데쳐 1cm 정도의 크기로 썰어놓는다.
3. 밤은 삶아 어묵이나 표고버섯과 같은 크기로 썰어놓는다.
4. 은행은 물에 삶아 속껍질을 벗겨두고 표고버섯은 8mm의 주사위모양(사이노메기리)으로 썰어둔다.
5. 쑥갓잎을 물에 담가두고 레몬껍질로 오리발 모양을 준비하여 놓는다.
6. 달걀을 풀어 다시물 1/2cup과 소금, 미림, 청주 약간씩으로 간을 한 후, 채에 거른다.
7. 찜용 그릇에 재료들을 넣고, 계란물을 8부 정도 부어 거품을 걷어낸다.
8. 물이 끓어 찜기에 김이 오르면 계란찜 그릇을 넣고 불을 줄여준다.
9. 약한 불에서 10분 정도 쪄낸 다음 쑥갓과 레몬껍질(오리발)을 올려 제출한다.

주의사항

1. 너무 센 불에서 찌거나 장시간 쪄내게 되면, 표면이 매끄럽지 않고 기포가 생기므로 주의한다.
2. 너무 약하게 익히면, 그릇을 옆으로 했을 때 계란이 흐르는 경우도 있다.
3. 표면이 흔들리지 않도록 주의하며, 표면에 수분이 떨어지지 않도록 뚜껑을 덮는다.
4. 시험장에 찜기(무시키)가 없을 경우 냄비에 은은한 불로 흔들리지 않도록 주의하며 중탕한다.

용어 해설

1. 자완무시(茶碗蒸し : ちゃわんむし) : 달걀찜

일본요리에서 가장 대표적인 찜요리 중 하나로, 아주 담백한 재료인 어개류, 닭고기, 어묵, 은행, 송이버섯, 미쓰바 등을 손질하여, 찜용 도기(陶器)그릇에 넣어서, 간장, 소금, 미림, 다시 등으로 간을 한 계란물을 부어서 쪄낸다.

계란과 다시의 비율은 1 : 3이 이상적이다.

2. 사이노메기리(賽の目切り : さいのめぎり) : 주사위모양 썰기

약 1cm의 정육면체로 재료를 써는 방법을 말한다. 요리의 종류에 따라 사용되는 재료나 사이즈가 다양하게 응용된다.

3. 무시키(蒸し器 : むしき) : 찜기, 찜통

스테인리스나 알루미늄 재료로서 사이즈와 모양은 용도에 따라 다양하다. 보통 뚜껑까지 2~3단으로 이루어져 있다.

시험시간
40분

생선초밥

요구사항

※ **주어진 재료를 사용하여 갑오징어 생선초밥을 만드시오.**

가. 각 생선류와 채소를 초밥용으로 손질하시오.
나. 초밥초(스시스)를 만들어 밥에 간하여 식히시오.
다. 곁들일 초생강을 만드시오.
라. 쥔초밥(니기리스시)을 만드시오.
마. 생선초밥은 6종류 8개를 만들어 제출하시오.
바. 간장을 곁들여 내시오.

수험자 유의사항

1. 만드는 순서에 유의하며, 위생과 숙련된 기능평가를 위하여 조리작업 시 맛을 보지 않습니다.
2. 지정된 수험자 지참준비물 이외의 조리기구나 재료를 시험장내에 지참할 수 없습니다.
3. 지급재료는 시험 전 확인하여 이상이 있을 경우 시험위원으로부터 조치를 받고 시험 중에는 재료의 교환 및 추가지급은 하지 않습니다.
4. 요구사항 및 지급재료의 규격은 "정도"의 의미를 포함하며, 재료의 크기에 따라 가감하여 채점됩니다.
5. 위생복, 위생모, 앞치마, 마스크를 착용하여야 하며, 시험장비·조리기구 취급 등 안전에 유의합니다.
6. 다음 사항은 실격에 해당하여 채점 대상에서 제외됩니다.
   가) 수험자 본인이 시험 도중 시험에 대한 포기 의사를 표현하는 경우
   나) 위생복, 위생모, 앞치마, 마스크를 착용하지 않은 경우
   다) 시험시간 내에 과제 두 가지를 제출하지 못한 경우
   라) 문제의 요구사항대로 과제의 수량이 만들어지지 않은 경우
   마) 완성품을 요구사항의 과제(요리)가 아닌 다른 요리(예, 달걀말이 → 달걀찜)로 만든 경우
   바) 불을 사용하여 만든 조리작품이 작품특성에 벗어나는 정도로 타거나 익지 않은 경우
   사) 해당과제의 지급재료 이외 재료를 사용하거나, 요구사항의 조리기구(석쇠 등)로 완성품을 조리하지 않은 경우
   아) 지정된 수험자 지참준비물 이외의 조리기술에 영향을 줄 수 있는 기구를 사용한 경우
   자) 가스레인지 화구를 2개 이상(2개 포함) 사용한 경우
   차) 시험 중 시설·장비(칼, 가스레인지 등) 사용 시 시험위원 및 타 수험자의 시험 진행에 위해를 일으킬 것으로 시험위원 전원이 합의하여 판단한 경우
   카) 요구사항에 표시된 실격 및 부정행위에 해당하는 경우
7. 항목별 배점은 위생상태 및 안전관리 5점, 조리기술 30점, 작품의 평가 15점입니다.
8. 시험시작 전 가벼운 몸 풀기(스트레칭) 동작으로 긴장을 풀고 시험을 시작합니다.

지급재료목록

재료명	규격	단위	수량	비고
참치살	붉은색 참치살	g	30	아까미
광어살	3X8cm 이상	g	50	껍질 있는 것
새우	30~40g	마리	1	
학꽁치		마리	1/2	꽁치, 전어 대체 가능
도미살		g	30	
문어		g	50	삶은 것
밥		g	200	뜨거운 밥
청차조기잎(시소)		장	1	깻잎으로 대체 가능
통생강		g	30	
고추냉이		g	20	와사비분
식초		mL	70	
흰 설탕		g	50	
소금	정제염	g	20	
진간장		mL	20	
대꼬챙이	10~15cm	개	1	

니기리즈시

생선초밥

握り鮨 : にぎりずし, Assorted Sushi

조리법

1. 초밥초를 만들어 밥에 뿌려 밥알이 부서지지 않도록 나무주걱으로 가르듯 살살 비벼 놓는다(뜨거운 밥 1공기에 초밥초 2Ts).
2. 생강의 껍질을 벗겨 슬라이스하여 끓는 물에 데친 후 식혀서 아마스에 담가둔다.
3. 새우는 내장을 빼내고, 등에 이쑤시개를 꽂아 삶아서 식힌 다음, 머리를 떼어내고 껍질을 벗겨 꼬리만 남겨 꼬리 끝을 칼로 약간만 잘라준다.
4. 문어는 삶아서 길게 포를 떠 놓는다.
5. 도미와 광어는 손질하여 껍질을 벗겨 포를 떠서 준비해 놓는다.
6. 참치는 약간 두툼하게 뜨고, 학꽁치도 손질하여 겉껍질을 벗겨 칼집을 내어 포 뜬다.
7. 손에 물기를 적셔 오른손에 초밥을 쥐고 왼손으로 생선을 잡아서, 그 위에 오른손 검지손가락으로 와사비를 묻혀 생선에 찍어 바르고, 오른손에서 말아 쥔 초밥을 그 위에 올려놓은 다음 모양을 만든다.
8. 생선초밥은 8개를 1인분으로 하며, 45° 정도로 좌측으로 기울이도록 하여, 두 줄로 접시에 담은 다음 청차조기잎(시소) 또는 깻잎을 조금 잘라 깔고 그 위에 초생강 등을 얹어낸다.
9. 밥을 너무 세게 쥐면 딱딱해지고, 살짝만 쥐면 부서질 염려가 있으니 주의한다.
10. 손에 물기가 너무 많으면 밥알이 서로 붙지 않고, 물기가 적으면 밥알이 손에 달라붙어 초밥을 쥐기가 불편해지므로 반복연습을 통해 손바닥에 항상 적당한 수분이 유지되도록 한다.
11. 완성된 초밥은 색깔을 맞추어 담고, 초생강을 곁들여 간장과 함께 제출한다.

용어 해설

1. 스시(握, 鮓, 寿司 : すし)

생선을 밥과 같이 발효시켜 신맛이 나도록 한 것. 또는 식초 등으로 조미한 밥에 생선이나 야채 등을 덮은 것. 스시의 역사는 오래되었는데, 10세기 초 어육이나 조개류를 소금에 절여 발효시켜, 자연적인 酸味를 발생시킨 것을 말하며, 일종의 보존식이었다. 1600년경에 밥을 이용하기 시작하였고, 나중에는 밥에 酢를 첨가하여 빨리 만드는 방법을 고안해 내게 되었다. 그래서 밥과 같이 먹게 된 것이었는데 후에 더 빨리 먹기 위하여, 손으로 바로 말아 먹게 된 것이 현재 대중적으로 알려진 생선초밥, 즉 니기리즈시(握り鮨)이다.

2. 스시다네(握種 : すしだね)

스시의 밥 위에 얹는 재료를 말한다. 에도마에스시가 주로 생선 중심인 데 반해 오사카스시는 생선류 이외의 재료도 사용한다.

3. 초밥초

식초 3, 설탕 2, 소금 1(0.7)의 비율에 다시마를 넣고, 설탕과 소금이 녹을 정도로 살짝만 끓여서 식힌 다음 초밥을 비빌 때 사용한다.

4. 초생강

생강을 슬라이스하여 끓는 물에 데쳐내어, 아마즈(甘酢; 식초 1, 설탕 1, 물 3, 소금 1/3)에 담가 맛을 들여 사용한다.

시험시간
20분

참치 김초밥

요구사항

※ **주어진 재료를 사용하여 참치 김초밥을 만드시오.**

가. 김을 반장으로 자르고, 눅눅하거나 구워지지 않은 김은 구워 사용하시오.
나. 고추냉이와 초생강을 만드시오.
다. 초밥 2줄은 일정한 크기 12개로 잘라 내시오.
라. 간장을 곁들여 내시오.

수험자 유의사항

1. 만드는 순서에 유의하며, 위생과 숙련된 기능평가를 위하여 조리작업 시 맛을 보지 않습니다.
2. 지정된 수험자 지참준비물 이외의 조리기구나 재료를 시험장내에 지참할 수 없습니다.
3. 지급재료는 시험 전 확인하여 이상이 있을 경우 시험위원으로부터 조치를 받고 시험 중에는 재료의 교환 및 추가지급은 하지 않습니다.
4. 요구사항 및 지급재료의 규격은 "정도"의 의미를 포함하며, 재료의 크기에 따라 가감하여 채점됩니다.
5. 위생복, 위생모, 앞치마, 마스크를 착용하여야 하며, 시험장비·조리기구 취급 등 안전에 유의합니다.
6. 다음 사항은 실격에 해당하여 채점 대상에서 제외됩니다.
   가) 수험자 본인이 시험 도중 시험에 대한 포기 의사를 표현하는 경우
   나) 위생복, 위생모, 앞치마, 마스크를 착용하지 않은 경우
   다) 시험시간 내에 과제 두 가지를 제출하지 못한 경우
   라) 문제의 요구사항대로 과제의 수량이 만들어지지 않은 경우
   마) 완성품을 요구사항의 과제(요리)가 아닌 다른 요리(예, 달걀말이 → 달걀찜)로 만든 경우
   바) 불을 사용하여 만든 조리작품이 작품특성에 벗어나는 정도로 타거나 익지 않은 경우
   사) 해당과제의 지급재료 이외 재료를 사용하거나, 요구사항의 조리기구(석쇠 등)로 완성품을 조리하지 않은 경우
   아) 지정된 수험자 지참준비물 이외의 조리기술에 영향을 줄 수 있는 기구를 사용한 경우
   자) 가스레인지 화구를 2개 이상(2개 포함) 사용한 경우
   차) 시험 중 시설·장비(칼, 가스레인지 등) 사용 시 시험위원 및 타 수험자의 시험 진행에 위해를 일으킬 것으로 시험위원 전원이 합의하여 판단한 경우
   카) 요구사항에 표시된 실격 및 부정행위에 해당하는 경우
7. 항목별 배점은 위생상태 및 안전관리 5점, 조리기술 30점, 작품의 평가 15점입니다.
8. 시험시작 전 가벼운 몸 풀기(스트레칭) 동작으로 긴장을 풀고 시험을 시작합니다.

지급재료목록

재료명	규격	단위	수량	비고
참치살	붉은색 참치살	g	100	아까미
고추냉이		g	15	와사비분
청차조기잎(시소)		장	1	깻잎으로 대체 가능
김	초밥김	장	1	
밥	뜨거운 밥	g	120	
통생강		g	20	
식초		mL	70	
흰 설탕		g	50	
소금	정제염	g	20	
진간장		mL	10	

덴카마키
참치 김초밥

鉄火巻き : てっかまき, Tuna Roll Sushi

조리법

1. 참치는 소금물에 해동시켜 행주에 싸서 물기를 제거한 후, 약 1cm 두께로 길게 썰어놓는다.
2. 생강을 슬라이스하여 끓는 물에 데쳐, 아마즈(甘酢)에 담가 초생강(스시쇼가)을 만들어 놓는다.
3. 초밥김이 눅눅하면, 약한 불에 구워 1/2장으로 잘라놓는다.
4. 초밥용 초밥초(스시스)를 만들어서, 밥 위에 뿌려 나무주걱으로 버무린다.
5. 김발에 김을 올려놓고 밥을 김의 80% 정도 되도록 펼친다.
6. 와사비를 바르고, 참치를 올려놓고 말아서, 사각이 지도록 모양을 잡는다.
7. 2개를 말아 칼에 물을 바르고 각각 6등분하여 12쪽을 만들어 접시에 담는다.
8. 깻잎을 잘라 앞에 깔고, 그 위에 초생강을 얹어낸다.
9. 간장을 곁들여 제출한다.

주의사항

1. 김에 물이 묻어 눅눅해지지 않도록 주의한다.
2. 밥이 너무 식지 않도록 재빨리 초밥을 만든다.
3. 완성하여 썰 때에는 칼에 물을 묻혀가면서 썬다.
4. 칼이 잘 들지 않으면 깨끗하게 썰어지지 않으므로 칼질에 유의한다.
5. 접시에 담을 때 원형으로 담지 않도록 하며, 한 개씩 떨어뜨려 담지 않도록 한다.
6. 참치가 중앙에 자리 잡도록 밥을 펼칠 때부터 사각으로 말 때까지 주의하도록 한다.

용어 해설

1. 아마즈(甘酢)

식초 1, 설탕 1, 물 3, 소금 1/3

2. 스시스(寿司酢) : 배합초

냄비에 식초 3, 설탕 2, 소금 1(1/2)의 비율로 넣고 살짝 끓여서 사용. 레몬이나 유자즙 첨가

시험시간
25분

김초밥

요구사항

※ 주어진 재료를 사용하여 김초밥을 만드시오.

가. 박고지, 달걀말이, 오이 등 김초밥 속재료를 만드시오.

나. 초밥초를 만들어 밥에 간하여 식히시오.

다. 김초밥은 일정한 두께와 크기로 8등분하여 담으시오.

라. 간장을 곁들여 제출하시오.

수험자 유의사항

1. 만드는 순서에 유의하며, 위생과 숙련된 기능평가를 위하여 조리작업 시 맛을 보지 않습니다.
2. 지정된 수험자 지참준비물 이외의 조리기구나 재료를 시험장내에 지참할 수 없습니다.
3. 지급재료는 시험 전 확인하여 이상이 있을 경우 시험위원으로부터 조치를 받고 시험 중에는 재료의 교환 및 추가지급은 하지 않습니다.
4. 요구사항 및 지급재료의 규격은 "정도"의 의미를 포함하며, 재료의 크기에 따라 가감하여 채점됩니다.
5. 위생복, 위생모, 앞치마, 마스크를 착용하여야 하며, 시험장비·조리기구 취급 등 안전에 유의합니다.
6. 다음 사항은 실격에 해당하여 채점 대상에서 제외됩니다.
   가) 수험자 본인이 시험 도중 시험에 대한 포기 의사를 표현하는 경우
   나) 위생복, 위생모, 앞치마, 마스크를 착용하지 않은 경우
   다) 시험시간 내에 과제 두 가지를 제출하지 못한 경우
   라) 문제의 요구사항대로 과제의 수량이 만들어지지 않은 경우
   마) 완성품을 요구사항의 과제(요리)가 아닌 다른 요리(예, 달걀말이 → 달걀찜)로 만든 경우
   바) 불을 사용하여 만든 조리작품이 작품특성에 벗어나는 정도로 타거나 익지 않은 경우
   사) 해당과제의 지급재료 이외 재료를 사용하거나, 요구사항의 조리기구(석쇠 등)로 완성품을 조리하지 않은 경우
   아) 지정된 수험자 지참준비물 이외의 조리기술에 영향을 줄 수 있는 기구를 사용한 경우
   자) 가스레인지 화구를 2개 이상(2개 포함) 사용한 경우
   차) 시험 중 시설·장비(칼, 가스레인지 등) 사용 시 시험위원 및 타 수험자의 시험 진행에 위해를 일으킬 것으로 시험위원 전원이 합의하여 판단한 경우
   카) 요구사항에 표시된 실격 및 부정행위에 해당하는 경우
7. 항목별 배점은 위생상태 및 안전관리 5점, 조리기술 30점, 작품의 평가 15점입니다.
8. 시험시작 전 가벼운 몸 풀기(스트레칭) 동작으로 긴장을 풀고 시험을 시작합니다.

지급재료목록

재료명	규격	단위	수량	비고
김	초밥김	장	1	
밥	뜨거운 밥	g	100	
달걀		개	2	
박고지		g	10	
통생강		g	30	
청차조기잎(시소)		장	1	깻잎으로 대체 가능
오이	가늘고 곧은 것, 길이 20cm	개	1/4	
오보로		g	10	
식초		mL	70	
흰 설탕		g	50	
소금	정제염	g	20	
식용유		mL	10	
진간장		mL	20	
맛술(미림)		mL	10	

후토마키즈시

김초밥

太卷鮨 : ふとまきずし, Rice Roll in Laver

조리법

1. 고슬고슬하게 지은 밥 위에 만들어둔 초밥초(스시스)를 뿌려 밥알이 상하지 않도록 비벼준다.
2. 박고지(간표)는 뜨거운 물에 불려 씻어서 조리고, 달걀은 말이하고, 오이는 길게 썰어놓는다.
3. 생강을 슬라이스하여 끓는 물에 데쳐, 아마즈(甘酢)에 담가 초생강(스시쇼가)을 만들어 놓는다.
4. 김발 위에 김을 얹고 밥을 80% 정도 깔아 펼친 다음, 밥 한가운데 부분을 옆으로 길게 오보로를 뿌리고 그 위에 달걀말이, 오이, 박고지조림 등의 재료를 올려놓고 단번에 말아준다.
5. 사각형이 되도록 모양을 바로잡고, 재료들은 김밥의 중심에 있도록 한다.
6. 칼에 물을 묻혀 8~10등분하여 접시에 담는다.
7. 시소 위에 초생강을 얹어 장식한다.

주의사항

1. 초밥이 너무 식지 않도록 한다.
2. 초밥초는 설탕이 전부 녹을 정도로만 살짝 끓여준다.
3. 박고지(간표)는 윤기가 나도록 바짝 조린다.
4. 김밥을 말 때에는 손에 물을 묻혀 밥알이 손에 붙지 않도록 한다.
5. 접시에 담을 때 원형으로 담지 않도록 한다.

용어 해설

1. 아마즈(甘酢)
물 3, 식초 1, 설탕 1, 소금 1/3의 비율로 섞어서 사용

2. 스시스(寿司酢) : 배합초, 초밥초
냄비에 식초 3, 설탕 2, 소금 1(1/2)의 비율로 넣고 설탕과 소금이 녹을 정도로 살짝 끓여서 사용

3. 스시쇼가(寿司生薑) : 초생강
생강을 슬라이스하여 소금물에 삶아 식힌 다음, 아마즈에 담갔다가 사용

4. 후토마키(ふとまき; 굵은 김초밥) 재료
- ▸ 오보로(朧 : おぼろ)
  생선살을 토막내어 삶아 물기를 꼭 짜고 주물러 부순 다음, 청주와 미림, 설탕, 소금을 넣고 연분홍색으로 만들어 생선살에 약간 넣어 물들인 다음, 냄비에 중탕으로 물기를 제거한 후 사용한다.
- ▸ 달걀말이
  달걀 2개, 다시 2Ts, 미림 1ts, 설탕 1ts, 소금 1/3ts
- ▸ 간표(乾瓢 : かんぴょう; 박고지) – 호박 과육을 가늘고 길게 깎아서 말린 식품
  다시 1/2컵, 간장 2Ts, 설탕 2Ts, 미림 1Ts의 비율로 섞어, 간표를 넣고 바짝 조린다.

5. 김초밥(海苔巻 : のりまき)의 종류
- ▸ 후토마키(太巻 : ふとまき) – 굵은 김초밥
- ▸ 호소마키(細巻 : ほそまき) – 가늘게 만 김초밥
  - • 뎃카마키(鉄火巻 : てっかまき) – 참치(鮪 : まぐろ)를 주재료로 사용한 것
  - • 갓파마키(河童巻 : かっぱまき) – 오이(胡瓜 : きゅうり)를 주재료로 사용한 것
- ▸ 데마키(手巻き : てまき) – 손말이김밥. 손 위에서 말아낸 김초밥

출제기준(필기)

직무 분야	음식 서비스	중직무 분야	조리	자격종목	일식 조리기능사	적용기간	2023.1.1.~2025.12.31.
○ 직무내용 : 일식메뉴 계획에 따라 식재료를 선정, 구매, 검수, 보관 및 저장하며 맛과 영양을 고려하여 안전하고 위생적으로 음식을 조리하고 조리기구와 시설관리를 수행하는 직무이다.							

필기검정방법	객관식	문제수	60	시험시간	1시간

필 기 과목명	출 제 문제수	주요항목	세부항목	세세항목
일식 재료 관리, 음식조리 및 위생관리	60	1. 음식 위생관리	1. 개인 위생관리	1. 위생관리기준 2. 식품위생에 관련된 질병
			2. 식품 위생관리	1. 미생물의 종류와 특성 2. 식품과 기생충병 3. 살균 및 소독의 종류와 방법 4. 식품의 위생적 취급기준 5. 식품첨가물과 유해물질
			3. 작업장 위생관리	1. 작업장위생 위해요소 2. 식품안전관리인증기준(HACCP) 3. 작업장 교차오염발생요소
			4. 식중독 관리	1. 세균성 및 바이러스성 식중독 2. 자연독 식중독 3. 화학적 식중독 4. 곰팡이 독소
			5. 식품위생 관계 법규	1. 식품위생법령 및 관계법규 2. 농수산물 원산지 표시에 관한 법령 3. 식품 등의 표시 · 광고에 관한 법령
			6. 공중 보건	1. 공중보건의 개념 2. 환경위생 및 환경오염 관리 3. 역학 및 질병 관리 4. 산업보건관리
		2. 음식 안전관리	1. 개인안전 관리	1. 개인 안전사고 예방 및 사후 조치 2. 작업 안전관리
			2. 장비·도구 안전작업	1. 조리장비 · 도구 안전관리 지침
			3. 작업환경 안전관리	1. 작업장 환경관리 2. 작업장 안전관리 3. 화재예방 및 조치방법 4. 산업안전보건법 및 관련지침

필 기 과목명	출 제 문제수	주요항목	세부항목	세세항목
		3. 음식 재료관리	1. 식품재료의 성분	1. 수분 2. 탄수화물 3. 지질 4. 단백질 5. 무기질 6. 비타민 7. 식품의 색 8. 식품의 갈변 9. 식품의 맛과 냄새 10. 식품의 물성 11. 식품의 유독성분
			2. 효소	1. 식품과 효소
			3. 식품과 영양	1. 영양소의 기능 및 영양소 섭취기준
		4. 음식 구매관리	1. 시장조사 및 구매관리	1. 시장 조사 2. 식품구매관리 3. 식품재고관리
			2. 검수 관리	1. 식재료의 품질 확인 및 선별 2. 조리기구 및 설비 특성과 품질 확인 3. 검수를 위한 설비 및 장비 활용 방법
			3. 원가	1. 원가의 의의 및 종류 2. 원가분석 및 계산
		5. 일식 기초 조리실무	1. 조리 준비	1. 조리의 정의 및 기본 조리조작 2. 기본조리법 및 대량 조리기술 3. 기본 칼 기술 습득 4. 조리기구의 종류와 용도 5. 식재료 계량방법 6. 조리장의 시설 및 설비 관리
			2. 식품의 조리원리	1. 농산물의 조리 및 가공 · 저장 2. 축산물의 조리 및 가공 · 저장 3. 수산물의 조리 및 가공 · 저장 4. 유지 및 유지 가공품 5. 냉동식품의 조리 6. 조미료와 향신료
			3. 식생활 문화	1. 일본 음식의 문화와 배경 2. 일본 음식의 분류 3. 일본 음식의 특징 및 용어
		6. 일식 무침조리	1. 무침조리	1. 무침재료 준비 2. 무침조리 3. 무침담기
		7. 일식 국물조리	1. 국물조리	1. 국물재료 준비 2. 국물우려내기 3. 국물요리 조리

필 기 과목명	출 제 문제수	주요항목	세부항목	세세항목
		8. 일식 조림조리	1. 조림조리	1. 조림재료 준비 2. 조림하기 3. 조림담기
		9. 일식 면류조리	1. 면류조리	1. 면 재료 준비 2. 면 조리 3. 면 담기
		10. 일식 밥류 조리	1. 밥류조리	1. 밥 짓기 2. 녹차 밥 조리 3. 덮밥류 조리 4. 죽류 조리
		11. 일식 초회조리	1. 초회조리	1. 초회재료 준비 2. 초회조리 3. 초회담기
		12. 일식 찜조리	1. 찜조리	1. 찜재료 준비 2. 찜조리 3. 찜담기
		13. 일식 롤 초밥 조리	1. 롤 초밥조리	1. 롤 초밥재료 준비 2. 롤 양념초 조리 3. 롤 초밥 조리 4. 롤 초밥 담기
		14. 일식 구이조리	1. 구이조리	1. 구이재료 준비 2. 구이조리 3. 구이담기

출제기준(실기)

직무 분야	음식 서비스	중직무 분야	조리	자격종목	일식 조리기능사	적용기간	2023.1.1. ~2025.12.31.

○ 직무내용 : 일식메뉴 계획에 따라 식재료를 선정, 구매, 검수, 보관 및 저장하며 맛과 영양을 고려하여 안전하고 위생적으로 음식을 조리하고 조리기구와 시설관리를 수행하는 직무이다.

○ 수행준거 :

1. 위생관련지식을 이해하고 개인위생 · 식품위생을 관리하고 전반적인 조리작업을 위생적으로 할 수 있다.
2. 일식 기초조리작업 수행에 필요한 칼 다루기, 조리 방법 등 기본적 지식을 이해하고 기능을 익혀 조리업무에 활용할 수 있다.
3. 준비된 식재료에 따라 다양한 양념을 첨가하여 용도에 맞춰 무쳐낼 수 있다.
4. 준비된 맛국물에 주재료를 사용하여 맛과 향을 중요시하게 조리할 수 있다.
5. 다양한 식재료를 이용하여 조림을 할 수 있다.
6. 면 재료를 이용하여 양념, 국물과 함께 제공하여 조리할 수 있다.
7. 식사로 사용되는 밥 짓기, 녹차 밥, 덥밥류, 죽류를 조리할 수 있다.
8. 손질한 식재료를 혼합초를 이용하여 초회를 조리할 수 있다.

실기검정방법	작업형	시험시간	1시간 정도

필 기 과목명	주요항목	세부항목	세세항목
일식 조리 실무	1. 음식 위생관리	1. 개인 위생관리	1. 위생관리기준에 따라 조리복, 조리모, 앞치마, 조리안전화 등을 착용할 수 있다 2. 두발, 손톱, 손 등 신체청결을 유지하고 작업수행 시 위생습관을 준수할 수 있다. 3. 근무 중의 흡연, 음주, 취식 등에 대한 작업장 근무수칙을 준수할 수 있다. 4. 위생관련법규에 따라 질병, 건강검진 등 건강상태를 관리하고 보고할 수 있다.
		2. 식품위생 관리하기	1. 식품의 유통기한 · 품질 기준을 확인하여 위생적인 선택을 할 수 있다. 2. 채소 · 과일의 농약 사용여부와 유해성을 인식하고 세척할 수 있다. 3. 식품의 위생적 취급기준을 준수할 수 있다. 4. 식품의 반입부터 저장, 조리과정에서 유독성, 유해물질의 혼입을 방지할 수 있다.

필 기 과목명	주요항목	세부항목	세세항목
		3. 주방위생 관리하기	1. 주방 내에서 교차오염 방지를 위해 조리생산 단계별 작업공간을 구분하여 사용할 수 있다. 2. 주방위생에 있어 위해요소를 파악하고, 예방할 수 있다. 3. 주방, 시설 및 도구의 세척, 살균, 해충·해서 방제작업을 정기적으로 수행할 수 있다. 4. 시설 및 도구의 노후상태나 위생상태를 점검하고 관리할 수 있다. 5. 식품이 조리되어 섭취되는 전 과정의 주방 위생 상태를 점검하고 관리할 수 있다. 6. HACCP적용업장의 경우 HACCP관리기준에 의해 관리할 수 있다.
	2. 음식 안전관리	1. 개인안전 관리하기	1. 안전관리 지침서에 따라 개인 안전관리 점검표를 작성할 수 있다. 2. 개인안전사고 예방을 위해 도구 및 장비의 정리정돈을 상시 할 수 있다. 3. 주방에서 발생하는 개인 안전사고의 유형을 숙지하고 예방을 위한 안전수칙을 지킬 수 있다. 4. 주방 내 필요한 구급품이 적정 수량 비치되었는지 확인하고 개인 안전 보호 장비를 정확하게 착용하여 작업할 수 있다. 5. 개인이 사용하는 칼에 대해 사용안전, 이동안전, 보관안전을 수행할 수 있다. 6. 개인의 화상사고, 낙상사고, 근육팽창과 골절사고, 절단사고, 전기기구에 인한 전기 쇼크 사고, 화재사고와 같은 사고 예방을 위해 주의사항을 숙지하고 실천할 수 있다. 7. 개인 안전사고 발생 시 신속 정확한 응급조치를 실시하고 재발 방지 조치를 실행할 수 있다.

필 기 과목명	주요항목	세부항목	세세항목
		2. 장비 · 도구 안전작업 하기	1. 조리장비 · 도구에 대한 종류별 사용방법에 대해 주의사항을 숙지할 수 있다. 2. 조리장비 · 도구를 사용 전 이상 유무를 점검할 수 있다. 3. 안전 장비류 취급 시 주의사항을 숙지하고 실천할 수 있다. 4. 조리장비 · 도구를 사용 후 전원을 차단하고 안전수칙을 지키며 분해하여 청소할 수 있다. 5. 무리한 조리장비 · 도구 취급은 금하고 사용 후 일정한 장소에 보관하고 점검할 수 있다. 6. 모든 조리장비 · 도구는 반드시 목적 이외의 용도로 사용하지 않고 규격품을 사용할 수 있다.
		3. 작업환경 안전관리 하기	1. 작업환경 안전관리 시 작업환경 안전관리 지침서를 작성할 수 있다. 2. 작업환경 안전관리 시 작업장주변 정리 정돈 등을 관리 점검할 수 있다. 3. 작업환경 안전관리 시 제품을 제조하는 작업장 및 매장의 온 · 습도관리를 통하여 안전사고요소 등을 제거할 수 있다. 4. 작업장 내의 적정한 수준의 조명과 환기, 이물질, 미끄럼 및 오염을 방지할 수 있다. 5. 작업환경에서 필요한 안전관리시설 및 안전용품을 파악하고 관리할 수 있다. 6. 작업환경에서 화재의 원인이 될 수 있는 곳을 자주 점검하고 화재진압기를 배치하고 사용할 수 있다. 7. 작업환경에서의 유해, 위험, 화학물질을 처리기준에 따라 관리할 수 있다. 8. 법적으로 선임된 안전관리책임자가 정기적으로 안전교육을 실시하고 이에 참여할 수 있다.
	3. 일식 기초 조리 실무	1. 기본 칼 기술 습득 하기	1. 칼의 종류와 사용용도를 이해할 수 있다. 2. 기본 썰기 방법을 습득할 수 있다. 3. 조리목적에 맞게 식재료를 썰 수 있다. 4. 칼을 연마하고 관리할 수 있다.
		2. 기본 기능 습득하기	1. 일식 기본양념에 대한 지식을 설명할 수 있다. 2. 일식 곁들임에 대한 지식을 이해하고 습득할 수 있다. 3. 일식 기본 맛국물조리에 대한 지식을 이해하고 습득할 수 있다. 4. 일식 기본 재료에 대한 지식을 이해하고 습득할 수 있다.

필 기 과목명	주요항목	세부항목	세세항목
		3. 기본 조리방법 습득하기	1. 일식 조리도구의 종류 및 용도에 대하여 이해하고 습득할 수 있다. 2. 계량방법을 습득할 수 있다. 3. 일식 기본 조리법에 대한 지식을 이해하고 습득할 수 있다. 4. 조리 업무 전과 후의 상태를 점검할 수 있다.
	4. 일식 무침조리	1. 무침재료 준비하기	1. 식재료를 기초손질 할 수 있다 2. 무침양념을 준비할 수 있다. 3. 곁들임 재료를 준비할 수 있다.
		2. 무침조리하기	1. 식재료를 전처리할 수 있다. 2. 무침양념을 사용할 수 있다. 3. 식재료와 무침양념을 용도에 맞게 무쳐낼 수 있다.
		3. 무침담기	1. 용도에 맞는 기물을 선택할 수 있다. 2. 제공 직전에 무쳐낼 수 있다. 3. 색상에 맞게 담아낼 수 있다.
	5. 일식 국물조리	1. 국물재료 준비하기	1. 주재료를 손질하고 다듬을 수 있다. 2. 부재료를 손질할 수 있다. 3. 향미재료를 손질할 수 있다
		2. 국물우려내기	1. 물의 온도에 따라 국물재료를 넣는 시점을 조절할 수 있다. 2. 국물재료의 종류에 따라 불의 세기를 조절할 수 있다. 3. 국물재료의 종류에 따라 우려내는 시간을 조절할 수 있다.
		3. 국물요리조리하기	1. 맛국물을 조리할 수 있다. 2. 주재료와 부재료를 조리할 수 있다. 3. 향미재료를 첨가하여 국물요리를 완성할 수 있다.
	6. 일식 조림조리	1. 조림재료 준비하기	1. 생선, 어패류, 육류를 재료의 특성에 맞게 손질할 수 있다. 2. 두부, 채소, 버섯류를 재료의 특성에 맞게 손질할 수 있다. 3. 메뉴에 따라 양념장을 준비할 수 있다.
		2. 조림조리하기	1. 재료에 따라 조림양념을 만들 수 있다. 2. 식재료의 종류에 따라 불의 세기와 시간을 조절할 수 있다. 3. 재료의 색상과 윤기가 살아나도록 조릴 수 있다.
		3. 조림담기	1. 조림의 특성에 따라 기물을 선택할 수 있다. 2. 재료의 형태를 유지할 수 있다. 3. 곁들임을 첨가하여 담아낼 수 있다.

필 기 과목명	주요항목	세부항목	세세항목
	7. 일식 면류조리	1. 면 재료 준비하기	1. 면류의 식재료를 용도에 맞게 손질할 수 있다. 2. 면 요리에 맞는 부재료와 양념을 준비할 수 있다. 3. 면 요리의 구성에 맞는 기물을 준비할 수 있다.
		2. 면 국물 조리하기	1. 면 요리의 종류에 맞게 맛국물을 조리할 수 있다. 2. 주재료와 부재료를 조리할 수 있다. 3. 향미재료를 첨가하여 면 국물조리를 완성할 수 있다.
		3. 면 조리하기	1. 면 요리의 종류에 맞게 맛국물을 준비할 수 있다. 2. 부재료는 양념하거나 익혀서 준비할 수 있다. 3. 면을 용도에 맞게 삶아서 준비할 수 있다.
		4. 면 담기	1. 면 요리의 종류에 따라 그릇을 선택할 수 있다. 2. 양념을 담아낼 수 있다. 3. 맛국물을 담아낼 수 있다.
	8. 일식 밥류조리	1. 밥 짓기	1. 쌀을 씻어 불릴 수 있다. 2. 조리법(밥, 죽)에 맞게 물을 조절할 수 있다. 3. 밥을 지어 뜸들이기를 할 수 있다.
		2. (녹차) 밥 조리하기	1. 맛국물을 낼 수 있다. 2. 메뉴에 맞게 기물선택을 할 수 있다. 3. 밥에 맛국물을 넣고 고명을 선택할 수 있다.
		3. 덮밥소스 조리하기	1. 덮밥용 맛국물을 만들 수 있다. 2. 덮밥용 양념간장을 만들 수 있다. 3. 덮밥재료에 따른 소스를 조리하여 덮밥을 만들 수 있다.
		4. 덮밥류 조리하기	1. 덮밥의 재료를 용도에 맞게 손질할 수 있다. 2. 맛국물에 튀기거나 익힌 재료를 넣고 조리할 수 있다. 3. 밥 위에 조리된 재료를 놓고 고명을 곁들일 수 있다.
		5. 죽류 조리하기	1. 맛국물을 낼 수 있다. 2. 용도(쌀, 밥)에 맞게 주재료를 조리할 수 있다. 3. 주재료와 부재료를 사용하여 죽을 조리할 수 있다.

필 기 과목명	주요항목	세부항목	세세항목
	9. 일식 초회조리	1. 초회재료 준비하기	1. 식재료를 기초손질 할 수 있다. 2. 혼합초 재료를 준비할 수 있다. 3. 곁들임 양념을 준비할 수 있다.
		2. 초회조리하기	1. 식재료를 전처리할 수 있다. 2. 혼합초를 만들 수 있다. 3. 식재료와 혼합초의 비율을 용도에 맞게 조리할 수 있다.
		3. 초회담기	1. 용도에 맞는 기물을 선택할 수 있다. 2. 제공 직전에 무쳐낼 수 있다. 3. 색상에 맞게 담아낼 수 있다.
	10. 일식 찜조리	1. 찜재료 준비하기	1. 메뉴에 따라 재료의 특성을 살려 손질할 수 있다. 2. 고명, 부재료, 향신료를 조리법에 맞추어 손질할 수 있다. 3. 양념재료를 준비할 수 있다.
		2. 찜 소스 조리하기	1. 메뉴에 따라 재료의 특성을 살려 맛국물을 준비할 수 있다. 2. 찜 소스를 찜의 종류와 특성에 따라 조리법에 맞추어 조리할 수 있다. 3. 첨가되는 찜 소스의 양을 조절하여 조리할 수 있다.
		3. 찜 조리하기	1. 찜통을 준비할 수 있다. 2. 찜 양념을 만들 수 있다. 3. 식재료의 종류에 따라 불의 세기와 시간을 조절할 수 있다. 4. 재료에 따라 찜조리를 할 수 있다.
		4. 찜담기	1. 찜의 특성에 따라 기물을 선택할 수 있다. 2. 재료의 형태를 유지할 수 있다. 3. 곁들임을 첨가하여 완성할 수 있다.
	11. 일식 롤 초밥조리	1. 롤 초밥재료 준비하기	1. 초밥용 밥을 준비할 수 있다. 2. 롤초밥의 용도에 맞는 재료를 준비할 수 있다. 3. 고추냉이(가루, 생)와 부재료를 준비할 수 있다.
		2. 롤 양념초 조리하기	1. 초밥용 배합초의 재료를 준비할 수 있다. 2. 초밥용 배합초를 조리할 수 있다. 3. 용도에 맞게 다양한 배합초를 준비된 밥에 뿌릴 수 있다.
		3. 롤 초밥 조리하기	1. 롤초밥의 모양과 양을 조절할 수 있다. 2. 신속한 동작으로 만들 수 있다. 3. 용도에 맞게 다양한 롤초밥을 만들 수 있다.

필 기 과목명	주요항목	세부항목	세세항목
		4. 롤 초밥 담기	1. 롤초밥의 종류와 양에 따른 기물을 선택할 수 있다. 2. 롤초밥을 구성에 맞게 담을 수 있다. 3. 롤초밥에 곁들임을 첨가할 수 있다. 4. 롤초밥에 대나무 잎 등을 잘라 장식할 수 있다.
	12. 일식 구이조리	1. 구이재료 준비하기	1. 식재료를 용도에 맞게 손질할 수 있다. 2. 식재료에 맞는 양념을 준비할 수 있다. 3. 구이용도에 맞는 기물을 준비할 수 있다.
		2. 구이 조리하기	1. 식재료의 특성에 따라 구이방법을 선택할 수 있다. 2. 불의 강약을 조절하여 구워낼 수 있다. 3. 재료의 형태가 부서지지 않도록 구울 수 있다.
		3. 구이 담기	1. 모양과 형태에 맞게 담아낼 수 있다. 2. 양념을 준비하여 담아낼 수 있다. 3. 구이종류의 특성에 따라 곁들임을 함께 제공할 수 있다.

2. 일식조리산업기사

개요

외식산업이 점점 대형화 · 전문화하면서 조리업무 전반에 대한 기술 · 인력 · 경영관리를 담당할 전문인력의 필요성이 커지고 있다. 이에 따라 정부는 기존의 기능만을 평가하는 조리기능사 자격으로는 외식산업 발전에 한계가 있다고 보고 조리산업 중간관리자의 기술과 관리능력을 평가하는 조리산업기사 자격을 신설했다. 일식조리산업기사는 외식업체 등 조리산업 관련기관에서 조리업무가 효율적으로 이뤄질 수 있도록 관리하는 역할을 맡는다. 일식조리부문에 배속되어 제공될 음식에 대한 계획을 세우고 조리할 재료를 선정, 구입, 검수하고 선정된 재료를 적정한 조리기구를 사용하여 조리 업무를 수행하며 또한 음식을 제공하는 장소에서 조리시설 및 기구를 위생적으로 관리, 유지하고, 필요한 각종 재료를 구입, 위생학적, 영양학적으로 저장 관리하면서 제공될 음식을 조리하여 제공하는 직종이다.

수행직무

메뉴 계획에 따라 식재료를 선정, 구매, 검수, 보관 및 저장하며, 맛과 영양을 고려하여 안전하고 위생적으로 음식을 조리하고 조리기구와 시설관리 및 급식 · 외식경영을 수행하는 직무

진로 및 전망

식품접객업 및 집단 급식소 등에서 조리사로 근무하거나 운영이 가능함. 업체간, 지역 간의 이동이 많은 편이고 고용과 임금에 있어서 안정적이지는 못한 편이지만, 조리에 대한 전문가로 인정받게 되면 높은 수익과 직업적 안정성을 보장

받게 된다.

- 식품위생법상 대통령령이 정하는 식품접객영업자(복어조리,판매영업 등)와 집단급식소의 운영자는 조리사 자격을 취득하고, 시장 · 군수 · 구청장의 면허를 받은 조리사를 두어야 한다.

※ 관련법 : 식품위생법 제34조, 제36조, 같은법 시행령 제18조, 같은법 시행규칙 제46조

실시기관 홈페이지

http://q-net.or.kr

실시기관명

한국산업인력공단

실기과제

유형	과제내용			시험시간
1	튀김덮밥	도미냄비	삼색갱	1시간 40분
2	닭양념튀김	모둠냄비	삼색갱	
3	광어회	소고기양념튀김	고등어간장구이	
4	된장국	꼬치냄비	모둠튀김	
5	광어회	튀김우동	달걀말이	

시험시간
1시간 40분

튀김덮밥, 도미냄비, 삼색갱(1유형)

요구사항

※ 위생과 안전에 유의하여 주어진 재료로 다음과 같이 만드시오.

가. 튀김덮밥

1. 새우, 오징어, 가지, 생표고버섯을 튀겨 밥 위에 올려내시오.
2. 덮밥용 다시(덴동다시)를 만들어 사용하시오.

나. 도미냄비

1. 손질한 도미의 머리는 반으로, 몸통은 5~6cm 정도로 잘라 도미에 소금을 뿌려 전처리하시오.
2. 도미는 데친 후 불순물을 제거하시오.
3. 당근은 매화꽃, 무는 은행잎 모양으로 만들어 익혀내시오.
4. 초간장(폰즈)과 양념(야쿠미)을 만들어 내시오.

다. 삼색갱

1. 오이, 당근, 무는 10cm 정도의 폭으로 얇게 돌려깎기하시오.
2. 각각의 채소를 적당한 길이로 가늘게 써시오.
3. 채썬 채소는 씻어 물기를 제거한 후 담아내시오.

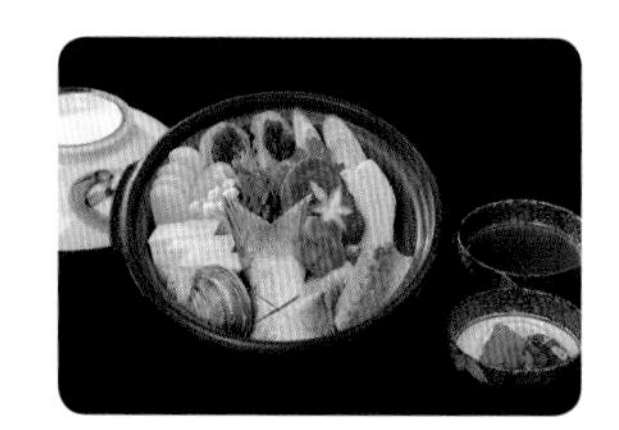

수험자 유의사항

※ 다음 유의사항을 고려하여 요구사항을 완성합니다.

1. 조리산업기사로서 갖추어야 할 숙련도, 재료관리, 작품의 예술성을 나타내어야 합니다.
2. 지정된 시설을 사용하고, 지급재료 및 지참공구목록 이외의 조리기구는 사용할 수 없으며, 지참공구목록에 없는 단순 조리기구(수저통 등) 지참 시 시험위원에게 확인 후 사용합니다.
3. 지급재료는 1회에 한하여 지급되며 재지급은 하지 않습니다.
   (단, 수험자가 시험 시작 전 지급된 재료를 검수하여 재료가 불량하거나 양이 부족하다고 판단될 경우에는 즉시 시험위원에게 통보하여 교환 또는 추가지급을 받도록 합니다.)
4. 요구사항의 규격은 "정도"의 의미를 포함하며, 지급된 재료의 크기에 따라 가감하여 채점됩니다.
5. 위생복, 위생모, 앞치마, 마스크를 착용하여야 하며, 시험장비, 가스레인지(가스밸브 개폐기 사용), 조리도구 등을 사용할 때에는 안전사고 예방에 유의합니다.
6. 다음 사항은 실격에 해당하여 채점 대상에서 제외됩니다.
   가) 수험자 본인이 시험 도중 시험에 대한 포기 의사를 표현하는 경우
   나) 위생복, 위생모, 앞치마, 마스크를 착용하지 않은 경우
   다) 시험시간 내에 과제를 모두 제출하지 못한 경우
   라) 문제의 요구사항대로 과제의 수량이 만들어지지 않은 경우
   마) 완성품을 요구사항의 과제(요리)가 아닌 다른 요리(예, 달걀말이 → 달걀찜)로 만들었거나 요구사항에 없는 과제(요리)를 추가하여 만든 경우
   바) 불을 사용하여 만든 과제가 과제특성에 벗어나는 정도로 타거나 익지 않은 경우
   사) 요구사항의 조리기구(석쇠 등)를 사용하여 완성품을 조리하지 않은 경우
   아) 수험자 지참준비물 이외 조리기술에 영향을 줄 수 있는 기구를 사용한 경우
   자) 시험 중 시설 · 장비(칼, 가스레인지 등) 사용 시 시험위원 및 타 수험자의 시험 진행에 위해를 일으킬 것으로 시험위원 전원이 합의하여 판단한 경우
   차) 요구사항에 표시된 실격 및 부정행위에 해당하는 경우
7. 완료된 과제는 지정한 장소에 시험시간 내에 제출하여야 합니다.
8. 가스레인지 화구는 2개까지 사용 가능합니다.
9. 과제를 제출한 다음 본인이 조리한 장소의 주변을 깨끗이 청소하고 조리기구를 정리 정돈한 후 시험위원의 지시에 따라 퇴실합니다.
10. 시험시작 전 가벼운 몸 풀기(스트레칭) 동작으로 긴장을 풀고 시험을 시작합니다.

지급재료목록(총재료)

재료명	규격	단위	수량	비고
새우	30~40g, 껍질 있는 것	마리	2	
오징어	몸살	g	50	
생표고버섯		개	2	
쌀	불린 것	g	150	
가지		개	1/2	
도미	500g 정도	마리	1	
배추		g	70	
두부		g	60	
죽순		g	50	
달걀		개	1	
밀가루	박력분	g	120	
당근		개	1	
오이		개	1	
무		g	300	둥근 모양으로 지급
팽이버섯		g	30	
건다시마	5X10cm	장	1	
쑥갓		g	30	
실파		g	20	
흰 설탕		g	30	
가다랑어포(가쓰오부시)		g	5	
진간장		mL	60	
대파	흰 부분(10cm 정도)	토막	1	
맛술(미림)		mL	40	
소금		g	20	
식초		mL	30	
청주		mL	20	
고춧가루		g	5	
식용유		mL	600	
레몬		개	1/4	

지급재료목록(과제별)

1. 튀김덮밥	2. 도미냄비	3. 삼색갱
새우	도미	무
오징어	배추	오이
생표고버섯	무	당근
쌀	당근	
가지	두부	
밀가루	죽순	
달걀	팽이버섯	
흰 설탕	생표고버섯	
진간장	쑥갓	
맛술(미림)	대파	
가다랑어포(가쓰오부시)	건다시마	
식용유	소금	
소금	청주	
	고춧가루	
	실파	
	진간장	
	식초	
	레몬	

덴푸라노 돈부리(덴동)

튀김덮밥

天婦羅の丼(天丼) : てんぷらのどんぶり(てんどん), Tempura on Rice

조리법

1. 찬물 1컵을 넣고 끓으면 가다랑어포(가쓰오부시)를 넣은 뒤 바로 불을 끄고 5분 정도 후 면포를 이용하여 걸러 다시 물을 만든다.
2. 불린 쌀을 냄비에 동량(쌀:물)으로 넣어 밥을 짓는다.
3. 새우는 머리를 제거하고 꼬리 1마디를 남기고 껍질과 내장을 제거한다. 꼬리 부분의 물총을 제거하고 안쪽(배)에 대각선으로 칼집을 3~5회 넣고 뒤집어 등을 눌러가며 길게 10cm 정도 늘려준다.
4. 오징어는 껍질을 제거하고 칼집을 좌우 대각선(솔방울 모양)으로 넣어 2×8cm 정도로 자른다. 가지는 5cm 정도로 잘라 길게 4등분하여 속을 잘라낸 뒤 한쪽을 남기고 여러 개의 칼집을 넣고 생표고버섯은 윗면을 별 모양으로 깎는다.
5. 박력분은 체에 걸러 준비해 둔다.
6. 모든 재료(새우, 오징어, 가지, 생표고버섯)에 박력분을 묻혀준다.
7. 찬물에 달걀노른자 체 친 박력분을 넣어 젓가락으로 저어 튀김반죽을 만들고 튀김 재료에 묻혀 예열된 기름 160℃~165℃ 정도의 온도에서 색에 유의하며 튀긴다.
8. 튀김이 떠오르면 묽은 튀김반죽을 뿌려 튀김 꽃을 만든 다음 노릇하게 튀겨지면 건져서 기름을 제거한다.
9. 다시물 5Ts, 진간장 2Ts, 맛술 2Ts, 흰 설탕 1Ts를 냄비에 넣고 설탕이 녹을 때까지 살짝 끓여 덮밥용 다시(덴동다시)를 만든다.
10. 덮밥 그릇에 밥을 담은 후 튀긴 새우, 오징어, 가지, 생표고버섯을 세워서 보기 좋게 담는다.
11. 종지에 덮밥용 다시(덴동다시)를 담아낸다.

주의사항

1. 튀김반죽의 농도에 유의하여 튀김 꽃을 만든다.
2. 불린 쌀을 물과 동량으로 하여 밥이 질지 않도록 한다.
3. 무늬와 색을 나타내기 위해 생표고버섯은 칼집 모양에, 가지는 표면 쪽에 튀김옷을 입혀주지 않도록 한다.
4. 덮밥용 다시는 뜨겁게 준비하였다가 제출 전에 덮밥 위에 부어서 담아낸다.

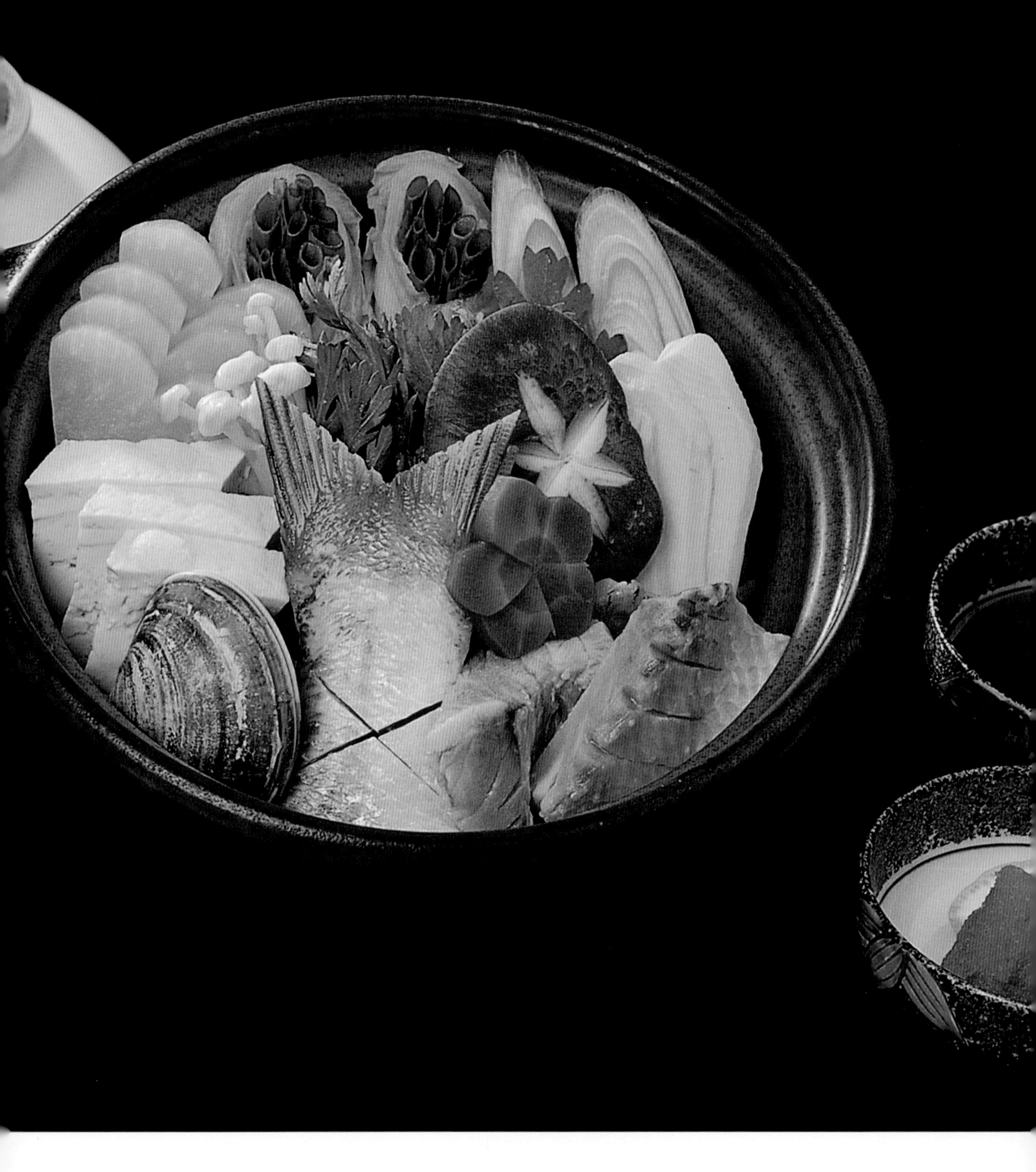

다이지리나베

도미냄비

鯛ちり鍋 : たいちりなべ, Boiled Sea Bream with Vegetables

조리법

1. 도미는 비늘을 긁어내고, 깨끗이 씻어 내장을 제거하여 3장뜨기한다. 살은 먹기 좋게 적당한 크기로 잘라 소금을 뿌려놓고, 머리는 반으로 갈라 끓는 물에 살짝 데쳐 시모후리하여 남은 비늘과 피 등을 제거한다.
2. 무와 당근, 배추 등은 끓는 물에 삶아서 각기 꽃모양을 내고 죽순도 삶아서 사용한다.
3. 대파는 4cm 길이로 어슷하게 자르고, 생표고버섯은 '*' 모양을 내어 준비해 놓는다.
4. 팽이버섯은 밑동을 제거하여 갈라놓고, 두부는 두툼하게 죽순은 1~2mm 정도로 썰어놓는다.
5. 쑥갓은 씻어 찬물에 담가둔다.
6. 다시마와 가다랑어포를 이용하여 다시를 만들어놓고, 폰즈 및 야쿠미도 만들어둔다.
7. 실파는 가늘게 채썰어 물에 헹궈놓고, 무는 즙을 내어 고춧가루로 모미지오로시를 만들어놓는다.
8. 준비된 냄비에 쑥갓을 제외한 모든 재료들을 보기 좋게 담아, 다시물을 재료만큼 부어 소금과 청주로 간을 하며 끓인다.
9. 끓기 시작하면 불을 줄이고 거품을 걷어내면서, 약한 불로 끓이다가 쑥갓을 얹어 완성한 후 폰즈와 야쿠미를 곁들여 제출한다.

주의사항

1. 지리는 담백하고 개운한 맛을 내야 하므로 신선한 도미를 사용해야 한다.
2. 도미 머리를 데친 후, 속에 응고되어 있는 피를 반드시 제거해야 지리 국물에서 씁쓸한 맛이나, 비린내가 나지 않는다.
3. 끓을 때 거품을 걷어내야 하며, 너무 센 불이 가해지거나 오래 끓이면 국물이 탁해지기 쉬우므로 특히 주의해야 한다.
4. 야채는 쑥갓 외에는, 어느 하나라도 덜 익거나 너무 익히면 안 되고, 똑같이 익은 상태여야 한다.
5. 완성 시 모든 재료가 조금씩이라도 보이도록 잘 정돈해서 제출하도록 한다.

용어 해설

1. 도미(鯛 : たい; sea bream)

도미는 돔科의 바다고기의 총칭이며, 세계적으로 100여 종이 있으나 근해에는 약 13종이 서식하고 있다. 도미과에 속하는 것으로는 참돔속, 붉돔속, 청돔속, 감성돔속, 실붉돔속, 황돔속 등이 있으며, 대표적인 것으로는 참돔을 꼽을 수 있다. 참돔의 경우 큰 것은 최대 길이가 1m가 넘는 것도 있으며, 꼬리 끝 쪽이 검은 것이 특징이다. 최상품은 적색을 띠고 있으며, 배는 백색에 가까운 미색이고, 몸체 옆부분은 코발트색의 무늬가 산재해 있기도 하다. 4~6월이 산란기이며 우리나라와 대만, 중국 등에 분포한다. 수심 20~200m의 대륙붕에 살며, 새우 등의 작은 갑각류와 오징어류, 조개류, 갯지렁이 등의 저생동물을 먹으며, 죽은 것은 먹지 않는다. 인공적인 양식으로 생산된 것이 자연산 천연어보다 성장속도가 빠르고, 지방성분이 많다.

▸ 성분 : 수분 75~77%, 단백질 20%, 지방질 1.7~3.4%, 미네랄·비타민 약간씩

2. 日本料理에 있어서의 도미

구삿테모다이(腐っても鯛 : くさってもだい)라는 일본속담이 있다. 직역하면 "썩어도 도미"라고 할 수 있는데, 이것은 우리 속담의 "썩어도 준치"에서 '도미'와 '준치'라는 생선의 이름만 다를 뿐, 그 뜻은 마찬가지라 할 수 있다. "도미"라고 하는 생선의 상품성과 귀중함을 잘 대변해 주는 말이다. 도미는 고급 어종으로 일본인들의 식탁에 자주 오르는 아주 친숙한 생선이고, 조리 시 머리부터 꼬리까지 버릴 것이 거의 없는 소중한 식재료이며, 그 조리법 또한 회, 초밥, 구이, 조림, 지리 등 다양하다.

3. 지리나베(ちり鍋 : ちりなべ) : 지리냄비

생선 등을 주재료로 하여 두부, 계절야채 등을 하나의 냄비에서 끓이면서 폰즈를 곁들여 먹는 냄비요리로 간단히 '지리'라고도 한다. 주로 냄새가 없는 신선한 흰살생선인 대구, 도미, 복, 아귀 등을 사용한다. 지리'라는 명칭은 지리나베가 끓은 때의 모습이 마치 지리지리(ちりちり; 쪼글쪼글, 오글오글)하는 것 같다는 데서 유래되었다고 한다.

4. 산마이오로시(三枚卸 : さんまいおろし) : 3장뜨기

생선을 손질하는 방법 중 하나. 보통 생선을 눕혀놓았을 때 위에 있는 살, 중간 뼈, 아래에 있는 살의 3장으로 뜨기를 해서 지어진 이름. 물로 씻은 생선을 먼저 둘로 가른 다음, 중간 뼈에 붙은 것을 뒤집어 칼을 넣어 살을 발라 떼어내는 것을 말한다.

5. 시모후리(霜降 : しもふり) : 데치기

어류나 육류 등을 이용하기 전의 처리법 중 하나. 표면이 하얗게 되는 정도로만 재료에 끓는 물을 뿌리거나, 끓는 물에 재료를 담가내는 것. 또는 직접 불을 가하는 것을 말함. 가열 후 바로 냉수에 담가 차갑게 하여, 표면의 미끄러운 액체, 비늘, 피, 냄새, 지방, 여분의 수분 등을 제거함과 동시에, 표면을 응고시켜 본래의 맛이 달아나지 않도록 하는 데 목적이 있다. 이러한 조리작업은 표면이 하얗게 변한 것이 마치, 서리가 내린 것 같다고 하여 시모후리라 전해지고 있다.

6. 폰즈(ポン酢) : 초간장

폰즈 쇼유(ポン酢 醬油 : ポンズ しょうゆ)의 약어로 오란다語의 pons에서 유래된 단어로, 본래는 레몬이나 スダチ 등을 이용한 果汁酢의 뜻을 가지고 있지만, 식초와 간장을 섞은 초간장으로서 생선회나 초회, 지리냄비 등의 요리에 곁들여 먹는 소스의 일종으로 더 알려져 있다. '지리스(ちりす)'라고도 한다.

▸ 만드는 법

간장 2Ts, 식초 2Ts, 다시 2Ts, 청주 1ts, 미림 1ts, 설탕 1ts, 조미료를 약간 섞고, 레몬이나 유자즙을 약간 뿌려주면 된다. 청주가 없으면 미림을, 미림도 없으면 다시를 그 양만큼 더 넣는다.

7. 야쿠미(薬味 : やくみ) : 양념

요리에 첨가하는 향신료나 양념을 말한다. 요리에 조금 첨가하여 먹으면, 훨씬 더 좋은 맛을 내거나 향기를 발하여, 식욕을 증진시키는 역할을 한다. 여기에서는 실파 채썬 것과 레몬, 모미지오로시를 담은 것을 말한다.

8. 모미지오로시(紅葉卸 : もみじおろし) : 빨간 무즙

고추즙에 무즙을 개어 빨간색을 띤 무즙을 말한다. 색은 단풍이 물든 것처럼 적색을 띠고 있어, 모미지(もみじ; 단풍)라는 이름을 붙였다. 아카오로시(赤卸 : あかおろし)라고도 하며, 폰즈에 곁들이거나, 초회 등의 덴모리(天盛り : てんもり; 고명같이 음식 위에 얹는 것)나 복껍질무침 등에 사용된다.

무 은행잎 만들기

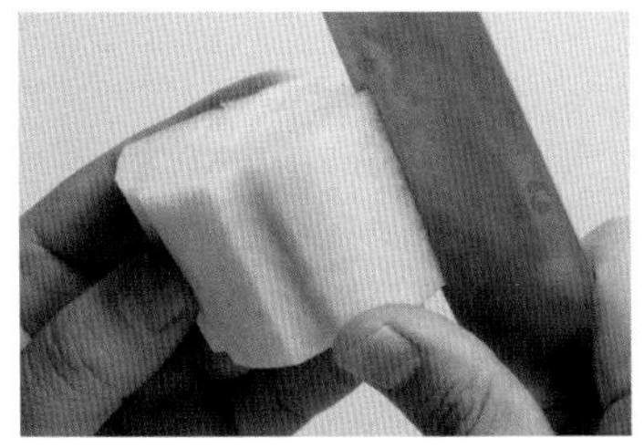

1. 삶아낸 반달모양 무의 세 곳에 칼집을 넣어준다.

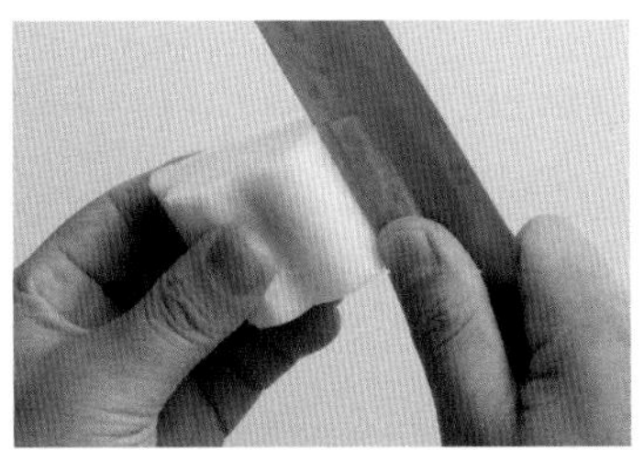

2. 칼집 넣은 곳을 둥글게 깎아낸다.

3. 전체적으로 둥글게 깎아낸 모습

4. 모서리진 곳을 다듬어 멘도리해 준다.

당근 매화꽃 만들기

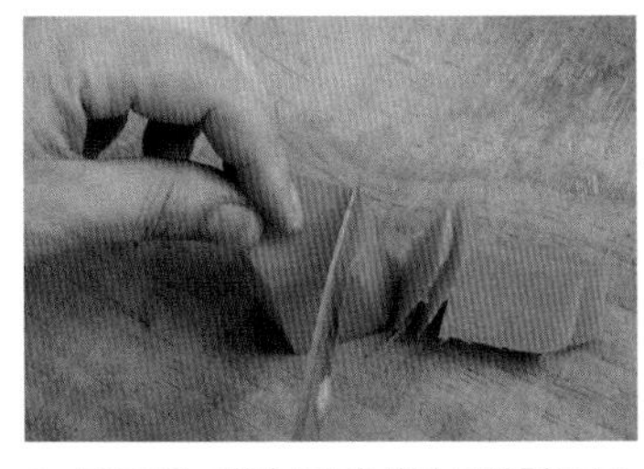

1. 당근을 삶아 토막내어 5각형으로 자른다.

2. 각 변 중앙에 칼집을 넣어 파낸다.

3. 칼집을 넣어 파낸 곳을 둥글게 깎아낸다.

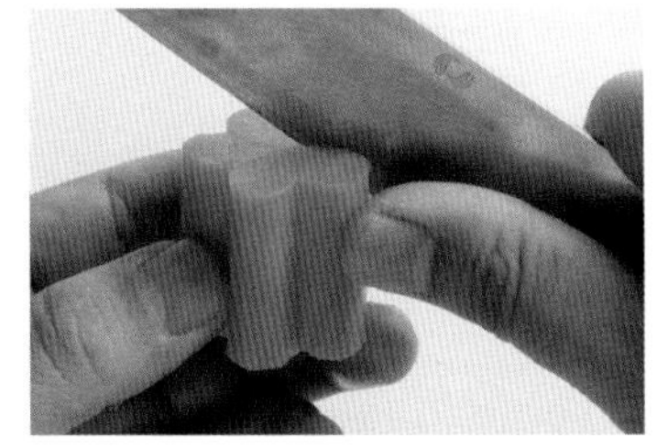

4. 꽃의 파인 부분부터 중앙까지 칼집을 넣는다.

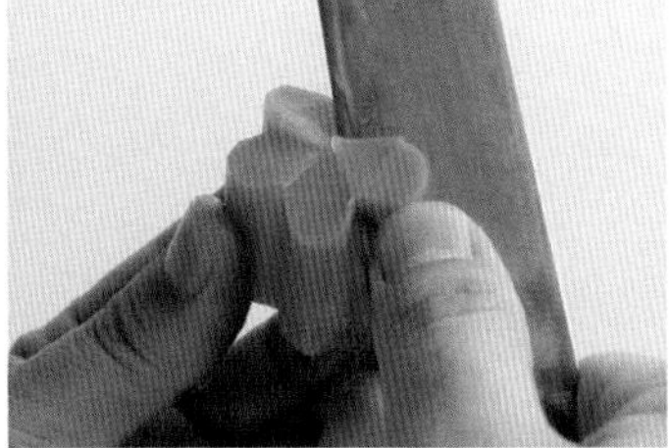

5. 칼집 넣은 곳을 꽃잎 따듯이 잘라 낸다.

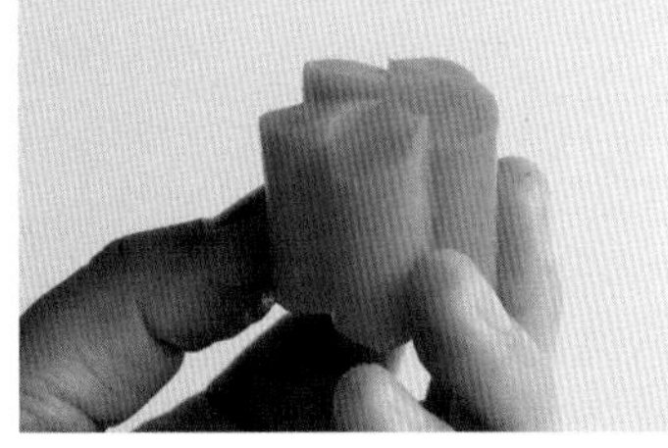

6. 완성된 모습

도미 손질하는 방법

1. 도미를 물로 씻어 머리를 잡고 비늘을 친다.

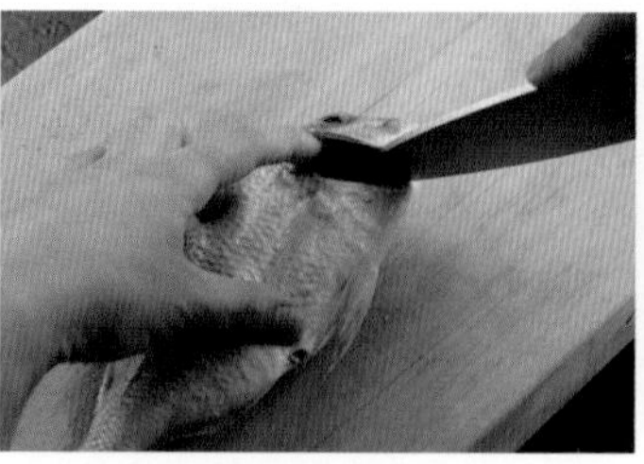

2. 아가미에 칼집을 넣어 아가미살과 분리시킨다.

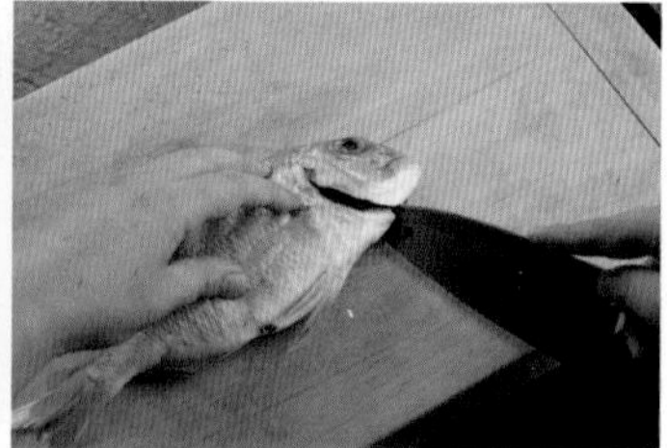

3. 아가미살 단단한 부분에 칼을 넣어 가른다.

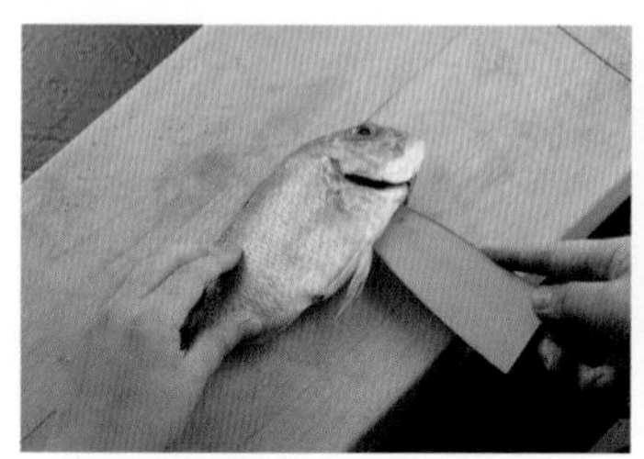

4. 내장 부분 전까지만 힘을 주어 깊게 가른다.

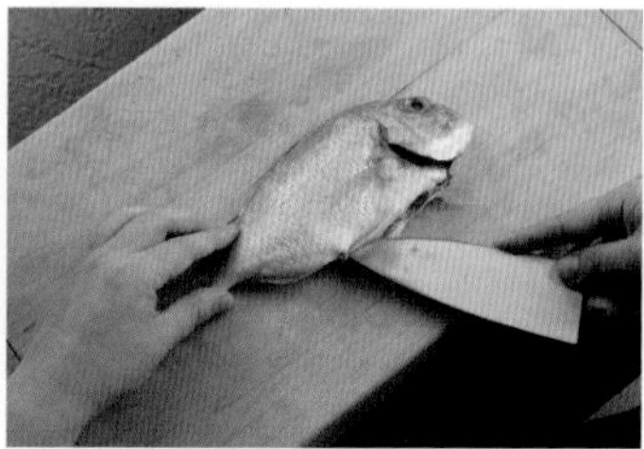

5. 배부분의 내장이 상하지 않게 칼끝으로 가른다.

6. 아가미 끝부분을 칼끝으로 떼어 낸다.

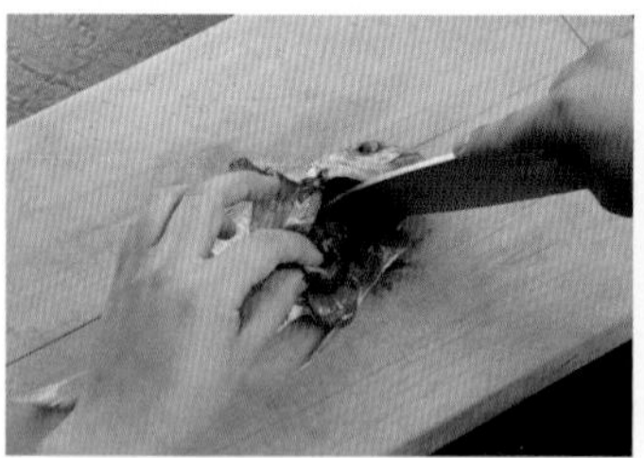

7. 아가미를 손으로 잡고 반대쪽을 떼어낸다.

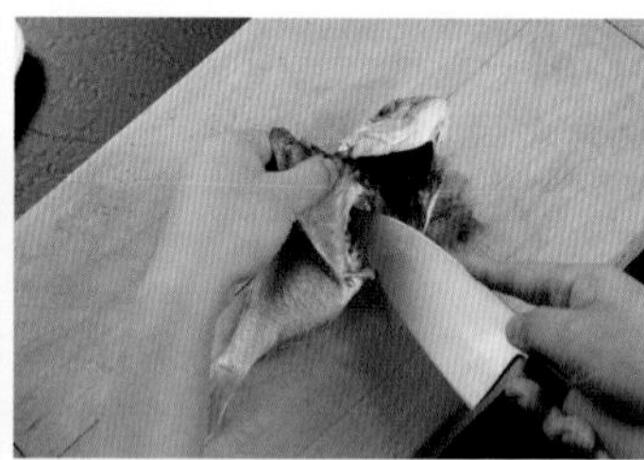

8. 내장까지 떼어내고 부레에 칼집을 넣어준다.

9. 등지느러미 끝부분에서 꼬리를 잘라준다.

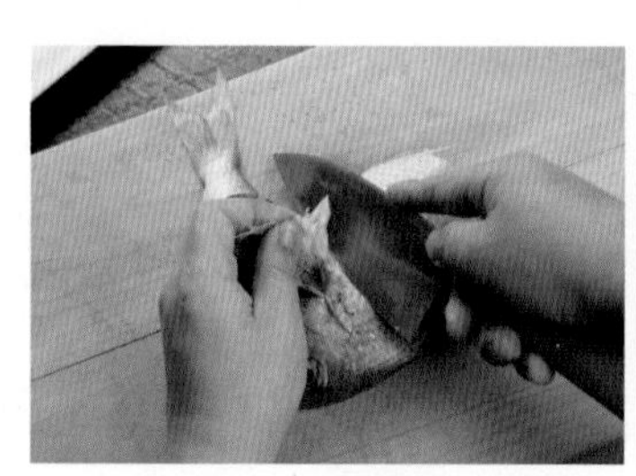

10. 밑지느러미 부분부터 머리와 몸 사이를 가른다.

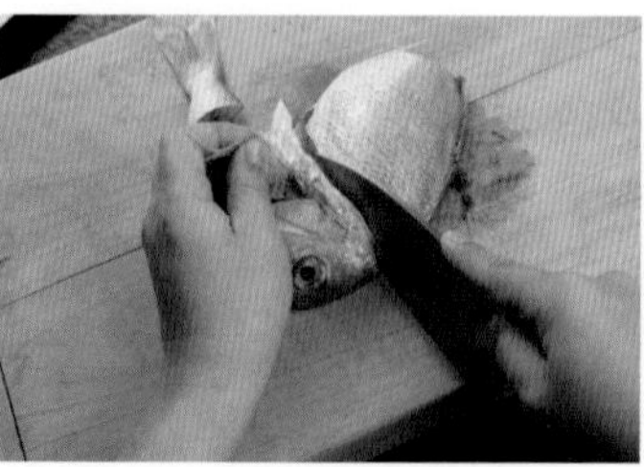

11. 머리 목 뒤 큰 뼈까지 갈라준다.

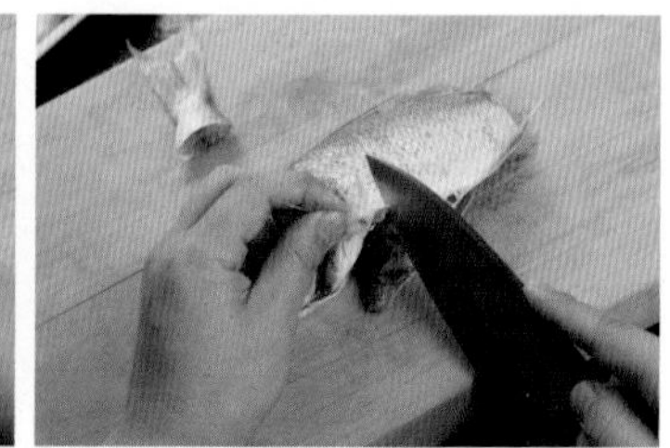

12. 반대쪽도 지느러미 부분부터 몸 사이를 가른다.

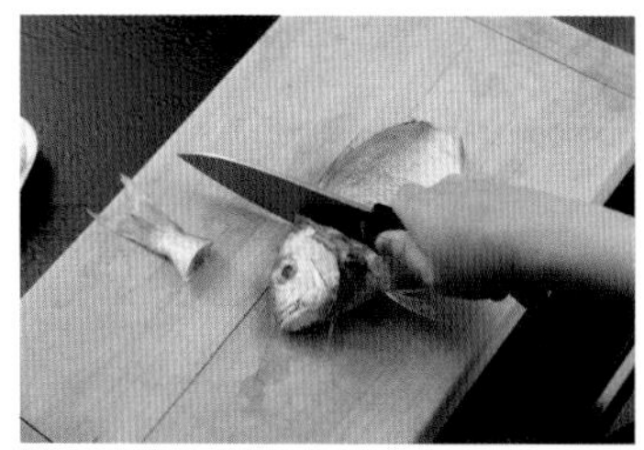

13. 목의 단단한 뼈를 잘라 머리와 몸을 분리시킨다.

14. 몸통 지느러미 부분에 칼집을 넣는다.

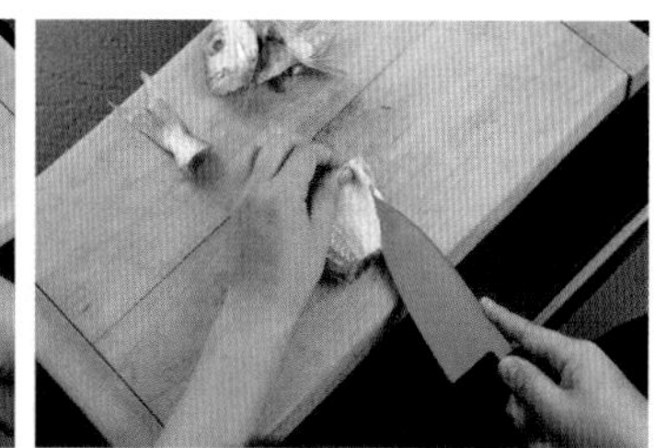

15. 칼집을 넣은 후에 3장뜨기를 시작한다.

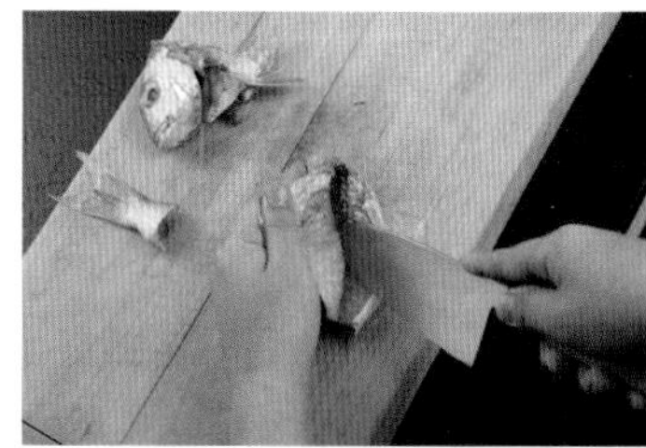

16. 중심부 단단한 뼈를 칼끝으로 절단하고 가른다.

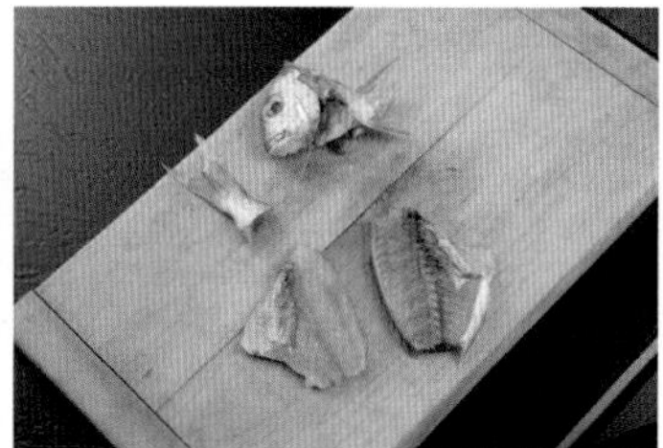

17. 2장뜨기한 모습

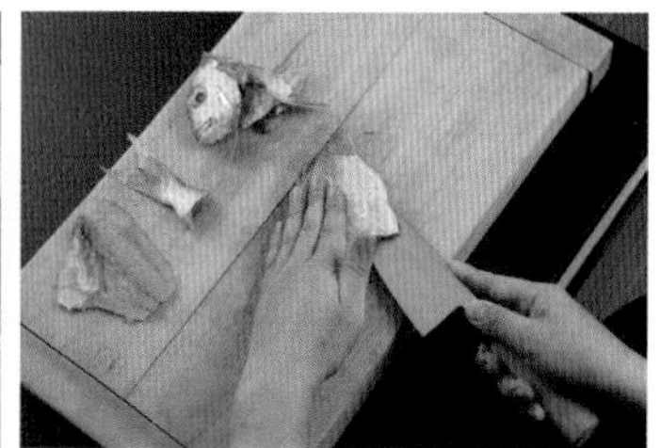

18. 반대쪽도 칼을 넣어 뼈와 살을 분리한다.

19. 3장뜨기 완성모습

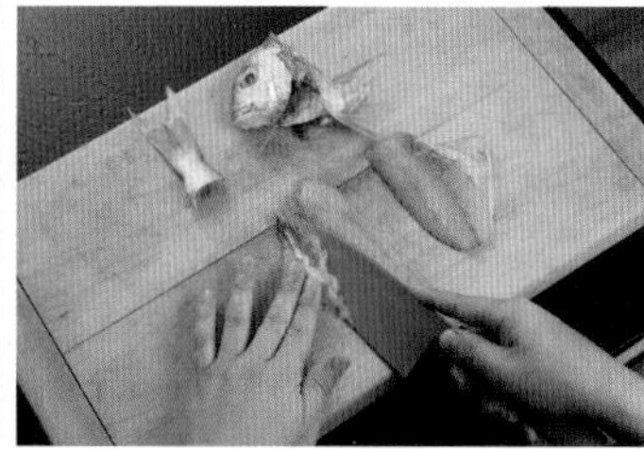

20. 배부분의 가시를 제거한다.

21. 꼬리 끝부분을 V자로 칼집을 넣어 손질한다.

22. 머리를 세워 윗니 사이로 칼끝을 넣는다.

23. 칼을 작두질하듯 힘을 주어 머리를 가른다.

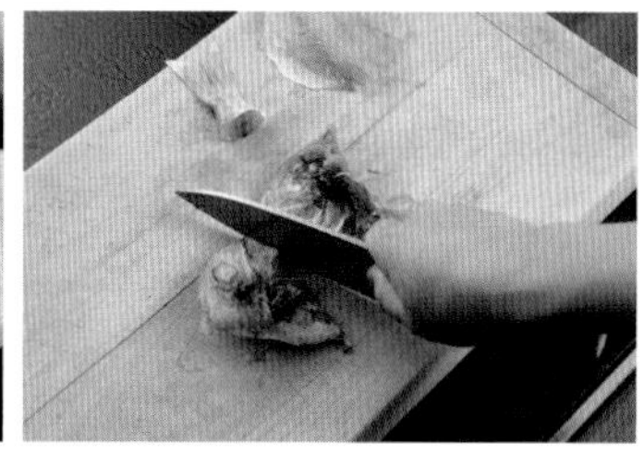

24. 머리를 가른 다음 아가미살 붙은 부분을 자른다.

겡
삼색갱
けん

조리법

1. 삼색 채소(무, 오이, 당근)는 잘 씻어서 준비한다.
2. 오이는 잔가시를 제거하고 소금으로 문질러 10cm 정도의 폭으로 잘라 속이 나올 때까지 돌려깎기(가쓰라무키 かつらむき, 桂剝き)하여 채썬다.
3. 무는 10cm 정도로 잘라 껍질을 제거하면서 동시에 얇게 돌려깎기(가쓰라무키 かつらむき, 桂剝き)한다.
4. 당근도 무와 같이 돌려깎기(가쓰라무키 かつらむき, 桂剝き)한다.
5. 돌려깎기한 오이, 무, 당근은 가늘게 채썰어 찬물에 담가둔다.
6. 싱싱해진 오이, 무, 당근은 2~3회 헹궈준 후 물기를 제거하고 일정한 양으로 모양을 잡아 접시에 보기 좋게 담는다.

주의사항

1. 일본요리에서 가쓰라무키(かつらむき, 桂剝き)는 가장 기본적인 칼질에 해당되므로, 가급적 얇고 고르게 돌려깎기 연습을 꾸준하게 하도록 한다.
   - 세 가지 색의 겡(けん, 채)을 최대한 얇게 깎아야 하고 돌려깎을 때 될 수 있으면 끊어지지 않게 주의한다.
   - 오이가 가장 연하여 비교적 하기 쉬우니 처음에는 오이로 연습하고, 당근은 너무 단단하여 자칫 손을 다칠 수 있으니 주의하도록 한다.
   - 돌려깎기를 하면서 채소의 위쪽으로 시선이 가면 자칫 고깔 모양으로 깎이게 될 수 있으므로, 시선은 채소의 중간부분에 두고 돌려깎기를 하도록 한다.

시험시간
1시간 40분

닭양념튀김, 모둠냄비, 삼색갱(2유형)

요구사항

※ 위생과 안전에 유의하여 주어진 재료로 다음과 같이 만드시오.

가. 닭양념튀김

1. 닭다리살이 뼈에 붙어 있지 않게 잘 발라내시오.
2. 달걀흰자는 거품을 내어 튀김옷에 사용하시오.
3. 닭은 간장과 생강즙을 사용하여 양념하시오.
4. 꽈리고추는 튀겨 레몬과 함께 곁들이시오.
5. 닭양념튀김은 5개 제출하시오.

나. 모둠냄비

1. 재료는 썰어 삶거나 데쳐서 사용하시오.
2. 다시마와 가다랑어포(가쓰오부시)로 가다랑어국물(가쓰오다시)을 만드시오.
3. 달걀은 끓는 물에 살짝 풀어 익혀 후끼요세다마고로 만드시오.
4. 당근은 매화꽃, 무는 은행잎 모양으로 만드시오.

다. 삼색갱

1. 오이, 당근, 무는 10cm 정도의 폭으로 얇게 돌려깎기하시오.
2. 각각의 채소를 적당한 길이로 가늘게 써시오.
3. 채썬 채소는 씻어서 물기를 제거한 후 담아내시오.

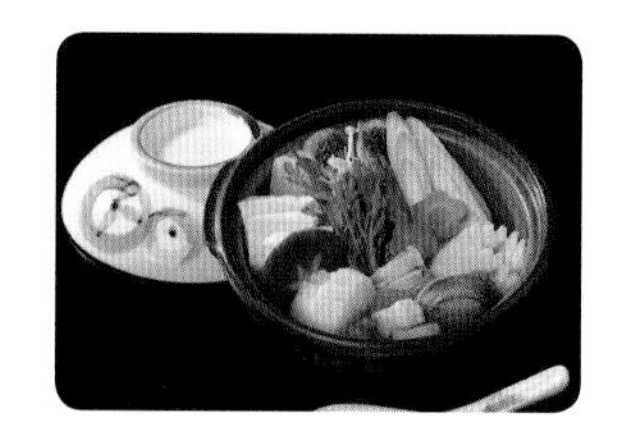

수험자 유의사항

※ 다음 유의사항을 고려하여 요구사항을 완성합니다.

1. 조리산업기사로서 갖추어야 할 숙련도, 재료관리, 작품의 예술성을 나타내어야 합니다.
2. 지정된 시설을 사용하고, 지급재료 및 지참공구목록 이외의 조리기구는 사용할 수 없으며, 지참공구목록에 없는 단순 조리기구(수저통 등) 지참 시 시험위원에게 확인 후 사용합니다.
3. 지급재료는 1회에 한하여 지급되며 재지급은 하지 않습니다.
   (단, 수험자가 시험 시작 전 지급된 재료를 검수하여 재료가 불량하거나 양이 부족하다고 판단될 경우에는 즉시 시험위원에게 통보하여 교환 또는 추가지급을 받도록 합니다.)
4. 요구사항의 규격은 "정도"의 의미를 포함하며, 지급된 재료의 크기에 따라 가감하여 채점됩니다.
5. 위생복, 위생모, 앞치마, 마스크를 착용하여야 하며, 시험장비, 가스레인지(가스밸브 개폐기 사용), 조리도구 등을 사용할 때에는 안전사고 예방에 유의합니다.
6. 다음 사항은 실격에 해당하여 채점 대상에서 제외됩니다.
   가) 수험자 본인이 시험 도중 시험에 대한 포기 의사를 표현하는 경우
   나) 위생복, 위생모, 앞치마, 마스크를 착용하지 않은 경우
   다) 시험시간 내에 과제를 모두 제출하지 못한 경우
   라) 문제의 요구사항대로 과제의 수량이 만들어지지 않은 경우
   마) 완성품을 요구사항의 과제(요리)가 아닌 다른 요리(예, 달걀말이 → 달걀찜)로 만들었거나 요구사항에 없는 과제(요리)를 추가하여 만든 경우
   바) 불을 사용하여 만든 과제가 과제특성에 벗어나는 정도로 타거나 익지 않은 경우
   사) 요구사항의 조리기구(석쇠 등)를 사용하여 완성품을 조리하지 않은 경우
   아) 수험자 지참준비물 이외 조리기술에 영향을 줄 수 있는 기구를 사용한 경우
   자) 시험 중 시설·장비(칼, 가스레인지 등) 사용 시 시험위원 및 타 수험자의 시험 진행에 위해를 일으킬 것으로 시험위원 전원이 합의하여 판단한 경우
   차) 요구사항에 표시된 실격 및 부정행위에 해당하는 경우
7. 완료된 과제는 지정한 장소에 시험시간 내에 제출하여야 합니다.
8. 가스레인지 화구는 2개까지 사용 가능합니다.
9. 과제를 제출한 다음 본인이 조리한 장소의 주변을 깨끗이 청소하고 조리기구를 정리 정돈한 후 시험위원의 지시에 따라 퇴실합니다.
10. 시험시작 전 가벼운 몸 풀기(스트레칭) 동작으로 긴장을 풀고 시험을 시작합니다.

지급재료목록(총재료)

재료명	규격	단위	수량	비고
닭다리	250g 정도, 뼈 포함	개	1	허벅지살 포함
달걀		개	3	
꽈리고추		개	1	
레몬		개	1/6	
새우	30~40g, 껍질 있는 것	마리	1	
찐 어묵		g	30	
갑오징어	몸통살	g	50	오징어 대체 가능
오이		개	1	
당근		개	1	
배추		g	80	2~3장 정도
무		g	300	둥근 모양으로 지급
생표고버섯		개	1	
팽이버섯		g	20	
두부		g	50	
동태살	껍질 있는 것	g	50	
건다시마	5X10cm	장	1	
쑥갓		g	10	
대파	흰 부분(10cm 정도)	토막	1	
죽순		g	30	
전분	감자 전분	g	50	
청주		mL	30	
진간장		mL	70	
소금		g	20	
생강		g	30	
식용유		mL	500	
맛술(미림)		mL	30	
가다랑어포(가쓰오부시)		g	10	

지급재료목록(과제별)

1. 닭양념튀김	2. 모둠냄비	3. 삼색갱
닭다리	닭다리	무
달걀	새우	오이
꽈리고추	무	당근
레몬	찐 어묵	
전분	갑오징어	
생강	당근	
진간장	배추	
식용유	대파	
소금	생표고버섯	
	팽이버섯	
	두부	
	동태살	
	달걀	
	건다시마	
	쑥갓	
	죽순	
	청주	
	진간장	
	소금	
	가다랑어포(가쓰오부시)	
	맛술(미림)	

도리노가라아게

닭양념튀김

鳥の空揚 : とりのからあげ, Fried Chicken

조리법

1. 닭 다리는 뼈가 없도록 손질한 후 칼끝으로 찍어 칼집을 내어 3×3cm 크기로 5조각 이상 잘라 놓는다.
2. 생강을 강판에 갈아 생강즙을 만든다.
3. 간장에 생강즙과 손질된 닭고기를 넣어 밑간한다.
4. 달걀을 흰자만 사용하여 거품기로 저어 머랭을 만들어 전분을 넣고 튀김옷을 만든다.
5. 한지는 접어서 접시 위 밑판을 만들어 놓는다.
6. 닭고기는 물기를 제거하고 튀김옷을 묻혀 예열된 기름 160℃에서 1차로 튀긴 후 온도를 높여 170℃에서 다시 한번 튀겨준다.
7. 꽈리고추는 살짝 튀겨 소금을 살짝 뿌려놓고, 레몬을 반달 모양으로 썬다.
8. 완성 접시에 한지를 깔고 튀긴 닭을 담고 꽈리고추와 레몬으로 장식하여 담아준다.

주의사항

1. 달걀흰자 거품의 상태와 튀김반죽 농도에 주의한다.
2. 닭고기에 흰자만을 이용하여 머랭을 만들 경우, 튀김반죽이 단단해질 수 있으므로 닭 익힘에 주의한다.

요세나베

모둠냄비

寄鍋 : よせなべ, Boiled Sea Food with Vegetables

조리법

1. 다시마와 가쓰오부시를 이용하여 다시를 뽑아 소금과 간장으로 간을 해서 국물(요세나베 다시)을 만들어놓는다(다시 600mL, 간장 1Ts, 소금 1/2ts).
2. 무와 당근을 삶아 꽃모양을 만들고(p.207 참조), 배추도 삶아 준비해 놓는다.
3. 닭고기살을 간장에 재웠다가 연한 소금물에 데치고, 어묵은 가리비 껍질처럼 파도모양의 칼집을 넣는다.
4. 새우는 모래주머니를 제거하고, 오징어는 껍질을 벗겨 안쪽에 칼집을 넣어서 각각 소금물에 데쳐낸다.
5. 달걀을 풀어서 연한 소금물에 넣어 살짝 익힌 것을, 채로 건져 김발로 둥그렇게 말아 식혀서 사용하는데, 이것을 후키요세다마고(吹寄卵 : ふきよせだまご)라고 한다.
6. 대파는 어슷썰기(나나메기리)하고 두부는 먹기 좋게 썬다.
7. 죽순은 삶아서 얇게 썰고, 표고버섯은 칼집내어 모양을 낸다.
8. 백합은 신선한지 두들겨보고, 해감시켜 놓았다가 잘 씻은 뒤 눈을 따서 사용한다.
9. 준비된 재료를 냄비에 가지런히 담는다.
10. 재료를 담은 냄비에 ①의 다시 국물을 붓고, 준비된 재료를 보기 좋게 담아 끓인다.
11. 한번 끓으면 청주(1Ts)를 넣고, 거품을 제거한 후 쑥갓을 넣은 뒤 불을 끈다.

주의사항

1. 가다랑어국물(가쓰오다시)은 냉수에 다시마를 넣고 가열하여, 물이 끓으면 가쓰오부시를 넣고 불을 끈 후 면포(소창)에 걸러 사용한다.
2. 요세나베다시는 국물이 탁해지지 않도록 하고 양이 너무 적어지지 않도록 하며, 간장과 소금, 청주의 넣는 시기에 주의한다.
3. 전체적으로 익은 정도가 같아야 한다.
4. 해산물은 데쳐낸 후 찬물에 넣어 식힌다.
5. 쑥갓은 다 끓인 후 국물을 살짝 묻혀 올려놓아도 된다.
6. 갑오징어의 속껍질은 마른행주를 이용하면 잘 벗겨진다.

용어 해설

1. 요세나베(寄鍋 : よせなべ)

냄비요리의 하나. 각각의 재료를 맑은국 정도의 간으로 끓이면서 먹는 요리를 말한다. 생선류, 닭고기, 어묵제품, 야채류, 버섯류, 두부 등의 재료를 이용하여 조리한 것을 국물과 같이 작은 그릇에 떠먹는다. 여기에 사용되는 국물을 요세나베다시라고 하며 우동다시와 거의 유사하다.

2. 후키요세다마고(吹寄卵 : ふきよせだまご)

후키요세라는 것은 원래 가을에서 초겨울의 계절을 연상시키는 메뉴의 이름인데, 낙엽을 한데 쓸어모아 뭉치듯이 모아서 만든 요리를 말한다. 밤이나 버섯, 은행 등을 이용하여 만들어 전채요리나 니모노(煮物 : にもの) 등에 사용된다. 여기에서는 계란을 뜨거운 물에 푼 것을, 한데 모아 김발로 말아내는 것에서 기인하여 붙여진 이름이며, 후키요세 요리의 재료로도 사용된다.

3. 나나메기리(斜切り : ななめぎり)

기본 썰기 중의 하나로 재료를 어슷하게 놓고 비스듬히 써는 것을 말한다. 대파나 긴 모양의 식재료 등을 이렇게 써는 경우가 많다. 여러 가지 요리에 광범위하게 쓰이며 우리말로는 어슷썰기라고 한다.

조리과학상식

1. 계란을 물로 씻기 전에…

계란의 껍질 부분에는 우리 눈에 잘 보이지 않는 얇은 막이 있어 외부 세균의 침입을 막고 있다. 만일, 물로 세척하여 그 막에 손상이 온다면, 계란은 세균에 노출되어 감염되기 쉽다. 따라서 바로 사용할 것이 아니라면 씻지 않는 것이 바람직하다.

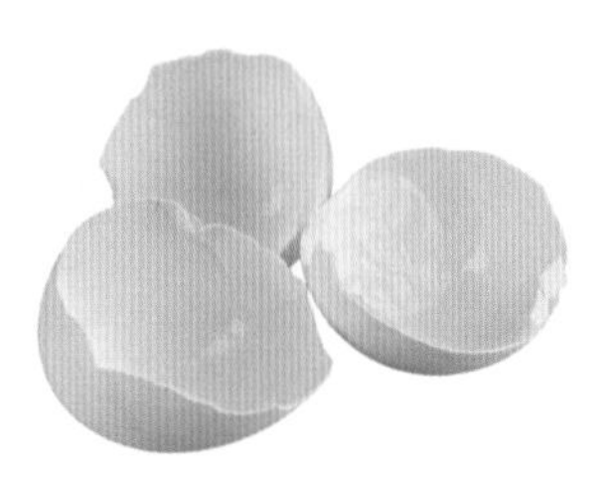

2. 오징어에 넣는 칼집은 어슷하게

오징어는 특수한 근육섬유를 가지고 있다. 오징어살의 내부에도 가로와 세로로 교차되는 섬유구조가 있기 때문에 사선으로 칼집을 넣어야만 가열조리 시 그 구조가 잘려 모양을 잡을 수 있다. 또 한쪽 면만 칼집을 넣으면 한 방향으로 말리므로, 양쪽으로 똑같이 칼집을 넣어야 편평하게 모양이 유지된다.

3. 새우나 게의 색깔 변화

새우나 게를 가열해서 조리하면 붉은색으로 변한다. 이것은 아스타신(astacin)이라는 붉은 색소가 단백질과 결합하여 흑청색을 나타내다가 가열 시 일어나는 단백질 변성에 의하여 단백질과의 결합이 풀어지면서 산화되어 원래의 자기 색인 붉은색을 나타내게 되는 것이다.

4. 한천과 젤라틴의 차이

한천은 식물성, 젤라틴은 동물성이고, 두 가지 모두 가열하면 액체가 되지만 한천은 실온에서 다시 응고되며, 젤라틴은 10℃ 이하에서 응고된다. 이것을 이용하여 이색 또는 삼색 젤리를 만들 수 있다.

5. 조미료의 상승효과

다시마국물과 가다랑어 국물을 따로따로 만들어 사용했을 때보다 같이 섞어서 만들었을 때가 맛이 강해진다. 다시마의 맛성분인 글루탐산나트륨에 가다랑어포의 맛성분인 이노신산 등을 배합한 복합조미료는 맛의 시너지 상승효과로 훨씬 더 맛이 좋아진다.

겡
삼색갱
けん

조리법

1. 삼색 채소(무, 오이, 당근)는 잘 씻어서 준비한다.
2. 오이는 잔가시를 제거하고 소금으로 문질러 10cm 정도의 폭으로 잘라 속이 나올 때까지 돌려깎기(가쓰라무키 かつらむき, 桂剝き)하여 채썬다.
3. 무는 10cm 정도로 잘라 껍질을 제거하면서 동시에 얇게 돌려깎기(가쓰라무키 かつらむき, 桂剝き)한다.
4. 당근도 무와 같이 돌려깎기(가쓰라무키 かつらむき, 桂剝き)한다.
5. 돌려깎기한 오이, 무, 당근은 가늘게 채썰어 찬물에 담가둔다.
6. 싱싱해진 오이, 무, 당근은 2~3회 헹궈준 후 물기를 제거하고 일정한 양으로 모양을 잡아 접시에 보기 좋게 담는다.

주의사항

1. 일본요리에서 가쓰라무키(かつらむき, 桂剝き)는 가장 기본적인 칼질에 해당되므로, 가급적 얇고 고르게 돌려깎기 연습을 꾸준하게 하도록 한다.
   - 세 가지 색의 겡(けん, 채)을 최대한 얇게 깎아야 하고 돌려깎을 때 될 수 있으면 끊어지지 않게 주의한다.
   - 오이가 가장 연하여 비교적 하기 쉬우니 처음에는 오이로 연습하고, 당근은 너무 단단하여 자칫 손을 다칠 수 있으니 주의하도록 한다.
   - 돌려깎기를 하면서 채소의 위쪽으로 시선이 가면 자칫 고깔 모양으로 깎이게 될 수 있으므로, 시선은 채소의 중간부분에 두고 돌려깎기를 하도록 한다.

시험시간
1시간 40분

광어회, 소고기양념튀김, 고등어간장구이(3유형)

요구사항

※ 위생과 안전에 유의하여 주어진 재료로 다음과 같이 만드시오.

가. 광어회

1. 광어는 손질하여 얇은 회(우수쓰쿠리)를 완성하여 접시에 담아내시오.
2. 무는 돌려깎기(가쓰라무키)하여 사용하시오.
3. 접시에 담은 회 중앙에 무갱을 담아내시오.
4. 폰즈와 야쿠미를 따로 담아내시오.

나. 소고기양념튀김

1. 소고기는 결의 반대방향으로 가늘게 채써시오.
2. 소고기에 양념한 후 달걀과 밀가루, 전분을 넣어 섞으시오.
3. 양념한 재료는 한 숟가락씩 떠서 튀겨내시오.
4. 튀긴 당면 위에 소고기양념튀김을 올려내시오.

다. 고등어간장구이

1. 고등어는 3장뜨기하여 쇠꼬챙이에 끼워 구워내시오.
2. 고등어는 간장구이(유안야키) 양념(유자, 간장, 맛술, 청주, 설탕)에 재워 쇠꼬챙이를 이용하여 구워내시오.
3. 곁들임은 국화모양 초담금 무와 우엉조림으로 하시오.
4. 우엉은 볶아서 조리시오.
5. 길이 10cm 정도의 고등어간장구이(유안야키) 2조각과 곁들임을 담아내시오.

수험자 유의사항

※ 다음 유의사항을 고려하여 요구사항을 완성합니다.

1. 조리산업기사로서 갖추어야 할 숙련도, 재료관리, 작품의 예술성을 나타내어야 합니다.
2. 지정된 시설을 사용하고, 지급재료 및 지참공구목록 이외의 조리기구는 사용할 수 없으며, 지참공구목록에 없는 단순 조리기구(수저통 등) 지참 시 시험위원에게 확인 후 사용합니다.
3. 지급재료는 1회에 한하여 지급되며 재지급은 하지 않습니다.
   (단, 수험자가 시험 시작 전 지급된 재료를 검수하여 재료가 불량하거나 양이 부족하다고 판단될 경우에는 즉시 시험위원에게 통보하여 교환 또는 추가지급을 받도록 합니다.)
4. 요구사항의 규격은 "정도"의 의미를 포함하며, 지급된 재료의 크기에 따라 가감하여 채점됩니다.
5. 위생복, 위생모, 앞치마, 마스크를 착용하여야 하며, 시험장비, 가스레인지(가스밸브 개폐기 사용), 조리도구 등을 사용할 때에는 안전사고 예방에 유의합니다.
6. 다음 사항은 실격에 해당하여 채점 대상에서 제외됩니다.
   가) 수험자 본인이 시험 도중 시험에 대한 포기 의사를 표현하는 경우
   나) 위생복, 위생모, 앞치마, 마스크를 착용하지 않은 경우
   다) 시험시간 내에 과제를 모두 제출하지 못한 경우
   라) 문제의 요구사항대로 과제의 수량이 만들어지지 않은 경우
   마) 완성품을 요구사항의 과제(요리)가 아닌 다른 요리(예, 달걀말이 → 달걀찜)로 만들었거나 요구사항에 없는 과제(요리)를 추가하여 만든 경우
   바) 불을 사용하여 만든 과제가 과제특성에 벗어나는 정도로 타거나 익지 않은 경우
   사) 요구사항의 조리기구(석쇠 등)를 사용하여 완성품을 조리하지 않은 경우
   아) 수험자 지참준비물 이외 조리기술에 영향을 줄 수 있는 기구를 사용한 경우
   자) 시험 중 시설 · 장비(칼, 가스레인지 등) 사용 시 시험위원 및 타 수험자의 시험 진행에 위해를 일으킬 것으로 시험위원 전원이 합의하여 판단한 경우
   차) 요구사항에 표시된 실격 및 부정행위에 해당하는 경우
7. 완료된 과제는 지정한 장소에 시험시간 내에 제출하여야 합니다.
8. 가스레인지 화구는 2개까지 사용 가능합니다.
9. 과제를 제출한 다음 본인이 조리한 장소의 주변을 깨끗이 청소하고 조리기구를 정리 정돈한 후 시험위원의 지시에 따라 퇴실합니다.
10. 시험시작 전 가벼운 몸 풀기(스트레칭) 동작으로 긴장을 풀고 시험을 시작합니다.

지급재료목록(총재료)

재료명	규격	단위	수량	비고
광어	500~700g	마리	1	
무		g	250	둥근 모양으로 지급
소고기	등심	g	100	
달걀		개	1	
전분	감자전분	g	30	
밀가루	박력분	g	30	
당면		g	10	
고등어	400~500g 정도	마리	1	
우엉		g	60	
유자		개	1	레몬으로 대체 가능
깻잎		장	3	
고춧가루		g	10	
실파		g	20	1뿌리 정도
참기름		mL	10	
마늘		쪽	1	
소금		g	30	
식용유		mL	500	
식초		mL	50	
건다시마	5X10cm	장	1	
진간장		mL	70	
흰 설탕		g	30	
청주		mL	50	
흰 참깨	볶은 것	g	2	
맛술(미림)		mL	50	
쇠꼬챙이	30cm 정도	개	2	

지급재료목록(과제별)

1. 광어회	2. 소고기양념튀김	3. 고등어간장구이
광어	소고기	고등어
무	실파	유자
진간장	참기름	깻잎
고춧가루	달걀	무
식초	전분	우엉
레몬	밀가루	식용유
실파	당면	식초
건다시마	레몬	건다시마
깻잎	청주	진간장
	식용유	흰 설탕
	마늘	청주
	소금	흰 참깨
		맛술(미림)
		소금
		쇠꼬챙이

히라메노우스즈쿠리

광어회

平目の薄作り：ひらめのうすづくり, Flatfish Sashimi

조리법

1. 광어는 머리 부분에 칼집을 넣어 피를 뺀다. 비늘 제거 후 내장을 제거하여 깨끗이 씻어 수분을 제거한다.
2. 광어를 도마 위에 놓고 꼬리, 배, 등지느러미에 각각 칼집을 넣어 등뼈를 중심으로 산마이오로시(三枚卸 : さんまいおろし 세장뜨기)를 한다.
3. 껍질을 벗겨내고 거즈에 담아둔다.
4. 광어는 결을 맞추어서 얇게 우스즈쿠리(うすづくり, 薄造り)로 포를 떠서 접시에 시계 반대 방향으로 돌려가며 접시에 담는다.
5. 무는 껍질 제거 후 얇게 돌려깎아(가쓰라무키 かつらむき, 桂剝き) 가늘게 채썬 뒤 찬물에 담가둔다.
6. 찬물 1컵에 다시마를 넣고 끓으면 다시마는 건져내고 다시물을 만든다.
7. 양념초간장 폰즈(ポン酢 : ぽんず)와 양념 야쿠미(薬味 : やくみ)를 준비한다.
   - 폰즈 : 다시물 1Ts, 진간장 1Ts, 식초 1Ts로 폰즈를 만든다.
   - 야쿠미 : 남은 무는 강판에 갈아 찬물에 헹군 뒤 고운 고춧가루를 입혀 빨간 무즙 아카오로시(赤卸)를 만든 후 레몬은 반달형, 실파(푸른 부분)는 곱게 썰어 찬물에 씻어준다.
8. 접시에 담은 회 중앙에 물기를 제거한 무갱을 담아내고, 폰즈와 야쿠미를 각각 담아낸다.

주의사항

1. 광어 손질을 능숙하게 한다.
2. 우스즈쿠리(광어 얇은 회)와 가쓰라무키(무 돌려깎기)를 일정한 모양으로 썬다.

용어 해설

1. 생선회 써는 방법

히라즈쿠리 ひらづくり: 칼을 세워 생선 살의 오른쪽부터 썬다. 살이 연한 생선 예) 참치, 고등어 등의 붉은 살 생선

- ▸ 소기즈쿠리 そぎづくり: 칼을 비스듬히 눕혀 생선 살의 섬유결에 따라 왼쪽부터 5mm 두께로 썬다.
- ▸ 우스즈쿠리 うすづくり: 소기즈쿠리와 같은 방법이나 아주 얇게 썬다. 예) 복어
- ▸ 호소즈쿠리 ほそづくり: 가늘게 길이로 당겨 써는 방법. 더 가늘게 자르는 것은 이토즈쿠리 예) 오징어회
- ▸ 기리카게즈쿠리 きりかけづくり : 껍질이 두껍거나 지방이 많은 생선으로 히라즈쿠리와 같은 방법
- ▸ 가쿠즈쿠리 かくづくり: 살이 연한 생선을 써는 방법으로 히라즈쿠리와 비슷하나 주사위 모양으로 썬다.

2. 회 썰기의 기본

회 썰기의 기본은 포를 놓을 때 두께가 얇은 면을 내 몸 쪽으로 두고 두꺼운 쪽을 반대쪽으로 둔다. 포를 보면 두꺼운 면이 있고 얇은 면이 있는데 등 쪽이 두껍고 배쪽으로 내려올수록 얇다. 두꺼운 면이 바깥을 향하게 해야 회가 모양이 잡히면서 썰어진다. 얇게 썰 때는 손가락을 회에 살짝 대고 포는 직각이 아닌 사선으로 썰어준다.

규니쿠노 가라아게

소고기양념튀김

牛肉の唐揚げ : ぎゅうにくの からあげ, Fried Beef

조리법

1. 쇠고기는 반대 결로 채썰어 놓는다.
2. 실파는 잘게 썰고, 마늘은 다져둔다.
3. 쇠고기에 참기름을 넣고, 소금으로 간을 한 후, 마늘, 흰깨, 청주 등을 넣어 재워둔다.
4. 재워둔 쇠고기에 밀가루와 전분을 1:1 비율로 섞어 넣고, 여기에 계란과 실파를 넣어 버무린다.
5. 파슬리는 찬물에 넣어 살리고, 레몬을 썰어 준비해 놓는다.
6. 식용유를 170℃가 되도록 하여 쇠고기 반죽을 조금씩 떼어넣고 튀겨낸다.
7. 다 익으면 건져낸 다음, 조금 낮은 온도에서 당면을 모아 넣고 살짝 튀겨 건져낸다.
8. 접시에 종이를 접어 얹어놓고 그 위에 당면 튀긴 것을 놓은 다음, 쇠고기튀김을 보기 좋게 올려놓는다.
9. 파슬리와 레몬으로 장식하여 낸다.

주의사항

1. 쇠고기의 힘줄이나 기름은 제거하여 사용한다.
2. 재료를 미리 동그랗게 만들어두지 않도록 한다.
3. 재료의 내부가 완전히 익도록 튀겨내도록 한다.
4. 재료가 타거나 재료에 기름이 배지 않도록 튀김기름의 온도에 유의한다.

용어 해설

1. 가라아게(唐揚げ : からあげ)

중국에서 유래된 튀김방법으로 재료에 여러 가지 양념으로 맛을 들이고, 녹말가루를 묻혀 튀기는 것에서 발전하여 현재의 양념튀김의 모양으로 발전하였다. 쇠고기를 동그랗게 만들어 튀길 수도 있겠지만 자연스럽게 떼어가며 튀겨내도록 한다. 같은 발음의 가라아게(空揚げ)는 튀김옷 없이 재료만 튀기거나, 전분 등의 가루를 묻혀 튀기는 방법으로서 "마른 가라아게"라고 부르기도 한다.

2. 규니쿠(牛肉 : ぎゅうにく)

쇠고기, 소의 고기를 뜻하며, 일본요리에서 대표적인 요리인 스키야키, 샤부샤부, 쇠고기 덮밥, 구이 등이 발달하였다. 하지만 일본요리에서 쇠고기가 사용된 것은 서구화가 시작된 근대 이후의 일이다.

사바노유안야키

고등어간장구이

鯖の幽庵焼：さばのゆうあんやき, Broiled Mackerel with Soy sauce

조리법

1. 찬물 1컵에 다시마를 넣고 끓으면 다시마는 건져내고 면포를 이용하여 걸러 다시물을 만든다.
2. 고등어는 길이 10cm 정도로 잘라 내장과 가시를 제거하고 세장뜨기(산마이오로시 三枚卸 : さんまいおろし)하여 껍질 쪽에 X자로 칼집을 넣고 소금을 뿌려준다.
3. 곁들임(아시라이 あしらい)을 만든다.
   - 우엉조림(긴피라고보 きんぴらごぼ) : 우엉은 칼등으로 껍질을 벗기고 길이 5cm, 굵기 8mm 정도의 대나무 젓가락 모양으로 썰어 기름에 살짝 볶아준 후 다시물 1/2컵, 간장 2Ts, 맛술 1Ts, 청주 1Ts, 흰 설탕 1Ts를 넣고 바짝 조린 다음 흰 참깨를 묻혀준다.
   - 무 국화꽃(기카다이콩) : 무는 약 3cm 두께로 썰어 눕혀서, 1mm 간격으로 깊게 십자(+) 칼집을 넣은 것을 2cm 정도의 깍두기 모양으로 잘라, 모서리를 다듬어 아마스(다시물 3Ts, 식초 1Ts, 설탕 1Ts, 소금 약간)에 초담금하여 무 국화꽃을 만든다.
4. 소금에 절인 고등어는 찬물에 씻어 물기 제거 후 유자(레몬), 간장 1Ts, 맛술 1Ts, 청주 1Ts에 재워둔다.
5. 쇠꼬챙이에 식용유를 발라 타지 않게 노릇노릇하게 구워준다.
6. 깻잎은 찬물에 담그고, 유자(레몬)는 반달 모양으로 썰고, 껍질은 얇게 포 떠서 곱게 다져서 무 국화꽃 위에 올려준다.
7. 완성 접시에 고등어 간장구이(유안야키 ゆうあんやき, 幽庵焼き) 2조각과 곁들임(레몬, 우엉조림, 무 국화꽃)을 보기 좋게 담아낸다.

주의사항

1. 고등어 손질에 유의하고 타지 않게 노릇노릇하게 구워준다.
2. 곁들임 우엉조림은 색이 진하게 나와야 하고, 무 국화꽃은 꽃잎처럼 사방으로 펼쳐 모양을 내준다.
3. 유자(레몬) 2/4개가 지급되는데 곁들임용, 고등어 간장구이에 적절히 배분하여 사용한다.

용어 해설

1. 유안야키

이 간장구이 조리법은, 간장을 희석시켜 유자즙을 듬뿍 넣어 유자의 향으로 생선의 비린내를 없애는 동시에 은은한 유자의 향이 생선에 배어 맛을 내게 하는 구이 방법으로서, "유안"이라는 사람이 고안하여 "유안야키"라고도 한다. 고등어 등의 냄새 나는 생선이나, 옥도미 등과 같이 부드러운 생선 등에도 다양하게 사용되는 조리법이다.

시험시간
1시간 40분

된장국, 꼬치냄비, 모둠튀김(4유형)

요구사항

※ 위생과 안전에 유의하여 주어진 재료로 다음과 같이 만드시오.

가. 된장국

1. 다시마와 가다랑어포(가쓰오부시)로 가다랑어국물(가쓰오다시)을 만드시오.
2. 1cm x 1cm x 1cm로 썬 두부와 미역은 데쳐서 사용하시오.
3. 된장을 풀어 한소끔 끓여내시오.

나. 꼬치냄비

1. 어묵(오뎅)은 용도에 맞게 자르시오.
   (단, 사각형으로 된 어묵은 5cm 정도로 잘라 사용한다.)
2. 다시마는 매듭을 만들고, 당근은 매화꽃 모양으로 만드시오.
3. 곤약은 길이 7cm, 폭 3cm 정도로 잘라 꼬인 상태( )로 만들어 사용하시오.
4. 곤약, 무, 삶은 달걀은 조려서 사용하시오.
5. 소고기, 실파, 목이버섯, 당면, 배추, 당근으로 일본식 잡채를 만들어 유부주머니(후쿠로)에 넣어 데친 실파로 묶으시오.
6. 겨자와 간장을 함께 곁들이시오.

다. 모둠튀김

1. 새우, 오징어, 청피망, 표고버섯, 연근, 쑥갓을 튀기시오.
2. 오징어는 칼집을 넣어 사용하고, 새우는 구부러지지 않게 튀기시오.
3. 튀김소스(덴쓰유)와 야쿠미(무즙, 생강즙)를 곁들여 내시오.

수험자 유의사항

※ 다음 유의사항을 고려하여 요구사항을 완성합니다.

1. 조리산업기사로서 갖추어야 할 숙련도, 재료관리, 작품의 예술성을 나타내어야 합니다.
2. 지정된 시설을 사용하고, 지급재료 및 지참공구목록 이외의 조리기구는 사용할 수 없으며, 지참공구목록에 없는 단순 조리기구(수저통 등) 지참 시 시험위원에게 확인 후 사용합니다.
3. 지급재료는 1회에 한하여 지급되며 재지급은 하지 않습니다.
   (단, 수험자가 시험 시작 전 지급된 재료를 검수하여 재료가 불량하거나 양이 부족하다고 판단될 경우에는 즉시 시험위원에게 통보하여 교환 또는 추가지급을 받도록 합니다.)
4. 요구사항의 규격은 "정도"의 의미를 포함하며, 지급된 재료의 크기에 따라 가감하여 채점됩니다.
5. 위생복, 위생모, 앞치마, 마스크를 착용하여야 하며, 시험장비, 가스레인지(가스밸브 개폐기 사용), 조리도구 등을 사용할 때에는 안전사고 예방에 유의합니다.
6. 다음 사항은 실격에 해당하여 채점 대상에서 제외됩니다.
   가) 수험자 본인이 시험 도중 시험에 대한 포기 의사를 표현하는 경우
   나) 위생복, 위생모, 앞치마, 마스크를 착용하지 않은 경우
   다) 시험시간 내에 과제를 모두 제출하지 못한 경우
   라) 문제의 요구사항대로 과제의 수량이 만들어지지 않은 경우
   마) 완성품을 요구사항의 과제(요리)가 아닌 다른 요리(예, 달걀말이 → 달걀찜)로 만들었거나 요구사항에 없는 과제(요리)를 추가하여 만든 경우
   바) 불을 사용하여 만든 과제가 과제특성에 벗어나는 정도로 타거나 익지 않은 경우
   사) 요구사항의 조리기구(석쇠 등)를 사용하여 완성품을 조리하지 않은 경우
   아) 수험자 지참준비물 이외 조리기술에 영향을 줄 수 있는 기구를 사용한 경우
   자) 시험 중 시설 · 장비(칼, 가스레인지 등) 사용 시 시험위원 및 타 수험자의 시험 진행에 위해를 일으킬 것으로 시험위원 전원이 합의하여 판단한 경우
   차) 요구사항에 표시된 실격 및 부정행위에 해당하는 경우
7. 완료된 과제는 지정한 장소에 시험시간 내에 제출하여야 합니다.
8. 가스레인지 화구는 2개까지 사용 가능합니다.
9. 과제를 제출한 다음 본인이 조리한 장소의 주변을 깨끗이 청소하고 조리기구를 정리 정돈한 후 시험위원의 지시에 따라 퇴실합니다.
10. 시험시작 전 가벼운 몸 풀기(스트레칭) 동작으로 긴장을 풀고 시험을 시작합니다.

지급재료목록(총재료)

재료명	규격	단위	수량	비고
백된장	일본된장	g	40	
두부		g	20	
건미역		g	5	
산초가루		g	1	
어묵	사각형, 완자, 구멍난 것	g	180	
판곤약		g	50	
당근		개	1/2	둥근 모양으로 지급
무		g	150	
쑥갓		g	10	
삶은 달걀		개	1	
달걀		개	1	
유부	사각유부주머니	장	2	
소고기	살코기	g	30	
건목이버섯		개	1	
당면		g	10	
배추		g	50	
새우	30~40g, 껍질 있는 것	마리	3	
오징어	몸살	g	40	
청피망	중(75g 정도)	개	1/6	
생표고버섯		개	1	
연근		g	30	
밀가루	박력분	g	150	
생강		g	50	
실파		g	60	
식용유		L	1	
겨잣가루		g	10	
가다랑어포(가쓰오부시)		g	10	
건다시마	5X10cm	장	3	
맛술(미림)		mL	20	
소금		g	2	
검은 후춧가루		g	5	
청주		mL	40	
진간장		mL	50	
흰 설탕		g	20	
대꼬챙이	20cm 정도	개	2	

지급재료목록(과제별)

1. 된장국	2. 꼬치냄비	3. 모둠튀김
백된장	어묵	새우
건다시마	판곤약	오징어
두부	당근	청피망
건미역	무	생표고버섯
실파	쑥갓	연근
산초가루	삶은 달걀	쑥갓
청주	유부	밀가루
가다랑어포(가쓰오부시)	소고기	달걀
	실파	무
	건목이버섯	생강
	당면	식용유
	배추	가다랑어포(가쓰오부시)
	건다시마	건다시마
	겨잣가루	청주
	가다랑어포(가쓰오부시)	진간장
	진간장	흰 설탕
	청주	
	맛술(미림)	
	소금	
	식용유	
	검은 후춧가루	
	대꼬챙이	

미소시루

된장국

味噌汁 : みそしる, Soybean Paste Soup

조리법

1. 다시마는 젖은 행주를 빨아 꼭 쥐어짠 후, 닦아서 약 2컵의 찬물에 넣고 끓인다.
2. 물이 끓어오르면 다시마를 건져내고, 가쓰오부시를 넣은 다음 고운체로 걸러낸다.
3. 두부는 약 1cm의 주사위 모양으로 썰어서, 연한 소금물에 살짝 삶아낸다.
4. 생미역은 두부와 같이 소금물에 삶아내고, 건미역일 경우에는 찬물에 불려낸 다음, 도마 위에 길게 펼쳐 약 1cm 정도의 길이로 절단해 놓는다.
5. 실파는 가늘게 채썰기하여, 찬물로 매운 기를 헹구어낸다.
6. ②의 가쓰오부시 다시에 된장을 풀어 고운체로 걸러내어 청주로 간을 하고, 거품을 걷어내면서 살짝 끓여낸다.
7. 된장국 그릇에 앞서 준비한 ③, ④의 재료를 담고, 끓여낸 국물을 부어 실파와 산초를 뿌려 제출한다.

주의사항

1. 된장국에 간을 할 때는 소금이나 간장은 절대 사용하지 않고, 간이 약하면 된장을 더 풀어 넣고, 간이 셀 경우에는 다시를 더 부어 넣는다.
2. 끓일 때 불은 너무 세지 않도록 하며, 한번 끓으면 바로 불을 끄고, 한번 끓은 된장국은 다시 끓이면 맛이 떨어지므로 주의하도록 한다.
3. 된장국물의 양은, 그릇의 80% 정도면 적당하다.
4. 산초가루는 향이 강하므로 아주 소량만 넣도록 한다.

용어 해설

1. 미소(味噌 : みそ) : 된장

보리 또는 쌀의 누룩에 찐 대두(大豆), 소금, 물을 섞어 발효 및 숙성시킨 것으로, 그 액즙(液汁)을 이용한 것이 현재의 간장이 되었고, 전체를 그대로 먹을 수 있도록 한 것이 된장이다.

▸ 유래

된장의 원형은 중국 대륙으로부터 한반도를 통해 일본에 전해졌고, 그 이름은 당시 조선어(朝鮮語)인 밀조(蜜祖; ミソ)에서 유래되었다고 한다. 그 후, 각 지방의 원료, 기후, 풍토, 식습관, 기호 등으로 인해, 독특한 제조기술이 발전하여 현재는 우리나라보다 다양한 종류의 제품이 생산되고 있다.

▸ 분류

원료(原料)나 색, 소금의 양, 기타 각 지방별로 다양한 방법이 있으나, 일반적으로는 주로 조미료로 사용되는 것이 보통의 된장이고, 부식(副食)이나 가공용(加工用)으로 쓰이는 것도 있다. 보통의 된장은 그 쓰이는 원료에 따라 다르지만 보통 고메미소(米みそ; 쌀된장), 무기미소(麥みそ; 보리된장), 마메미소(豆みそ; 콩된장) 등으로 분류된다.

▸ 시로미소(白味噌 : しろみそ) – 흰된장

된장은 색깔로 크게 흰된장과 적된장으로 나뉜다. 황색을 띠고, 향기가 진하며, 단맛이 강하다. 고지(こうじ; 누룩)의 양이 많고, 식염의 함유량이 6% 이하이므로 저장성이 낮다.

▸ 아카미소(赤味噌 : あかみそ) – 적된장

흰된장에 반대되는 뜻으로 짙은 색을 내는 된장의 총칭이다. 이것은 된장을 만드는 과정에서 장시간 고온처리되므로 착색된 것이다. 적된장국을 끓이는 방법은 흰된장국을 끓이는 방법과 같다.

오뎅

꼬치냄비

御田 : おでん, Boiled Fishcake with Eggs

조리법

1. 무를 부채꼴로 썰어서 멘도리(面取り)하고, 당근은 삶아서 벚꽃모양을 만든다(꽃당근 만드는 법 p.245 참조).
2. 곤약은 길이 7cm, 폭 3cm로 잘라서 가운데 칼집을 넣어 꼬인 상태로 만든다.
3. 가다랑어포 국물(다시)로 오뎅다시를 만들어 무와 달걀, 곤약을 색과 간이 배도록 끓여준다. (다시 600cc, 국간장 2Ts, 청주 1Ts, 미림 1Ts, 소금 1/2ts)
4. 오뎅은 끓는 물에 한번 데쳐내어 기름기를 제거하여 사용한다.
5. 다시마는 길게 7~8cm 정도로 잘라 매듭을 지어 모양을 내고, 쑥갓은 데쳐놓는다.
6. 유부는 삶아서 물기를 제거하고, 한쪽 입구를 잘라 주머니로 만들어둔다.
7. 목이버섯은 불리고, 당면은 데쳐 쇠고기, 실파, 배추, 당근 등과 함께 3cm로 채썰어 소금, 간장, 후추로 간을 하며 볶아 일본식 잡채를 만든다.
8. 일본식 잡채를 유부주머니에 넣고, 데친 실파로 입구를 묶어 2개의 후쿠로를 완성한다.
9. 꼬치에 오뎅을 꽂아놓고, 재료들을 보기 좋게 담아 끓인 다음, 거품을 걷어낸다.
10. 데쳐낸 쑥갓을 곁들여 마무리하고, 달걀은 반으로 잘라 담는다.
11. 겨자를 질지 않도록 개어서 간장과 같이 제출한다.

주의사항

1. 겨자는 그릇을 엎어도 떨어지지 않을 정도의 농도로 개어둔다.
2. 유부주머니에 들어갈 속재료를 따로 손질하여 볶아내는 데 유의한다.
3. 당근은 삶아서 벚꽃 모양도 만들고 유부 속재료로도 사용해야 하는 것에 유의한다.
4. 삶은 달걀은 미리 자르면 난황이 흩어져 국물이 탁해지므로 국물을 한번 끓여낸 뒤에 자른다.

용어 해설

1. 오뎅(御田 : おでん)

니코미덴가쿠(煮込み田楽 ; にこみでんがく)의 약어. 원래는 곤약, 무, 계란 등의 재료를 많은 국물에 끓여서 먹던 하류계층의 요리였지만, 시대의 변천을 따라 현대에 오면서 재료와 맛에 다양성이 생겨나게 되었다.

2. 멘도리(面取り)

야채류를 깎는 방법 중 하나로, 주로 니모노(煮物) 재료에 이용된다. 무, 순무, 감자류 등의 야채를 썰어서 사용할 때 각진 부분의 모서리를 다듬는 것을 말한다.

3. 후쿠로(袋 : ふくろ)

유부를 주머니형태로 하여 그 안에 채소류나 고기를 싸매어 주둥이를 박고지나 미나리 등으로 묶은 것으로 오뎅에 들어가는 재료 등으로 사용된다.

덴푸라 모리아와세

모둠튀김

天婦羅盛り合わせ : てんぷらもりあわせ, Assorted Tempura

조리법

1. 새우는 머리를 떼고 꼬리 쪽의 마디만 남겨서 껍질을 벗긴 다음, 내장을 이쑤시개로 빼내고 배 쪽 마디에 칼집을 넣은 후 손등 쪽으로 꺾어 허리를 펴준다.
2. 갑오징어는 껍질을 벗기고 사선으로 칼집을 넣어 2.5×7(cm) 크기로 자른다.
3. 바닷장어는 뼈를 제거하고 물로 씻어 잔칼집을 사선으로 넣어 펼쳐놓는다.
4. 학꽁치는 내장과 머리, 가시를 제거한 후 칼집을 넣어 차새우 길이 정도로 잘라놓는다.
5. 소양파는 1cm 두께로 썰어 이쑤시개로 고정시키고 피망은 오징어 크기로 자른다.
6. 표고버섯은 칼집을 내어놓고, 연근은 껍질을 벗겨 7~8mm 정도 두께로 썰어 물에 담가놓는다.
7. 달걀노른자를 차가운 물에 풀어 달걀물을 만들어놓는다.
8. 밀가루와 달걀물을 약 6:4 비율로 섞어 튀김옷(고로모)을 만든다.
9. 각각의 재료에 기름이 닿는 부분에 밀가루를 묻히고 튀김옷을 입혀 170℃의 온도에서 튀겨낸다.
10. 접시에 종이를 깔고, 색 없는 채소와 생선은 바닥에 깔고 새우를 앞으로 보이도록 세워 담는다.
11. 고추나 표고버섯 등, 색이 있는 채소를 맨 나중에 새우 앞에 담아놓고 레몬 한 쪽을 곁들여낸다.
12. 튀김소스(덴쓰유)와 양념(야쿠미)을 만들어놓았다가 덴푸라 담은 것과 함께 제출한다.
    - 덴쓰유 : 다시 5, 간장 1, 설탕 1/2, 청주 1/2
    - 야쿠미 : 무즙, 생강즙, 실파(잘게 썬 것)

주의사항

1. 튀김요리 시 튀김옷의 농도 및 기름의 양과 온도에 유의한다.
2. 기름이 과열되면 타고, 저온에서 튀기면 재료에 기름이 많이 배므로 주의한다.
3. 새우는 튀겼을 때 휘어지지 않도록 사전에 칼집을 넣어 펼쳐지도록 손질을 잘해야 한다.
4. 푸른색 채소는 한쪽에만 튀김옷을 묻혀서, 색이 변하지 않도록 단시간에 튀겨내도록 한다.
5. 담을 때 새우꼬리가 위로 올라오도록 세워서 담으며, 야마모리(山盛り : やまもり)하도록 한다.
6. 생강즙의 양이 많으면 쓴맛이 나므로, 무즙에 깨알 정도의 크기로 찍어 담아 덴다시를 부어낸다.
7. 덴쓰유와 튀김은 뜨거운 상태로 제출되어야 한다.

용어 해설

1. 튀김요리의 종류(揚げ物 : あげもの)

▸ 고로모아게(衣揚げ : ごろもあげ) : 튀김옷이 있는 튀김
- 덴푸라(天婦羅 : てんぷら) : 밀가루와 계란물 반죽에 담가 튀기는 것
- 가와리아게(変揚 : かわりあげ) : 튀김옷에 다양한 변화를 주는 것
- 가라아게(空揚げ : からあげ) : 전분이나 밀가루를 묻혀서 튀기는 것

▸ 스아게(素揚げ : すあげ) : 튀김옷이 없는 튀김

2. 고로모(衣 : ころも) : 튀김옷

튀김이나 무침요리, 과자 등의 재료의 표면에 덮어씌우거나, 처바르는 것을 말한다. 튀김의 경우 "튀김옷"이라고도 한다. 덴푸라는 주로 밀가루와 계란물 섞은 것을 사용하나, 경우에 따라 여러 가지 변화가 있는 것을 사용하기도 하는데 이것을 "가와리아게"라고 한다.

3. 덴푸라(天婦羅 : てんぷら)

고로모아게 중 하나. 어류, 야채류 등을 계란, 물, 밀가루를 혼합하여 만든 튀김옷을 입혀서 기름에 튀겨낸 것. 일반적으로 무즙과 생강즙을 야쿠미로 하는 간장양념소스인 덴쓰유(天汁 : てんつゆ)에 담가 적셔서 먹는다. 어원은 그 의견이 분분하나 포르투갈어의 temporas, 이탈리아어의 tempora에서 유래되었다는 설이 유력하다. 또 하나 어묵 튀긴 것을 말하기도 한다.

4. 덴쓰유(天汁 : てんつゆ) : 튀김소스

덴푸라를 먹을 때 곁들이는 일종의 소스를 말한다. 다시에 간장, 미림, 설탕 등으로 간을 하여 끓여내는 것인데, 반드시 뜨겁게 서브되어야 한다. 고로모의 종류나 용도에 따라 변화를 준다. 이것을 현장에서는 덴다시(天だし)라고도 하며, 무즙, 생강즙, 실파 등의 양념(야쿠미)과 함께 낸다.

5. 야쿠미(薬味 : やくみ) : 양념

요리에 첨가하는 향신료나 양념을 말한다. 요리에 조금 첨가하여 먹으면, 훨씬 더 좋은 맛을 내거나 향기를 발하여, 식욕을 증진시키는 역할을 한다. 여기서는 무즙, 생강즙, 실파를 그릇에 담아내는 것을 말하며, 그 위에 뜨거운 덴쓰유를 부어서 섞은 후 덴푸라를 덴쓰유에 푹 담갔다가 바로 건져 먹는다.

6. 구루마에비(車海老 : くるまえび) : 차새우

차새우과의 새우로 길이는 20cm 정도이고, 몸이 약간 구부러진 듯한 모습에서, 차의 바퀴와 비슷하다고 하여 차새우라 불리게 되었다고 한다. 시장에 나오는 살아 있는 것은 대부분 양식한 것이라 한다. 회나 초밥, 고급 덴푸라의 재료로 활용된다.

네지우메(ねじ梅 ; 꽃당근) 만드는 방법

1. 당근을 삶아 적당한 길이로 토막낸 것을 세워서 오각형이 되도록 자른다.

2. 오각형 각 변의 중앙에 칼을 넣어 홈을 파낸다.

3. 별 모양으로 만들어진 당근의 꽃잎부분을 둥글게 손질한다.

4. 중심으로부터 홈까지 칼집을 넣어 꽃잎을 하나씩 경사지도록 따낸다.

5. 완성된 모습

바삭바삭한 튀김요리의 원리

튀김옷을 입혀서 기름에 튀겨낸 튀김요리는 먹을 때 입에서 바삭거리는 맛이 가히 매력적이라 할 수 있다. 만일 바삭거리지 않고 눅눅하다면 그것은 튀김으로서의 가치를 상실했다고 해도 과언이 아니다. 특히 일본요리의 대표적인 튀김요리로 알려진 덴푸라의 경우는 더더욱 그러하다. 꽃이 핀 것처럼 튀김옷이 활짝 퍼져나가도록 잘 튀겨진 덴푸라는, 덴다시에 적셔 입에 넣어도 바삭거림이 살아 있어야 제맛이라 할 수 있다. 눅눅한 튀김은 이미 눈으로 보면서 식욕을 잃게 될 뿐만 아니라, 젓가락으로 집었을 때의 느낌과 입에 닿았을 때의 촉감이 떨어져서, 제아무리 좋은 재료를 사용했다 할지라도 상품가치가 떨어질 수밖에 없는 것이다. 그렇다면 기름에 튀긴 튀김요리는 어떤 원리로 바삭거릴 수 있게 되는지 우선 튀김요리를 조리과학적으로 살펴볼 필요가 있다.

튀김이란, 고온의 기름 속에 식품을 담가 익혀내는 조리방법을 사용한 요리이다. 상온에 있던 튀김재료가 갑자기 170℃ 정도의 기름에 담가졌을 때, 재료와 튀김옷 사이에 있는 수분은 마치 태풍을 맞은 해안가 마을처럼 아수라장이 된다. 100℃에서 이미 증발했어야 할 수분은 170℃의 기름 안에 갇혀서 깜짝 놀라 당황하다가 황급히 사태를 파악하고 튀김옷을 뚫고라도 외부로 달아나려는 본능적인 시도를 한다. 그러한 과정에서 튀김옷에는 수없이 가느다란 수분의 분출구멍이 개미굴보다 다양한 모양으로 복잡하게 생기는 것이다.

이것이 외관상으로는 물방울이 기름에서 솟아올라오는 모양으로만 보이지만, 수분에게 있어서는 엄청난 난리에 갑작스런 피난길인 셈이다. 결국 어느 정도의 수분이 빠져나간 후 튀김옷은 일종의 망상(網狀)구조로 굳어지게 되고, 수분이 빠져나간 자리는 속은 텅텅 빈 채 얇고 단단한 막으로 굳어져, 사람의 입에서는 바삭거리는 질감을 느낄 수 있도록 해주는 것이다. 튀김옷의 온도를 낮추어서 아주 차게 만들어, 기름과의 온도 차이를 크게 할수록 그 질감의 효과는 더욱 높아진다.

이를 위하여 일부 호텔의 일식주방에서는 튀김옷으로 사용하는 밀가루에 드라이아이스(dry ice)를 넣어 냉각시키거나, 밀가루통을 아예 냉장고에 넣고 사용하는 경우도 있으며, 계란물에 얼음을 넣어 반죽하기도 한다. 또 밀가루 단백질인 글루텐 함량이 비교적 높은 강력분을 튀김에 사용하지 않는 이유도 여기에 있다. 다 알다시피 글루텐은 밀가루 반죽에 점성을 부여하여 끈기가 생기도록 한다. 재료가 기름에 튀겨지는 동안 재료와 튀김옷 사이에 있는 수분이 밖으로 빠져나올 때, 튀김옷에 끈기가 있으면 수분의 용출이 어려워지며, 또 수분이 지나간 자리가 빈 자리로 남지 않고 튀김옷으로 다시 채워지게 된다. 즉 강력분으로 튀겼을 때에는 튀김 속에 수분이 상당량 잔존하게 되어, 튀김옷이 망상구조가 되지 못하고, 수분을 머금은 채로 익었기 때문에 우리 입에는 상당히 눅눅하게 느껴지는 것이다.

따라서 튀김요리를 할 때에는 반죽에 글루텐 함량이 비교적 낮은 박력분을 사용해야 하며, 박력분을 사용하더라도 너무 많이 저어주면 글루텐이 생성되므로 주의해야 하는 것이다. 그리고 튀김반죽은 가급적 낮은 온도를 유지시키도록 하며, 한번 반죽한 것은 바로바로 사용하고, 한번에 너무 많은 양을 반죽하지 않는 것도 바로 이런 이유에서이다.

시험시간
1시간 40분

광어회, 튀김우동, 달걀말이(5유형)

요구사항

※ 위생과 안전에 유의하여 주어진 재료로 다음과 같이 만드시오.

가. 광어회

1. 광어는 손질하여 얇은 회(우스즈쿠리)를 완성하여 접시에 담아내시오.
2. 무는 돌려깎기(가쓰라무키)하여 사용하시오.
3. 접시에 담은 회 중앙에 무갱을 담아내시오.
4. 폰즈와 야쿠미를 따로 담아내시오.

나. 튀김우동

1. 우동면을 삶아 사용하시오.
2. 다시마와 가다랑어포(가쓰오부시)로 다시물을 만들어 우동국물을 만드시오.
3. 새우, 오징어, 고구마, 표고버섯, 쑥갓을 튀겨 사용하시오.
4. 오징어는 칼집을 넣어 사용하고, 새우는 구부러지지 않게 튀기시오.
5. 우동에 튀김을 올려내시오.

다. 달걀말이

1. 달걀과 가쓰오다시, 소금, 설탕, 미림(맛술)을 섞어 체에 걸러 사용하시오.
2. 젓가락을 사용하여 달걀말이를 한 후 김발을 이용하여 사각모양을 만드시오.
3. 길이 8cm, 높이 2.5cm, 두께 1cm 정도로 8개를 만드시오.
4. 달걀말이와 간장무즙을 접시에 담아내시오.

수험자 유의사항

※ 다음 유의사항을 고려하여 요구사항을 완성합니다.

1. 조리산업기사로서 갖추어야 할 숙련도, 재료관리, 작품의 예술성을 나타내어야 합니다.
2. 지정된 시설을 사용하고, 지급재료 및 지참공구목록 이외의 조리기구는 사용할 수 없으며, 지참공구목록에 없는 단순 조리기구(수저통 등) 지참 시 시험위원에게 확인 후 사용합니다.
3. 지급재료는 1회에 한하여 지급되며 재지급은 하지 않습니다.
   (단, 수험자가 시험 시작 전 지급된 재료를 검수하여 재료가 불량하거나 양이 부족하다고 판단될 경우에는 즉시 시험위원에게 통보하여 교환 또는 추가지급을 받도록 합니다.)
4. 요구사항의 규격은 "정도"의 의미를 포함하며, 지급된 재료의 크기에 따라 가감하여 채점됩니다.
5. 위생복, 위생모, 앞치마, 마스크를 착용하여야 하며, 시험장비, 가스레인지(가스밸브 개폐기 사용), 조리도구 등을 사용할 때에는 안전사고 예방에 유의합니다.
6. 다음 사항은 실격에 해당하여 채점 대상에서 제외됩니다.
   가) 수험자 본인이 시험 도중 시험에 대한 포기 의사를 표현하는 경우
   나) 위생복, 위생모, 앞치마, 마스크를 착용하지 않은 경우
   다) 시험시간 내에 과제를 모두 제출하지 못한 경우
   라) 문제의 요구사항대로 과제의 수량이 만들어지지 않은 경우
   마) 완성품을 요구사항의 과제(요리)가 아닌 다른 요리(예, 달걀말이 → 달걀찜)로 만들었거나 요구사항에 없는 과제(요리)를 추가하여 만든 경우
   바) 불을 사용하여 만든 과제가 과제특성에 벗어나는 정도로 타거나 익지 않은 경우
   사) 요구사항의 조리기구(석쇠 등)를 사용하여 완성품을 조리하지 않은 경우
   아) 수험자 지참준비물 이외 조리기술에 영향을 줄 수 있는 기구를 사용한 경우
   자) 시험 중 시설 · 장비(칼, 가스레인지 등) 사용 시 시험위원 및 타 수험자의 시험 진행에 위해를 일으킬 것으로 시험위원 전원이 합의하여 판단한 경우
   차) 요구사항에 표시된 실격 및 부정행위에 해당하는 경우
7. 완료된 과제는 지정한 장소에 시험시간 내에 제출하여야 합니다.
8. 가스레인지 화구는 2개까지 사용 가능합니다.
9. 과제를 제출한 다음 본인이 조리한 장소의 주변을 깨끗이 청소하고 조리기구를 정리 정돈한 후 시험위원의 지시에 따라 퇴실합니다.
10. 시험시작 전 가벼운 몸 풀기(스트레칭) 동작으로 긴장을 풀고 시험을 시작합니다.

지급재료목록(총재료)

재료명	규격	단위	수량	비고
광어	500~700g	마리	1	
무		g	300	둥근 모양으로 지급
우동면(생우동면)		g	150	
새우	30~40g, 껍질 있는 것	마리	1	
오징어	몸살, 5cm 이상	g	30	
고구마	중	g	20	
생표고버섯		개	1	
쑥갓		g	20	
밀가루	박력분	g	100	
청주		mL	30	
달걀		개	9	
레몬		개	1/4	
실파		g	20	
고춧가루		g	10	
식초		mL	30	
흰 설탕		g	20	
건다시마	5X10cm	장	2	
소금		g	10	
식용유		mL	500	
가다랑어포(가쓰오부시)		g	20	
맛술(미림)		mL	40	
진간장		mL	50	
청차조기잎(시소)		장	2	깻잎으로 대체 가능

지급재료목록(과제별)

1. 광어회	2. 튀김우동	3. 달걀말이
광어	우동면(생우동면)	달걀
무	새우	무
진간장	오징어	흰 설탕
고춧가루	고구마	건다시마
식초	생표고버섯	소금
레몬	쑥갓	식용유
실파	달걀	가다랑어포(가쓰오부시)
건다시마	가다랑어포(가쓰오부시)	맛술
청차조기잎(시소)	건다시마	진간장
	밀가루	청차조기잎(시소)
	식용유	
	청주	
	맛술(미림)	
	진간장	

히라메노우스즈쿠리

광어회

平目の薄作り : ひらめのうすづくり, Flatfish Sashimi

조리법

1. 광어는 머리 부분에 칼집을 넣어 피를 뺀다. 비늘 제거 후 내장을 제거하여 깨끗이 씻어 수분을 제거한다.
2. 광어를 도마 위에 놓고 꼬리, 배, 등지느러미에 각각 칼집을 넣어 등뼈를 중심으로 산마이오로시(三枚卸 : さんまいおろし 세장뜨기)를 한다.
3. 껍질을 벗겨내고 거즈에 담아둔다.
4. 광어는 결을 맞추어서 얇게 우스즈쿠리(うすづくり, 薄造り)로 포를 떠서 접시에 시계 반대 방향으로 돌려가며 접시에 담는다.
5. 무는 껍질 제거 후 얇게 돌려깎아(가쓰라무키 かつらむき, 桂剝き) 가늘게 채썬 뒤 찬물에 담가둔다.
6. 찬물 1컵에 다시마를 넣고 끓으면 다시마는 건져내고 다시물을 만든다.
7. 양념초간장 폰즈(ポン酢 : ぽんず)와 양념 야쿠미(薬味 : やくみ)를 준비한다.
   - 폰즈 : 다시물 1Ts, 진간장 1Ts, 식초 1Ts로 폰즈를 만든다.
   - 야쿠미 : 남은 무는 강판에 갈아 찬물에 헹군 뒤 고운 고춧가루를 입혀 빨간 무즙 아카오로시(赤卸)를 만든 후 레몬은 반달형, 실파(푸른 부분)는 곱게 썰어 찬물에 씻어준다.
8. 접시에 담은 회 중앙에 물기를 제거한 무갱을 담아내고, 폰즈와 야쿠미를 각각 담아낸다.

주의사항

1. 광어 손질을 능숙하게 한다.
2. 우스즈쿠리(광어 얇은 회)와 가쓰라무키(무 돌려깎기)를 일정한 모양으로 썬다.

용어 해설

1. 생선회 써는 방법

히라즈쿠리 ひらづくり : 칼을 세워 생선 살의 오른쪽부터 썬다. 살이 연한 생선 예) 참치, 고등어 등의 붉은 살 생선

- ▸ 소기즈쿠리 そぎづくり : 칼을 비스듬히 눕혀 생선 살의 섬유결에 따라 왼쪽부터 5mm 두께로 썬다.
- ▸ 우스즈쿠리 うすづくり : 소기즈쿠리와 같은 방법이나 아주 얇게 썬다. 예) 복어
- ▸ 호소즈쿠리 ほそづくり : 가늘게 길이로 당겨 써는 방법. 더 가늘게 자르는 것은 이토즈쿠리 예) 오징어회
- ▸ 기리카게즈쿠리 きりかけづくり : 껍질이 두껍거나 지방이 많은 생선으로 히라즈쿠리와 같은 방법
- ▸ 가쿠즈쿠리 かくづくり : 살이 연한 생선을 써는 방법으로 히라즈쿠리와 비슷하나 주사위 모양으로 썬다.

2. 회 썰기의 기본

회 썰기의 기본은 포를 놓을 때 두께가 얇은 면을 내 몸 쪽으로 두고 두꺼운 쪽을 반대쪽으로 둔다. 포를 보면 두꺼운 면이 있고 얇은 면이 있는데 등 쪽이 두껍고 배쪽으로 내려올수록 얇다. 두꺼운 면이 바깥을 향하게 해야 회가 모양이 잡히면서 썰어진다. 얇게 썰 때는 손가락을 회에 살짝 대고 포는 직각이 아닌 사선으로 썰어준다.

덴푸라우동

튀김우동

天婦羅饂飩 : てんぷらうどん, Tempura on Noodle

조리법

1. 찬물 500㎖에 다시마를 넣고 끓으면 다시마는 건져낸 뒤 가다랑어포(가쓰오부시)를 넣고 5분 정도 지나면 면포에 육수를 걸러(이치반다시 一番出 : いちばんだし) 일번다시를 만든다.
2. 새우는 머리를 제거하고 꼬리 1마디를 남기고 껍질과 내장을 제거한다. 꼬리 부분에 물총을 제거하고 안쪽(배)에 대각선으로 칼집을 3~5회 넣고 뒤집어 등을 눌러가며 길게 10cm 정도 늘려준다.
3. 오징어는 껍질을 제거하고 칼집을 좌우 대각선(솔방울 모양)으로 넣어 2×8cm 정도로 자른다.
4. 고구마는 길이 5cm로 편 썰어 준비하고, 생표고버섯은 윗면을 별 모양으로 깎는다.
5. 쑥갓은 찬물에 담근다. (튀김용)
6. 박력분은 체에 걸러 준비해 둔다.
7. 모든 재료(새우, 오징어, 생표고버섯, 고구마, 쑥갓)에 박력분을 묻혀준다.
8. 달걀 3개 중 1개는 반죽에 사용하고 2개는 골고루 풀어서 체에 내려 끓는 소금물에 살짝 익혀 거즈로 싸서 김발에 말아 후키요세 다마고를 만든다.
9. 찬물에 달걀노른자 체 친 박력분을 넣어 젓가락으로 저어 튀김반죽을 만들고 튀김 재료에 묻혀 예열된 기름 160℃~165℃ 정도의 온도에서 색에 유의하며 튀긴다.
10. 튀김이 떠오르면 묽은 튀김반죽을 뿌려 튀김 꽃을 만든 다음 노릇하게 튀겨지면 건져 기름을 제거한다.
11. 우동면을 끓는 물에 삶아 준비한다.
12. 냄비에 가쓰오부시 다시 400㎖, 진간장 1Ts, 청주 1Ts, 맛술 1Ts를 넣고 살짝 끓여준다.
13. 완성 그릇에 우동면을 담고 육수를 부어준 후 튀김을 올려 마무리한다.

주의사항

1. 요구사항에는 없지만 일식조리산업기사 5형 공개 문제에 달걀이 총 9개가 지급되는데, 달걀 6개는 달걀말이 과제에 사용하고, 달걀 3개는 튀김우동 과제 중 후키요세 다마고에 2개, 튀김반죽에 1개를 사용한다.
2. 튀김반죽의 농도를 잘 조절해서 튀김 꽃을 잘 피운다.
3. 무늬와 색을 나타내기 위해 생표고버섯은 칼집 모양에 튀김옷을 입혀주지 않도록 한다.

다시마키

달걀말이

出汁巻 : だしまき, Egg Roll

조리법

1. 가다랑어국물(가쓰오다시)을 만든다.
2. 달걀 6개, 가다랑어국물(가쓰오다시) 3Ts, 설탕 1Ts, 소금 1/3ts, 간장 1/3ts, 맛술 1ts를 섞어 고운체에 거른다.
3. 사각팬에 대나무젓가락을 사용하여 달걀말기를 하고, 김발에 말아서 적당히 식힌 후 썰어 담아낸다.
4. 무는 강판에 갈아 찬물에 살짝 씻어서 물기를 가볍게 제거한 다음 진간장으로 간을 하고 색을 낸다.
5. 접시에 시소를 깔고, 그 위에 달걀말이를 규격(8cm×2.5cm×1cm, 8개)에 맞게 썰어 간장 무즙과 함께 담아낸다.

주의사항

1. 달걀말이를 할 때 손으로 직접 말거나, 주걱 등을 사용하지 않는다.
2. 손목의 반동과 젓가락을 적절히 이용하여 달걀말이를 하도록 한다.
3. 달걀말이에 틈이 생기지 않도록 열조절과 팬의 기름양에 주의한다.
4. 무즙은 물로 한 번 씻어 물기를 짜내고 사용한다.

용어 해설

1. 다시마키(出汁巻 : だしまき) : 달걀(계란)말이

달걀에 다시를 섞어 약하게 간을 하여 구워낸 것이다. 달걀말이용 사각팬을 이용해서 기름을 얇게 두르고 달걀을 조금씩 넣어 말아가면서 구워내는 요리이다. 소메오로시(染め卸し)를 곁들인다.

2. 다마고야키(卵焼 : たまごやき) : 달걀(계란)구이

달걀을 풀어 설탕과 미림, 간장, 다시 등으로 조리하여 구워낸 것으로, 생선살을 갈아 섞어주는 경우도 있다.

3. 다마고야키나베(卵焼鍋 : たまごやきなべ) : 달걀(계란)말이 팬

달걀구이 전용의 도구를 말하며, 직사각형은 관서형이고 정사각형은 관동형으로 알려져 있다. 구리, 철, 알루미늄의 재질을 사용하며, 열의 전도가 좋은 구리제품이 재료를 균일하게 잘 익혀준다.

4. 소메오로시(染卸 : そめおろし) : 간장무즙

무즙에 간장을 곁들여 간장색이 나도록 한 것을 말하며, 무즙을 갈아 수분을 짜낸 것을 산봉우리 모양으로 만들어 위에서 간장을 살짝 뿌리거나, 간장에 찍어내며, 주로 구이요리의 곁들임에 사용된다.

출제기준(필기)

직무 분야	음식 서비스	중직무 분야	조리	자격종목	일식 조리산업기사	적용기간	2022.1.1.~2024.12.31.
○ 직무내용 : 일식메뉴 계획에 따라 식재료를 선정, 구매, 검수, 보관 및 저장하며 맛과 영양을 고려하여 안전하고 위생적으로 음식을 조리하고 조리기구와 시설관리를 수행하는 직무이다.							

필기검정방법	객관식	문제수	60	시험시간	1시간 30분

필기 과목명	출제 문제수	주요항목	세부항목	세세항목
위생 및 안전관리	20	1. 위생관리	1. 개인 위생관리	1. 위생관리기준 2. 식품위생에 관련된 질병
			2. 식품 위생관리	1. 미생물의 종류와 특성 2. 식품과 기생충질환 3. 살균 및 소독의 종류와 방법 4. 식품의 위생적 취급기준 5. 식품첨가물과 유해물질 혼입
			3. 작업장 위생관리	1. 작업장위생 및 위해요소 2. 해썹(HACCP) 관리기준 3. 작업장 교차오염발생요소 4. 식품위해요소 취급규칙 5. 위생적인 식품조리 6. 식품별 유통, 조리, 생산 시스템
			4. 식중독 관리	1. 세균성 및 바이러스성 식중독 2. 자연독 식중독 3. 화학적 식중독 4. 곰팡이 독소
			5. 식품위생 관계법규	1. 식품위생법 및 관계 법규 2. 식품 등의 표시 · 광고에 관한 법령
		2. 안전관리	1. 개인 안전관리	1. 개인 안전관리 점검표 2. 작업 안전관리 3. 개인 안전사고 예방 및 응급조치 4. 산업안전보건법
			2. 장비 · 도구 안전작업	1. 조리장비 · 도구의 종류와 특징, 용도 2. 조리장비 · 도구의 분해 및 조립 방법 3. 조리장비 · 도구 안전관리 지침 4. 조리장비 · 도구의 작동 원리 5. 주방도구 활용

필 기 과목명	출 제 문제수	주요항목	세부항목	세세항목
			3. 작업환경 안전관리	1. 작업장 환경관리 2. 작업장 안전관리 3. 화재예방 및 화재진압 4. 유해, 위험, 화학물질 관리 5. 정기적 안전교육 실시
		3. 공중 보건	1. 공중보건의 개념	1. 공중보건의 개념
			2. 환경위생 및 환경오염	1. 일광 2. 공기 및 대기오염 3. 상하수도, 오물처리 및 수질오염 4. 구충구서
			3. 산업보건관리	1. 산업보건의 개념과 직업병관리
			4. 역학 및 질병관리	1. 역학 일반 2. 급만성감염병관리 3. 생활습관병 및 만성질환
			5. 보건관리	1. 보건행정 및 보건통계 2. 인구와 보건 3. 보건영양 4. 모자보건, 성인 및 노인보건 5. 학교보건
식재료관리 및 외식경영	20	1. 재료관리	1. 저장 관리	1. 식재료 냉동 · 냉장 · 창고 저장관리 2. 식재료 건조창고 저장관리 3. 저장고 환경관리 4. 저장 관리의 원칙
			2. 재고 관리	1. 재료 재고 관리 2. 재료의 보관기간 관리 3. 상비량과 사용 시기 조절 4. 재료 유실방지 및 보안 관리
			3. 식재료의 성분	1. 수분 2. 탄수화물 3. 지질 4. 단백질 5. 무기질 6. 비타민 7. 식품의 색 8. 식품의 갈변 9. 식품의 맛과 냄새 10. 식품의 물성 11. 식품의 유독성분 12. 효소
			4. 식품과 영양	1. 영양소의 기능 2. 영양소 섭취기준

필 기 과목명	출 제 문제수	주요항목	세부항목	세세항목
일식조리	20	2. 조리외식경영	1. 조리외식의 이해	1. 조리외식산업의 개념 2. 조리외식산업의 분류 3. 외식산업 환경분석 기술
			2. 조리외식 경영	1. 서비스 경영 2. 외식소비자 관리 3. 서비스 매뉴얼 관리 4. 위기상황 예측 및 대처
			3. 조리외식 창업	1. 창업의 개념 2. 외식창업 경영 이론 3. 창업절차
		1. 메뉴관리	1. 메뉴관리 계획	1. 메뉴 구성 2. 메뉴의 용어와 명칭 3. 계절별 메뉴 4. 메뉴조절, 관리
			2. 메뉴 개발	1. 시장상황과 흐름에 관한 변화분석 2. 메뉴 분석기법 및 메뉴구성 3. 플레이팅 기법과 개념
			3. 메뉴원가 계산	1. 메뉴 품목별 판매량 및 판매가 2. 표준분량크기 3. 식재료 원가 계산 4. 재무제표 5. 대차대조표 6. 손익 분기점
		2. 구매관리	1. 시장 조사	1. 재료구매계획 수립 2. 식재료, 조리기구의 유통 · 공급 환경 3. 재료수급, 가격변동에 의한 공급처 대체
			2. 구매관리	1. 공급업체 선정 및 구매 2. 육류의 등급별, 산지, 품종별 차이 3. 어패류의 종류와 품질 4. 채소, 과일류의 종류와 품질 5. 구매관리 관련 서식
			3. 검수관리	1. 식재료 선별 및 검수 2. 검수관리 관련 서식
		3. 재료준비	1. 재료준비	1. 재료의 선별 2. 재료의 종류 3. 재료의 조리 특성 및 방법 4. 조리과학 및 기본 조리조작 5. 조리도구의 종류와 용도 6. 작업장의 동선 및 설비 관리

필 기 과목명	출 제 문제수	주요항목	세부항목	세세항목
			2. 재료의 조리원리	1. 농산물의 조리 및 가공 · 저장 2. 축산물의 조리 및 가공 · 저장 3. 수산물의 조리 및 가공 · 저장 4. 유지 및 유지 가공품 5. 냉동식품의 조리 6. 조미료와 향신료
			3. 식생활 문화	1. 일식의 음식 문화와 배경 2. 일식의 분류 3. 일식의 특징 및 용어
		4. 일식 냄비조리	1. 냄비국물 우려내기	1. 국물우려내는 방법 2. 국물재료에 따른 불 조절방법
			2. 냄비요리 조리	1. 재료특성에 따른 냄비 선택 2. 메뉴에 따른 양념장 3. 향신료의 특성과 종류
		5. 일식 튀김조리	1. 튀김옷 준비	1. 튀김옷의 농도 2. 튀김 종류 3. 튀김 종류에 따른 조리방법
			2. 튀김조리	1. 튀김 기름 선택 2. 튀김 온도조절 3. 튀김 조리시간 4. 튀김 식재료 손질 방법
			3. 튀김담기	1. 튀김 완성품 담는 순서
			4. 튀김소스 조리	1. 튀김 소스 종류 2. 튀김 소스 조리방법
		6. 일식 굳힘조리	1. 굳힘조리	1. 굳힘조리 온도 2. 굳힘조리 시간 3. 재료에 따른 굳힘조리 방법 4. 굳힘 재료 처리기술
			2. 굳힘 담기	1. 완성품에 따른 담기선택 방법
		7. 일식 흰살생선 회조리	1. 흰살 회 손질	1. 흰살 회생선 종류 2. 흰살 회생선 숙성방법
			2. 흰살 회 썰기	1. 흰살생선 종류에 따른 썰기방법 2. 흰살생선 썰기 종류
			3. 흰살 회 담기	1. 흰살생선 담기 순서 2. 흰살생선 담기 곁들임 3. 흰살생선회 양념장 종류 4. 흰살생선 양념장 조리방법
		8. 일식 붉은살생선 회조리	1. 붉은살 회 손질	1. 붉은살 회생선 종류 2. 냉동붉은살 생선 해동방법 3. 붉은살 회생선 숙성방법

필 기 과목명	출 제 문제수	주요항목	세부항목	세세항목
			2. 붉은살 회 썰기	1. 붉은살 생선 종류에 따른 썰기방법 2. 붉은살 생선 썰기 종류
			3. 붉은살 회 담기	1. 붉은살 생선 담기 순서 2. 붉은살 담기 곁들임 3. 붉은살 생선 양념장 조리방법
		9. 일식 패류 회 조리	1. 조개류 회 손질	1. 조개류 선별방법 2. 조개류 손질방법 3. 조개류 숙성방법
			2. 조개류 회 썰기	1. 조개류 종류에 따른 썰기방법 2. 조개류 썰기 종류
			3. 조개류 회 담기	1. 조개류 회 담기 순서 2. 조개류 담기 곁들임 3. 조개류 곁들임 양념장 종류 4. 조개류 양념장 조리방법
		10. 롤 초밥조리	1. 롤 양념초 조리	1. 초밥용 배합초 종류 2. 초밥용 배합초 조리방법 3. 식초 종류 및 선택
			2. 롤 초밥 조리	1. 롤 초밥의 재료 및 종류 2. 롤 초밥 밥짓기 3. 재료에 따른 롤 초밥 모양 4. 롤 초밥 썰기 방법 5. 롤 초밥의 밥 온도
			3. 롤 초밥 담기	1. 롤 초밥 담기 순서 2. 롤 초밥 담기 곁들임 3. 롤 초밥 양념장 조리방법 4. 롤 초밥에 따른 소스 종류
		11. 일식 모둠 초밥조리	1. 양념초 조리	1. 초밥에 따른 배합초 종류
			2. 모둠초밥 조리	1. 모둠초밥의 재료 및 종류 2. 재료에 따른 모둠초밥 모양 3. 모둠초밥 썰기 방법 4. 모둠초밥의 밥 온도 5. 모둠초밥 종류에 따른 가열/비가열 방법
			3. 모둠초밥 담기	1. 모둠초밥 담기 순서 2. 모둠초밥 담기 곁들임 3. 모둠초밥 양념장 조리방법 4. 초밥 재료에 따른 소스 종류
		12. 일식 알 초밥 조리	1. 양념초 조리	1. 알 초밥에 따른 배합초 종류

필 기 과목명	출 제 문제수	주요항목	세부항목	세세항목
			2. 알 초밥 조리	1. 알 초밥의 재료 및 종류 2. 재료에 따른 알 초밥 모양 3. 알 초밥 종류에 부재료 선택 4. 알 초밥의 밥 온도 5. 알 초밥 종류에 맞는 재료 준비
			3. 알 초밥 담기	1. 알 초밥 담기 순서 2. 알 초밥 담기 곁들임 3. 알 초밥 양념장 조리방법
		13. 일식 초회조리	1. 초회조리하기	1. 초간장 재료 2. 초간장 종류와 특징 3. 초회조리에 관한 지식 4. 생선, 어패류 썰기
			2. 초회담기	1. 재료의 배합 비율 조절 2. 초회담기 순서
		14. 일식 국물조리	1. 국물우려내기	1. 가다랑어포의 종류와 특성
			2. 국물요리 조리하기	1. 간장, 식초, 맛술의 종류와 특성 2. 국물조리에 관한 지식
		15. 일식 조림조리	1. 조림하기	1. 조림조리에 관한 지식 2. 식재료의 색상, 윤기 내는 완성 기술 3. 조림 불 및 시간 조절
			2. 조림담기	1. 조림 특성에 따른 기물 선택 2. 곁들임 채소 손질 및 첨가 기술 3. 일식 데코레이션 기술 4. 조림메뉴에 따른 양념장의 종류와 특성
		16. 일식 구이조리	1. 구이 굽기	1. 구이재료에 따른 구이방법 2. 구이양념 조리법 3. 구이 부재료 4. 구이 소스
			2. 구이담기	1. 구이 담기 순서 2. 구이 담기 곁들임
		17. 일식 면류조리	1. 면 국물 조리	1. 면 종류에 맞는 맛국물 2. 면요리에 곁들이는 소스
			2. 면 조리하기	1. 면 삶기 2. 맛국물 내는 방법과 보존 기술 3. 면류조리 방법
			3. 면 담기	1. 면 종류에 따른 그릇 선택

필 기 과목명	출 제 문제수	주요항목	세부항목	세세항목
		18. 일식 밥류조리	1. 밥 짓기	1. 조리법(밥, 죽)에 맞게 물 조절 2. 곡류의 종류와 특성 3. 쌀 선별 능력 4. 쌀 씻기 조리법
			2. 녹차 밥 조리하기	1. 녹차 맛국물 내는 방법 2. 고명의 종류와 용도별 특성 3. 차의 종류
			3. 덮밥소스 조리	1. 덮밥 종류에 따른 조리소스 2. 덮밥 조리방법
			4. 덮밥류 조리하기	1. 고명조리 2. 전분 성질 및 호화도
			5. 죽류 조리하기	1. 멥쌀과 찹쌀의 종류와 특성 2. 죽의 종류와 조리법 3. 참기름과 달걀의 용도 4. 죽 농도 조절능력
		19. 일식 찜조리	1. 찜소스 조리	1. 찜소스 종류 2. 찜소스 조리방법
			2. 찜조리	1. 찜의 종류 2. 찜의 조리방법 3. 찜조리 시간 및 온도
			3. 찜담기	1. 찜 담기 순서 2. 찜 재료에 따른 기물 선택 3. 찜 곁들임

출제기준(실기)

직무 분야	음식 서비스	중직무 분야	조리	자격종목	일식 조리산업기사	적용기간	2022.1.1. ~2024.12.31.

○ 직무내용 : 일식메뉴 계획에 따라, 식재료를 선정, 구매, 검수, 보관 및 저장하며, 맛과 영양을 고려하여 안전하고 위생적으로 음식을 조리하고 조리기구와 시설관리 및 급식 · 외식경영을 수행하는 직무이다.

○ 수행준거 :

1. 생선 등의 식재료를 이용하여 용도에 맞게 냄비조리를 할 수 있다.
2. 다양한 식재료를 기름에 튀겨낼 수 있다.
3. 다양한 식재료를 이용하여 굳힘 조리를 할 수 있다.
4. 음식조리 작업에 필요한 위생관련지식을 이해하고 주방의 청결상태와 개인위생 · 식품위생을 관리하여 전반적인 조리작업을 위생적으로 수행할 수 있다.
5. 조리사가 주방에서 일어날 수 있는 사고와 재해에 대하여 안전기준 확인, 안전수칙 준수, 안전예방 활동을 할 수 있다.
6. 계절 · 장소 · 목적 등에 따라 메뉴를 구성하고, 개발하며 메뉴관리를 할 수 있다.
7. 광어, 도미, 옥도미, 보리멸, 가자미, 농어 등의 흰살생선을 사용하여 회를 조리할 수 있다.
8. 가다랑어 참치, 연어 등의 붉은살 생선을 이용하여 회를 조리할 수 있다.
9. 패류(貝類)를 이용하여 회를 조리할 수 있다.
10. 다양한 식재료를 이용하여 롤 초밥을 조리할 수 있다.
11. 다양한 식재료를 사용하여 모둠초밥을 조리할 수 있다.
12. 다양한 식재료를 이용하여 알초밥을 조리할 수 있다.
13. 다양한 식재료를 이용하여 초회를 조리할 수 있다.
14. 다양한 식재료를 이용하여 구이를 조리할 수 있다.
15. 다양한 식재료를 이용하여 면류를 조리할 수 있다.
16. 다양한 식재료를 이용하여 밥류를 조리할 수 있다.
17. 다양한 식재료를 이용하여 찜을 조리할 수 있다.
18. 다양한 식재료를 이용하여 국물을 조리할 수 있다.
19. 다양한 식재료를 이용하여 조림을 조리할 수 있다.

실기검정방법	작업형	시험시간	2시간 정도

필 기 과목명	주요항목	세부항목	세세항목
일식 조리실무	1. 일식 위생관리	1. 개인위생 관리하기	1. 위생관리기준에 따라 조리복, 조리모, 앞치마, 조리안전화 등을 착용할 수 있다. 2. 두발, 손톱, 손 등 신체청결을 유지하고 작업수행 시 위생습관을 준수할 수 있다. 3. 근무 중의 흡연, 음주, 취식 등에 대한 작업장 근무수칙을 준수할 수 있다. 4. 위생관련법규에 따라 질병, 건강검진 등 건강상태를 관리하고 보고할 수 있다.

필 기 과목명	주요항목	세부항목	세세항목
		2. 식품위생 관리하기	1. 식품의 유통기한 · 품질 기준을 확인하여 위생적인 선택을 할 수 있다. 2. 채소 · 과일의 농약 사용여부와 유해성을 인식하고 세척할 수 있다. 3. 식품의 위생적 취급기준을 준수할 수 있다. 4. 식품의 반입부터 저장, 조리과정에서 유독성, 유해물질의 혼입을 방지할 수 있다.
		3. 주방위생 관리하기	1. 주방 내에서 교차오염 방지를 위해 조리생산 단계별 작업공간을 구분하여 사용할 수 있다. 2. 주방위생에 있어 위해요소를 파악하고, 예방할 수 있다. 3. 주방, 시설 및 도구의 세척, 살균, 해충 · 해서 방제작업을 정기적으로 수행할 수 있다. 4. 시설 및 도구의 노후상태나 위생상태를 점검하고 관리할 수 있다. 5. 식품이 조리되어 섭취되는 전 과정의 주방 위생상태를 점검하고 관리할 수 있다. 6. HACCP적용 업장의 경우 HACCP관리기준에 의해 관리할 수 있다.
	2. 일식 안전관리	1. 개인안전 관리하기	1. 안전관리 지침서에 따라 개인 안전관리 점검표를 작성할 수 있다. 2. 개인안전사고 예방을 위해 도구 및 장비의 정리정돈을 상시 할 수 있다. 3. 주방에서 발생하는 개인 안전사고의 유형을 숙지하고 예방을 위한 안전수칙을 지킬 수 있다. 4. 주방 내 필요한 구급품이 적정 수량 비치되었는지 확인하고 개인 안전 보호 장비를 정확하게 착용하여 작업할 수 있다. 5. 개인이 사용하는 칼에 대해 사용안전, 이동안전, 보관안전을 수행할 수 있다. 6. 개인의 화상사고, 낙상사고, 근육팽창과 골절사고, 절단사고, 전기기구에 인한 전기 쇼크 사고, 화재사고와 같은 사고 예방을 위해 주의사항을 숙지하고 실천할 수 있다. 7. 개인 안전사고 발생 시 신속 정확한 응급조치를 실시하고 재발 방지 조치를 실행할 수 있다.

필 기 과목명	주요항목	세부항목	세세항목
		2. 장비 · 도구 안전작업하기	1. 조리장비 · 도구에 대한 종류별 사용방법에 대해 주의사항을 숙지할 수 있다. 2. 조리장비 · 도구를 사용 전 이상 유무를 점검할 수 있다. 3. 안전 장비류 취급 시 주의사항을 숙지하고 실천할 수 있다. 4. 조리장비 · 도구를 사용 후 전원을 차단하고 안전수칙을 지키며 분해하여 청소할 수 있다. 5. 무리한 조리장비 · 도구 취급은 금하고 사용 후 일정한 장소에 보관하고 점검할 수 있다. 6. 모든 조리장비 · 도구는 반드시 목적 이외의 용도로 사용하지 않고 규격품을 사용할 수 있다.
		3. 작업환경 안전관리하기	1. 작업환경 안전관리 시 작업환경 안전관리 지침서를 작성할 수 있다. 2. 작업환경 안전관리 시 작업장주변 정리 정돈 등을 관리 점검할 수 있다. 3. 작업환경 안전관리 시 제품을 제조하는 작업장 및 매장의 온 · 습도관리를 통하여 안전사고요소 등을 제거할 수 있다. 4. 작업장 내의 적정한 수준의 조명과 환기, 이물질, 미끄럼 및 오염을 방지할 수 있다. 5. 작업환경에서 필요한 안전관리시설 및 안전용품을 파악하고 관리할 수 있다. 6. 작업환경에서 화재의 원인이 될 수 있는 곳을 자주 점검하고 화재진압기를 배치하고 사용할 수 있다. 7. 작업환경에서의 유해, 위험, 화학물질을 처리기준에 따라 관리할 수 있다. 8. 법적으로 선임된 안전관리책임자가 정기적으로 안전교육을 실시하고 이에 참여할 수 있다.
	3. 일식 메뉴관리	1. 메뉴관리 계획하기	1. 균형 잡힌 식단 구성 방식을 감안하여 메뉴를 구성할 수 있다. 2. 원가, 식재료, 시설용량, 경제성을 감안하여 메뉴 구성을 조정할 수 있다. 3. 메뉴의 식재료, 조리방법, 메뉴명, 메뉴판 작성 등 사용되는 용어와 명칭을 정확히 구분하고 사용할 수 있다. 4. 수익성과 선호도에 따른 메뉴 엔지니어링을 할 수 있다. 5. 공헌이익을 높일 수 있는 메뉴구성을 할 수 있다.

필 기 과목명	주요항목	세부항목	세세항목
	4. 일식 냄비조리	1. 냄비재료 준비하기	1. 주재료를 용도에 맞게 손질할 수 있다. 2. 부재료를 용도에 맞게 손질할 수 있다. 3. 양념재료를 준비할 수 있다.
		2. 냄비국물 우려내기	1. 용도에 맞게 국물을 우려낼 수 있다. 2. 국물재료의 종류에 따라 불의 세기를 조절할 수 있다. 3. 국물재료의 종류에 따라 우려내는 시간을 조절할 수 있다.
		3. 냄비요리 조리하기	1. 재료특성에 따라 냄비를 선택할 수 있다. 2. 맛국물에 재료를 넣어 용도에 맞게 끓일 수 있다. 3. 메뉴에 따라 양념장을 조리할 수 있다.
	5. 일식 튀김조리	1. 튀김재료 준비하기	1. 식재료를 용도에 맞게 손질할 수 있다. 2. 식재료에 맞는 양념을 준비할 수 있다. 3. 튀김용도에 맞는 박력분과 전분을 준비할 수 있다.
		2. 튀김옷 준비하기	1. 식재료를 용도에 맞는 튀김옷의 재료를 사용하여 준비할 수 있다. 2. 튀김 식재료에 맞는 양념을 준비할 수 있다. 3. 튀김용도에 맞는 튀김옷의 농도를 맞출 수 있다.
		3. 튀김 조리하기	1. 용도에 맞는 튀김기름을 선택할 수 있다. 2. 밀가루와 전분을 사용하여 튀김옷의 농도조절을 할 수 있다. 3. 기름의 온도조절을 하여 재료의 특성에 맞게 튀겨낼 수 있다.
		4. 튀김담기	1. 완성된 튀김은 즉시 담아낼 수 있다. 2. 양념을 튀김용도에 맞게 담아낼 수 있다. 3. 완성된 튀김에 곁들임을 첨가하여 담아낼 수 있다.
		5. 튀김소스 조리하기	1. 완성된 튀김에 맞는 튀김소스를 준비할 수 있다. 2. 양념을 튀김용도에 맞게 조리할 수 있다. 3. 완성된 튀김에 튀김소스를 첨가하여 담아낼 수 있다.
	6. 일식 굳힘조리	1. 굳힘재료 준비하기	1. 식재료를 굳힘 재료의 특성에 맞게 손질할 수 있다. 2. 사각 굳힘 틀을 준비할 수 있다. 3. 곁들임 재료를 용도에 맞게 손질할 수 있다.

필 기 과목명	주요항목	세부항목	세세항목
		2. 굳힘조리하기	1. 맛국물을 만들어 주재료를 조릴 수 있다. 2. 굳힘 틀에 조린 재료와 부재료를 넣을 수 있다. 3. 조린 재료를 저온에서 굳힐 수 있다.
		3. 굳힘 담기	1. 기물을 선택할 수 있다. 2. 굳힌 재료를 모양내어 자를 수 있다. 3. 메뉴에 따라 특성에 맞게 곁들임을 준비하여 기물에 담을 수 있다.
	7. 일식 흰살생선 회조리	1. 곁들임 준비하기	1. 회에 곁들여지는 채소를 용도에 맞게 준비할 수 있다. 2. 회의 종류에 따라 양념을 준비할 수 있다. 3. 고추냉이를 준비할 수 있다.
		2. 흰살 회 손질하기	1. 흰살생선을 회감용도에 맞게 위생적으로 전처리할 수 있다. 2. 흰살생선을 특성에 맞게 숙성시킬 수 있다. 3. 조리법에 따라 초절임 또는 다시마 절임을 할 수 있다.
		3. 흰살 회 썰기	1. 흰살생선을 회감용도에 맞게 위생적으로 먹기 좋게 썰기 할 수 있다. 2. 흰살생선을 특성에 맞게 여러 가지 모양으로 썰기 할 수 있다. 3. 조리법에 따라 초절임 또는 다시마 절임한 생선을 썰기 할 수 있다.
		4. 흰살 회 담기	1. 접시는 차갑게 준비할 수 있다. 2. 생선, 어패류의 특성에 따라 담아낼 수 있다. 3. 완성된 회에 곁들임을 제공할 수 있다.
	8. 일식 붉은살생선 회조리	1. 붉은살 회 준비하기	1. 회에 곁들여지는 채소를 용도에 맞게 준비할 수 있다. 2. 회의 종류에 따라 양념을 준비할 수 있다. 3. 고추냉이를 준비할 수 있다.
		2. 붉은살 회 손질하기	1. 붉은살생선을 회감용도에 맞게 위생적으로 전처리할 수 있다. 2. 생선특성에 맞게 숙성시킬 수 있다. 3. 조리법에 따라 초절임 또는 다시마 절임을 할 수 있다.
		3. 붉은살 회 썰기	1. 붉은살 생선을 횟감용도에 맞게 위생적으로 먹기 좋게 썰기 할 수 있다. 2. 붉은살 생선을 특성에 맞게 다양한 모양으로 썰기 할 수 있다. 3. 조리법에 따라 초절임 또는 다시마 절임한 생선을 썰기 할 수 있다.

필 기 과목명	주요항목	세부항목	세세항목
		4. 붉은살 회 담기	1. 접시는 차갑게 준비할 수 있다. 2. 생선, 어패류의 특성에 따라 잘라서 담아낼 수 있다. 3. 완성된 회에 곁들임을 제공할 수 있다.
	9. 일식 패류 회조리	1. 조개류 곁들임 준비하기	1. 패류에 곁들여지는 채소를 용도에 맞게 준비할 수 있다. 2. 회의 종류에 따라 양념을 준비할 수 있다. 3. 고추냉이를 준비할 수 있다.
		2. 조개류 회 손질하기	1. 조개류 및 잡어 생선을 횟감용도에 맞게 위생적으로 전처리할 수 있다. 2. 생선, 어패류 특성에 맞게 숙성시킬 수 있다. 3. 조리법에 따라 초절임 또는 다시마 절임을 할 수 있다.
		3. 조개류 회 썰기	1. 패류회를 횟감용도에 맞게 위생적으로 먹기 좋게 썰기 할 수 있다. 2. 패류를 특성에 맞게 여러 가지 모양으로 썰기 할 수 있다. 3. 조리법에 따라 초절임 또는 다시마 절임한 생선을 썰기 할 수 있다.
		4. 조개류 회 담기	1. 접시는 미리 차갑게 준비할 수 있다. 2. 패류의 특성에 따라 잘라서 담아낼 수 있다. 3. 완성된 패류회에 곁들임을 제공할 수 있다.
	10. 롤 초밥조리	1. 롤 초밥재료 준비하기	1. 초밥용 밥을 준비할 수 있다. 2. 롤초밥의 용도에 맞는 재료를 준비할 수 있다. 3. 고추냉이(가루, 생)와 부재료를 준비할 수 있다.
		2. 롤 양념초 조리하기	1. 초밥용 배합초의 재료를 준비할 수 있다. 2. 초밥용 배합초를 조리할 수 있다. 3. 용도에 맞게 다양한 배합초를 준비된 밥에 뿌릴 수 있다.
		3. 롤 초밥 조리하기	1. 롤초밥의 모양과 양을 조절할 수 있다. 2. 신속한 동작으로 만들 수 있다. 3. 용도에 맞게 다양한 롤초밥을 만들 수 있다.
		4. 롤 초밥 담기	1. 롤초밥의 종류와 양에 따른 기물을 선택할 수 있다. 2. 롤초밥을 구성에 맞게 담을 수 있다. 3. 롤초밥에 곁들임을 첨가할 수 있다.

필기 과목명	주요항목	세부항목	세세항목
	11. 일식 모둠초밥 조리	1. 모둠초밥 재료 준비하기	1. 배합초를 섞어 초밥을 준비할 수 있다. 2. 초밥의 용도에 맞는 재료를 준비할 수 있다. 3. 고추냉이(가루, 생)와 부재료를 준비할 수 있다.
		2. 양념초 조리하기	1. 초밥용 배합초의 재료를 준비할 수 있다. 2. 초밥용 배합초를 조리할 수 있다. 3. 용도에 맞게 다양한 배합초를 준비된 밥에 뿌릴 수 있다.
		3. 모둠초밥 조리하기	1. 모둠초밥의 모양과 양을 조절할 수 있다. 2. 신속한 동작으로 만들 수 있다. 3. 용도에 맞게 다양한 모둠초밥을 만들 수 있다.
		4. 모둠초밥 담기	1. 모둠초밥의 종류와 양에 따른 기물을 선택할 수 있다. 2. 모둠초밥을 구성에 맞게 담을 수 있다. 3. 모둠초밥에 곁들임을 첨가할 수 있다.
	12. 일식 알 초밥조리	1. 알 초밥 재료준비하기	1. 배합초를 섞어 알초밥을 준비할 수 있다. 2. 초밥의 용도에 맞는 재료를 준비할 수 있다. 3. 고추냉이(가루, 생)와 부재료를 준비할 수 있다.
		2. 양념초 조리하기	1. 초밥용 배합초의 재료를 준비할 수 있다. 2. 초밥용 배합초를 조리할 수 있다. 3. 용도에 맞게 다양한 배합초를 준비된 밥에 뿌릴 수 있다.
		3. 알 초밥 조리하기	1. 알초밥의 모양과 양을 조절할 수 있다. 2. 신속한 동작으로 만들 수 있다. 3. 용도에 맞게 다양한 알초밥을 만들 수 있다.
		4. 알 초밥 담기	1. 알초밥의 종류와 양에 따른 기물을 선택할 수 있다. 2. 알초밥을 구성에 맞게 담을 수 있다. 3. 알초밥에 곁들임을 첨가할 수 있다.
	13. 일식 밥류조리	1. 밥짓기	1. 쌀을 씻어 불릴 수 있다. 2. 조리법(밥, 죽)에 맞게 물을 조절할 수 있다. 3. 밥을 지어 뜸들이기를 할 수 있다.
		2. 녹차밥 조리하기	1. 맛국물을 낼 수 있다. 2. 메뉴에 맞게 기물선택을 할 수 있다. 3. 밥에 맛국물을 넣고 고명을 선택할 수 있다.

필 기 과목명	주요항목	세부항목	세세항목
		3. 덮밥소스 조리하기	1. 덮밥용 맛국물을 만들 수 있다. 2. 덮밥용 양념간장을 만들 수 있다. 3. 덮밥재료에 따른 소스를 조리하여 덮밥을 만들 수 있다.
		4. 덮밥류 조리하기	1. 덮밥의 재료를 용도에 맞게 손질할 수 있다. 2. 맛국물에 튀기거나 익힌 재료를 넣고 조리할 수 있다. 3. 밥 위에 조리된 재료를 놓고 고명을 곁들일 수 있다.
		5. 죽류 조리하기	1. 맛국물을 낼 수 있다. 2. 용도(쌀, 밥)에 맞게 주재료를 조리할 수 있다. 3. 주재료와 부재료를 사용하여 죽을 조리할 수 있다.
	14. 일식 구이조리	1. 구이 굽기	1. 식재료의 특성에 따라 구이방법을 선택할 수 있다. 2. 불의 강약을 조절하여 구워낼 수 있다. 3. 재료의 형태가 부서지지 않도록 구울 수 있다.
		2. 구이 담기	1. 모양과 형태에 맞게 담아낼 수 있다. 2. 양념을 준비하여 담아낼 수 있다. 3. 구이종류의 특성에 따라 곁들임을 함께 낼 수 있다.
	15. 일식 면류조리	1. 면 국물 조리하기	1. 면 요리의 종류에 맞게 맛국물을 조리할 수 있다. 2. 주재료와 부재료를 조리할 수 있다. 3. 향미재료를 첨가하여 면 국물조리를 완성할 수 있다.
		2. 면 조리하기	1. 면 요리의 종류에 맞게 맛국물을 준비할 수 있다. 2. 부재료는 양념하거나 익혀서 준비할 수 있다. 3. 면을 용도에 맞게 삶아서 준비할 수 있다.
		3. 면 담기	1. 면 요리의 종류에 따라 그릇을 선택할 수 있다. 2. 양념을 담아낼 수 있다. 3. 맛국물을 담아낼 수 있다.
	16. 일식 찜조리	1. 찜 소스 조리하기	1. 메뉴에 따라 재료의 특성을 살려 맛국물을 준비할 수 있다. 2. 찜 소스를 찜의 종류와 특성에 따라 조리법에 맞추어 조리할 수 있다. 3. 첨가되는 찜 소스의 양을 조절하여 조리할 수 있다.

필 기 과목명	주요항목	세부항목	세세항목
		2. 찜 조리하기	1. 찜통을 준비할 수 있다. 2. 찜 양념을 만들 수 있다. 3. 식재료의 종류에 따라 불의 세기와 시간을 조절할 수 있다.
		3. 찜 담기	1. 찜의 특성에 따라 기물을 선택할 수 있다. 2. 재료의 형태를 유지할 수 있다. 3. 곁들임을 첨가하여 완성할 수 있다.
	17. 일식 국물조리	1. 국물 우려내기	1. 물의 온도에 따라 국물재료 넣는 시점을 조절할 수 있다. 2. 국물재료의 종류에 따라 불의 세기를 조절할 수 있다. 3. 국물재료의 종류에 따라 우려내는 시간을 조절할 수 있다.
		2. 국물요리 조리하기	1. 맛국물을 조리할 수 있다. 2. 주재료와 부재료를 조리할 수 있다. 3. 향미재료를 첨가하여 국물요리를 완성할 수 있다.
	18. 일식 초회조리	1. 초회조리하기	1. 식재료를 전처리할 수 있다. 2. 혼합초를 만들 수 있다. 3. 식재료와 혼합초의 비율을 용도에 맞게 조리할 수 있다.
		2. 초회 담기	1. 용도에 맞는 기물을 선택할 수 있다. 2. 제공 직전에 무쳐낼 수 있다. 3. 색상에 맞게 담아낼 수 있다.
	19. 일식 조림조리	1. 조림하기	1. 재료에 따라 조림양념을 만들 수 있다. 2. 식재료의 종류에 따라 불의 세기와 시간을 조절할 수 있다. 3. 재료의 색상과 윤기가 살아나도록 조릴 수 있다.
		2. 조림담기	1. 조림의 특성에 따라 기물을 선택할 수 있다. 2. 재료의 형태를 유지할 수 있다. 3. 곁들임을 첨가하여 담아낼 수 있다.

위생상태 및 안전관리 세부기준 안내

순번	구분	세부항목
1	위생복 상의	• 전체 흰색, 손목까지 오는 긴소매 – 조리과정에서 발생 가능한 안전사고(화상 등) 예방 및 식품위생(체모 유입방지, 오염도 확인 등) 관리를 위한 기준 적용 – 조리과정에서 편의를 위해 소매를 접어 작업하는 것은 허용 – 부직포, 비닐 등 화재에 취약한 재질이 아닐 것, 팔토시는 긴팔로 불인정 • 상의 여밈은 위생복에 부착된 것이어야 하며 벨크로(일명 찍찍이), 단추 등의 크기, 색상, 모양, 재질은 제한하지 않음(단, 핀 등 별도 부착한 금속성은 제외)
2	위생복 하의	• 색상 · 재질무관, 안전과 작업에 방해가 되지 않는 발목까지 오는 긴바지 – 조리기구 낙하, 화상 등 안전사고 예방을 위한 기준 적용
3	위생모	• 전체 흰색, 빈틈이 없고 바느질 마감처리가 되어 있는 일반 조리장에서 통용되는 위생모(모자의 크기, 길이, 모양, 재질(면 · 부직포 등)은 무관)
4	앞치마	• 전체 흰색, 무릎아래까지 덮이는 길이 – 상하일체형(목끈형) 가능, 부직포 · 비닐 등 화재에 취약한 재질이 아닐 것
5	마스크	• 침액을 통한 위생상의 위해 방지용으로 종류는 제한하지 않음(단, 감염병 예방법에 따라 마스크 착용 의무화 기간에는'투명 위생 플라스틱 입가리개'는 마스크 착용으로 인정하지 않음)
6	위생화 (작업화)	• 색상 무관, 굽이 높지 않고 발가락 · 발등 · 발뒤꿈치가 덮여 안전사고를 예방할 수 있는 깨끗한 운동화 형태
7	장신구	• 일체의 개인용 장신구 착용 금지(단, 위생모 고정을 위한 머리핀 허용)
8	두발	• 단정하고 청결할 것, 머리카락이 길 경우 흘러내리지 않도록 머리망을 착용하거나 묶을 것
9	손/손톱	• 손에 상처가 없어야하나, 상처가 있을 경우 보이지 않도록 할 것(시험위원 확인하에 추가 조치 가능) • 손톱은 길지 않고 청결하며 매니큐어, 인조손톱 등을 부착하지 않을 것
10	폐식용유 처리	• 사용한 폐식용유는 시험위원이 지시하는 적재장소에 처리할 것
11	교차오염	• 교차오염 방지를 위한 칼, 도마 등 조리기구 구분 사용은 세척으로 대신하여 예방할 것 • 조리기구에 이물질(예, 테이프)을 부착하지 않을 것
12	위생관리	• 재료, 조리기구 등 조리에 사용되는 모든 것은 위생적으로 처리하여야 하며, 조리용으로 적합한 것일 것
13	안전사고 발생 처리	• 칼 사용(손 빔) 등으로 안전사고 발생 시 응급조치를 하여야하며, 응급조치에도 지혈이 되지 않을 경우 시험진행 불가
14	부정 방지	• 위생복, 조리기구 등 시험장내 모든 개인물품에는 수험자의 소속 및 성명 등의 표식이 없을 것(위생복의 개인 표식 제거는 테이프로 부착 가능)
15	테이프사용	• 위생복 상의, 앞치마, 위생모의 소속 및 성명을 가리는 용도로만 허용

위생상태 및 안전관리에 대한 채점기준 안내

위생 및 안전 상태	채점기준
1. 위생복(상/하의), 위생모, 앞치마, 마스크 중 한 가지라도 미착용한 경우 2. 평상복(흰티셔츠, 와이셔츠), 패션모자(흰털모자, 비니, 야구모자) 등 기준을 벗어난 위생복장을 착용한 경우	실격 (채점대상 제외)
3. 위생복(상/하의), 위생모, 앞치마, 마스크를 착용하였더라도 – 무늬가 있거나 유색의 위생복 상의 · 위생모 · 앞치마를 착용한 경우 – 흰색의 위생복 상의 · 앞치마를 착용하였더라도 부직포, 비닐 등 화재에 취약한 재질의 복장을 착용한 경우 – 팔꿈치가 덮이지 않는 짧은 팔의 위생복을 착용한 경우 – 위생복 하의의 색상, 재질은 무관하나 짧은 바지, 통이 넓은 힙합스타일 바지, 타이츠, 치마 등 안전과 작업에 방해가 되는 복장을 착용한 경우 – 위생모가 뚫려있어 머리카락이 보이거나, 수건 등으로 감싸 바느질 마감 처리가 되어있지 않고 풀어지기 쉬워 일반 조리장용으로 부적합한 경우 4. 이물질(예: 테이프) 부착 등 식품위생에 위배되는 조리기구를 사용한 경우	'위생상태 및 안전관리' 점수 일부 감점
5. 위생복(상/하의), 위생모, 앞치마, 마스크를 착용하였더라도 – 위생복 상의가 팔꿈치를 덮기는 하나 손목까지 오는 긴소매가 아닌 위생복(팔토시 착용은 긴소매로 불인정), 실험복 형태의 긴가운, 핀 등 금속을 별도 부착한 위생복을 착용하여 세부기준을 준수하지 않았을 경우 – 테두리선, 칼라, 위생모 짧은 챙 등 일부 유색의 위생복 상의 · 위생모 · 앞치마를 착용한 경우 (테이프 부착 불인정) – 위생복 하의가 발목까지 오지 않는 8부바지 – 위생복(상/하의), 위생모, 앞치마, 마스크에 수험자의 소속 및 성명을 테이프 등으로 가리지 않았을 경우 6. 위생화(작업화), 장신구, 두발, 손/손톱, 폐식용유 처리, 안전사고 발생 처리 등'위생상태 및 안전관리 세부기준'을 준수하지 않았을 경우 7. '위생상태 및 안전관리 세부기준'이외에 위생과 안전을 저해하는 기타사항이 있을 경우	'위생상태 및 안전관리' 점수 일부 감점

• 위 기준에 표시되어 있지 않으나 일반적인 개인위생, 식품위생, 주방위생, 안전관리를 준수하지 않았을 경우 감점처리 될 수 있습니다.
• 수도자의 경우 제복 + 위생복 상의/하의, 위생모, 앞치마, 마스크 착용 허용

특급호텔의 메뉴는 국내 L호텔 일식당에서 판매했던 것을 소개해 보았다. 메뉴의 기본적인 내용은 거의 변함이 없으며, 세트메뉴 및 계절특선은 고객의 반응에 따라 매년 조금씩 수정 및 보완되고 있다. 모든 호텔의 메뉴가 동일하지는 않지만, 조리된 형태나 방법별로 대분류되는 것은 거의 유사하다고 할 수 있다. 다음에서는 각 메뉴별 특성을 설명하였고, 재료 및 조리법을 참고할 수 있도록 간단하게 나타냈다. 여기에 소개한 메뉴가 절대적인 것은 아니며, 각 호텔별로 특성의 차이가 있음을 유념해 주기 바란다.

제 3 장

특급호텔의 일본요리메뉴

1. 회석요리

懐石料理 · 会席料理 ; かいせきりょうり, TABLE d'HOTE

회석요리는 서양요리의 풀코스 요리와도 같으며, 특급호텔 일식당(Japanese Restaurant)의 메뉴판 첫 페이지에 나오는 경우가 많다. 보통은 자회사 일식당 이름을 붙여 ㅇㅇ코스라고도 부르는데, 대개 1인분의 가격은 10만 원 내외이나 특별한 예약이나 주문에 의할 경우에는 조리장의 요구에 따라 더욱 비싸게 받기도 한다.

코스의 구성은 간단한 안주와 전채요리로부터 시작하여 맑은국, 생선회, 구이요리, 튀김요리, 조림요리, 초회나 특별 안주요리, 식사, 후식 등으로 이어지는데, 각 호텔이나 업장에 따라 요리가 나오는 순서에 다소 상이함이 보이곤 한다.

회석요리의 특징은 각 요리에 사용하는 그릇이나 식재료에서 계절감을 느낄 수 있고, 또 한 가지씩 나오는 음식을 술을 마시며 천천히 음미하면서 즐길 수 있다는 것이다. 식사는 계절이나 조리장의 추천에 따라 밥이나 면 등을 선택할 수 있는 경우도 있다. 회석요리는 다도(茶道)의 형식에서 시작되어 중세를 거쳐 모모야마시대(桃山時代)에 걸쳐 발전된 요리의 형식인 회석요리(懐石料理)와 연회의 향응음식으로서의 회석요리(会席料理)로 대별된다.

처음에는 사찰음식인 쇼진요리(精進料理 : しょうじんりょうり)의 영향을 받았으나, 무사나 도시인들에게 퍼져 나가면서 육류와 어개류도 사용하게 되어 현재의 회석요리(会席料理 : かいせきりょうり)의 기초가 되었다. 원래 회석요리(懐石料理)는 차를 마시기 위한 차회석요리(茶懐石料理 : ちゃかいせきりょうり)이고, 일본식 발음이 같은 회석요리(会席料理)는 술을 마시기 위한 연회요리(宴会料理)인데, 에도시대(江戸時代) 말기부터 메이지(明治)에 걸쳐서 예법에 구애받지 않는 연회요리(宴会料理)를 일반적으로 회석요리(会席料理)라고 부르게 되

었다. 호텔에 따라 회석요리(会席料理), 또는 회석요리(懐石料理)로 표기하고 있으나, 실제 나오는 요리의 형식을 보면, 두 가지의 형식이 혼용되거나 연회요리에 많이 가까운 것을 알 수 있다.

1) 진미(先付 : さきつけ, Specialties)

고객의 주문이 떨어지자마자 가장 먼저 나가는 간단한 안주요리이다. 일본사람들은 식사 전에 맥주나 청주 등을 먼저 한 잔씩 마시는 습관이 있는데, 그것을 위한 술안주로서, 또 식욕촉진의 역할을 할 수 있는 음식으로서 서브되는 음식이다. 작은 그릇에 소량의 음식을 담아 나간다고 하여 고바치(小鉢 : こばち), 고즈케(小付 : こづけ), 또는 쓰키다시(突出 : つきだし)라고도 한다.

2) 전채(前菜 : ぜんさい, Assorted Seasonal Appetizers)

사키쓰케와 더불어 식전에 내는 안주요리로서, 서양요리의 전채요리의 영향을 받아 생겨났으며, 삼품(三品), 오품(五品)의 모리쓰케(盛付 : もりつけ)가 주로 쓰인다. 젠사이 그릇에 세 가지 또는 다섯 가지의 음식을 조금씩 내는데, 계절과 색감, 그리고 야채, 육류, 어류, 난류 등의 조화가 맞아야 한다. 그래서 젠사이만 보고도 그 계절의 자연을 음식 속에서 찾을 수 있고, 그 업장의 수준을 가늠해 볼 수 있다.

3) 맑은국(吸物 : すいもの, Today's Clear Soup)

일번다시를 소금, 간장, 청주 등으로 간을 한 국물요리로서, 주재료와 부재료, 그리고 향기를 내는 재료 등의 조화와 계절감이 중요하다. 주로 생선회를 먹기 전에 나오는데, 이는 생선회의 참맛을 즐길 수 있도록 입을 가셔주는 역할을 하기 때문이다. 따라서 맑은국의 간은 아주 약하게 하며, 주재료 및 부재료의 냄새가 너무 강하게 되지 않도록 유의해야 한다. 맑은국은 스이몽(吸物), 스마시지루(清汁), 오스마시(お清)라 부르기도 한다.

4) 생선회(造り：つくり, Assorted Raw Fish)

어류를 생식하는 일본의 대표적인 요리로서, 사시미(刺身 : さしみ)라고도 한다. 대개는 어패류를 사용하는데, 무를 채썬 겡(けん) 위에 시소(紫蘇 : しそ, Perilla)를 얹고, 3~5종의 생선회를 내어준다. 원래는 육류 등도 날것으로 사용되었다.

5) 생선구이(焼物：やきもの, Broiled Fish)

원래는 생선이나 육류 등도 사용했으나, 현재는 거의 생선의 소금구이, 간장구이, 된장구이, 꼬치구이 등이 나오고 있다. 보통은 직화로 구우며, 구이 옆에 곁들임으로 나오는 요리를 아시라이(あしらい)라고 하는데, 이것 또한 계절감과 색깔, 향기, 생선과의 조화가 잘 어울리도록 한다.

6) 튀김요리(揚物：あげもの, Fried Dish)

다량의 기름에 재료를 넣어 튀겨낸 요리로서, 튀김방법이나 튀김옷의 종류에 따라 여러 가지 모양으로 나올 수 있는데, 튀김온도와 시간에 유념한다. 주로 식물성을 사용하고, 창호지나 튀긴 당면을 깔고 그 위에 요리를 담아내는 경우가 많다.

7) 특별안주(口代り：くちがわり, Dishes of the Day)

중간에 내는 술안주요리로서 산이나 바다에서 나는 재료를 이용하여 3~5종류를 한 접시에 담아낸다.

8) 조림요리(煮物：にもの, Boiled Delicacies)

니모노는 식사 때 찬의 역할도 하며, 때에 따라서는 가이세키(会席料理)에서 식사 바로 전에 나오기도 한다. 재료의 특성에 따라 간을 하여 조리는 방법이 다양하며, 관동과 관서의 차이가 국물의 양이나 농도에서 현저함을 나타낸다.

9) 초회(酢物 : すのもの, Vinegared Dish)

주로 해초나 해물 등의 재료에 식초와 설탕, 간장, 청주 등으로 만든 삼바이즈(三杯酢 : さんばいず)나 아마즈(甘酢 : あまず) 같은 소스를 곁들인 요리로, 새콤달콤한 맛으로 입맛을 개운하게 해준다.

10) 식사(食事 : しょくじ, Steamed Rice or Noodles)

보통은 밥과 된장국을 내기도 하지만, 주먹밥을 구운 야키메시(焼飯 : やきめし)나, 차즈케(茶漬 : ちゃづけ), 죽, 초밥 등 다양하게 식사를 내는 경우도 있다. 또 메밀국수나 우동, 소면 등을 주문에 의해 선택할 수 있도록 다양화한 업소도 있다. 어떠한 형태이든 밥이 나갈 경우에는 미소시루(味噌 : みそじる, 된장국)와 오싱코(御新香 : おしんこ, 일본김치), 면이 나갈 경우에는 오싱코만 곁들여서 나간다.

11) 과일(果物 : くだもの, Fresh Fruit)

최종적으로 나오는 디저트로, 보통은 계절과일이 나오는 경우가 많고, 맛차나 아이스크림, 또는 커피가 나오기도 한다. 아마모노(甘物 : あまもの, 단음식—요캉이나 일본과자)로써 끝을 맺기도 한다.

2. 정식메뉴

定食 ; ていしょく, SET MENU

정식의 편의를 위하여 한 가지 메뉴에 여러 가지 요리를 맛볼 수 있도록 각 업소의 특성에 따라 조합하여 만들어놓은 메뉴로, 그 구성은 호텔마다 현저한 차이를 보이고 있다. 다만, 공통적인 사항은 정식요리를 주문하면, 같이 세팅된 요리와 함께 여러 가지 음식의 맛을 즐길 수 있고, 아울러 요리를 따로따로 주문하는 것보다 경제적으로 이점이 있다는 것이다. 주로 점심시간대에 많이 팔리고 있으며, 간혹 단체고객이 원하는 가격대에 따라 추천해 주기도 한다. 메뉴이름에 딸린 요리를 바탕으로 하여 그것과 어울리는 요리로 구성되어 있으며, 밥과 국, 쓰케모노(漬物 : つけもの, 절임류) 등이 기본적으로 구성요소에 포함되어 있다.

여기에 소개된 것들은 하나의 예일 뿐 절대적인 것은 아니며, 예고 없이 변경될 수도 있다.

1) 생선회 정식

전채요리 : 계절재료를 이용한 젠사이
샐러드 : 양상추 샐러드, 와후(和風) 드레싱
생선회 : 계절생선 4종
조림요리 : 생선 및 야채조림 또는 자완무시
쓰키다시 : 진미안주
덴푸라 : 새우, 생선, 야채 3종
맑은국 : 조개맑은국, 송이, 모미지후
식사 : 백반
일본김치 : 다쿠앙, 랏교, 교나무침

2) 튀김 정식

모둠튀김 : 새우, 생선, 야채
덴다시, 야쿠미
양상추 샐러드
콩조림
된장국
식사 : 백반
일본김치 : 다쿠앙, 나라즈케, 교나무침

3) 장어구이 정식

장어구이
생선회 : 계절생선 3종
양상추 샐러드
쓰키다시 : 해초초회
식사 : 완두콩밥
맑은국 : 순채, 소면, 계란두부, 무순
일본김치 : 배추절임, 열무절임, 다쿠앙, 나라즈케

4) 생선구이 정식

삼치소금구이
생선회 : 계절생선 2종
옥도미 사쿠라무시
니모노 : 양상추 샐러드
쓰키다시 : 계절진미
식사 : 백반
된장국 : 두부, 미역, 팽이버섯
일본김치 : 교나무침, 다쿠앙, 랏교

5) 도시락 정식

야키모노 : 삼치소금구이
생선회 : 계절생선 2종
니모노 : 해물과 야채조림
모둠반찬 : 계란말이 외 11종
쓰키다시 : 검정콩조림
식사 : 백반, 완두콩
된장국 : 순채, 미역
일본김치 : 배추절임, 오이절임, 마늘 장아찌

6) 생선초밥 정식

생선초밥 : 참치 붉은살, 도미, 광어, 전복, 피조개, 성게알, 날치알
곁들임 : 호소마키, 무순, 생강
양상추 샐러드
아게모노 : 새우 및 야채튀김
된장국
간장

7) 도미조림 정식

도미조림
양상추 샐러드
식사 : 백반
된장국 : 미역, 두부, 팽이버섯
일본김치 : 배추절임, 오이절임, 다쿠앙

8) 계절정식

생선구이 : 연어소금구이
생선회 : 계절생선 3종
니모노 : 옥도미 사쿠라무시
양상추 샐러드
쓰키다시 : 계절진미
해초초회, 고마다레
식사 : 백반
맑은국 : 대합, 송이, 모미지후, 유채
일본김치 : 교나무침, 다쿠앙, 랏교

9) 조리장 특별메뉴 Ⅰ

야키모노 : 왕새우철판구이
생선회 : 계절생선 2종
양상추 샐러드
쓰키다시 : 계절진미
식사 : 백반
된장국 : 순채, 두부
일본김치 : 배추절임, 다쿠앙, 오이절임

10) 조리장 특별메뉴 Ⅱ

야키모노 : 은대구철판구이
생선회 : 계절생선 2종
양상추 샐러드
쓰키다시 : 계절진미
식사 : 백반
된장국 : 순채, 두부
일본김치 : 배추절임, 다쿠앙, 오이절임

3. 진미안주

酒肴珍味 ; さけざかなちんみ, APPETIZER

진미안주로서 일본사람들이 좋아하는 전통적인 소량의 안주요리이다. 한국사람이 처음 먹기에는 다소 거부감이 있지만, 입맛을 들이면 다시 찾게 되는 요리들이다.

1) 해삼창자젓(海鼠腸 ; このわた, Salted Entrails of Trepang)

해삼의 내장으로 만든 젓갈로, 가라스미(鱲子 ; からすみ, 숭어난소절임), 우니(雲丹 ; うに, 성게알)와 더불어 3대 진미로 전해져 내려오고 있다. 약간 굵은 실처럼 생긴 모양으로 한 마리에서 한 줄 나온다. 이것을 취해 불순물을 제거하고 소금에 절였다가 숙성시켜 만든다. 고객에게 서브될 때에는 청주 등으로 적당히 간을 하고, 메추리알과 김을 잘게 썰어 올려준다. 이것을 밥에 올려 비벼 먹거나 술안주로 즐긴다.

2) 산마즙(月見薯蕷 ; つきみとろろ, Grated Yam with Egg)

산마를 껍질을 벗겨 강판에 갈아낸 즙으로 흰색의 점액질 물질이다. 소금과 청주, 계란흰자 등으로 간을 하여 내어준다. 위에 달모양처럼 계란이나 메추리알의 노른자를 올려준다. 한입에 후루룩 마시거나 메밀국수 다시에 넣어 먹기도 한다.

3) 연어알(いくら ; икра, Red Caviar)

연어나 송어의 알을 염장시킨 것으로서, 러시아어에서 생선알의 뜻을 가진 '이크라'를 일본식으로 발음한 것이다. 산란 직전의 연어를 잡아 알을 빼내어, 포화식염수에 10~20분 정도 담가두었다가 헹구어 식물성 유지에 묻혀 밀봉하여 냉동유통한다. 이것을 청주로 살짝 헹구어 약간의 와사비(고추냉이)를 곁들여 조리한다.

4) 청어알(数の子 ; かずのこ, Air Dried Herring-roe)

청어의 알이나 그 가공품으로서, 가공품으로는 소금에 절인 것과 건조시킨 것이 있다. 염장(塩蔵)제품의 경우 약 5%의 식염수에서 2~3일 염지(塩漬)시킨 것으로, 조리 시 사용할 때에는 물에 하루나 이틀 정도 담가 소금기를 빼낸다. 말린 것은 3~4일간 쌀 씻은 물에 담갔다가 사용한다. 요즈음에는 염장시킨 것이 많으며, 대개는 삼바이스나 도사스를 곁들여 이토가키 등을 얹어나가는 경우가 많다.

5) 아귀간(鮟鱇の肝 ; あんこうのきも, Angler Fish Liver)

아귀의 간으로 생물을 사용하기도 하지만, 대부분 통조림으로 가공된 것을 사용한다. 단백질과 지방이 많아 맛이 진하므로 주로 폰즈쇼유 및 아카오로시에 곁들여 제공된다.

6) 은행구이(銀杏 ; ぎんなん, Gingkonut)

은행의 속껍질을 벗겨낸 다음 맛소금을 약간 뿌려 구워낸다.

7) 생야채(生野菜 ; なまやさい, Fresh Vegetable)

오이, 당근, 양상추 등의 야채를 먹기 좋은 크기로 잘라 보기 좋게 담아낸다.

4. 찜요리

蒸物 : むしもの, STEAMED DISH

1) 도미머리술찜(鯛の酒蒸し ; たいのさかむし, Steamed Sea Bream with Sake)

(1) 재료

도미머리, 두부, 생표고버섯, 청주, 쑥갓, 대파, 조미료, 폰즈

(2) 조리법

① 손질한 도미머리에 소금을 뿌려 10분쯤 절인 후 시모후리하여 비늘과 이물질을 제거한다.

② 생표고는 칼집을 넣어 모양을 내고, 야채는 한입 크기로 썰어둔다.

③ 오목접시에 다시마를 깔고, 도미머리를 담는다.

④ 청주에 소금을 조금 넣고 재료 위에 뿌려준다(청주와 다시를 반씩 섞기도 함).

⑤ 찜기에 넣고 10분 정도 쪄낸 다음 야채를 담고, 5분간 더 찐다.

⑥ 다 익으면 아오미를 넣고 김을 한번 쏘인 다음 폰즈와 함께 낸다.

2) 대합술찜(蛤の酒蒸し；はまぐりのさかむし, Steamed Clam with Sake)

(1) 재료

대합, 청주, 다시마, 쑥갓, 당근, 표고버섯, 레몬, 조미료, 폰즈

(2) 조리법

① 대합은 해감을 토하게 하고 껍질을 깨끗하게 씻어둔다.
② 당근은 꽃모양을 내고, 표고는 칼집을 넣는다.
③ 오목접시에 다시마를 깔고 대합과 야채를 보기 좋게 담는다.
④ 청주에 소금으로 약하게 간을 하여 뿌려준다.
⑤ 찜기에서 5분 정도 찐 다음 아오미를 넣고 완성하여 폰즈와 함께 낸다.

3) 계란찜(茶碗蒸し；ぢゃわんむし, Cup Cooked Egg Custard)

(1) 재료

계란, 다시, 닭고기, 은행, 어묵, 죽순, 새우, 건표고버섯, 연간장, 미림, 소금, 조미료

(2) 조리법

① 계란을 깨어 잘 저은 뒤, 약 3배 분량의 다시와 함께 섞어 약하게 간을 한다.
② 은행은 삶아 속껍질을 벗기고, 각 재료들은 은행 정도의 크기로 잘라 삶아놓는다.
③ 계란찜 용기에 재료를 담고 계란물을 부어 약한 불에서 15분 정도 쪄낸다.
④ 대파를 가늘게 채썰어 튀긴 것을 올려 마무리한다.

5. 초회

酢物 ; すのもの, VINEGARED DISH

1) 모둠초회(酢の物盛り合わせ ; すのものもりあわせ, Assorted Vinegared)

(1) 재료

새우, 새조개, 문어, 오징어살, 전어, 청어알, 꽃게, 굴, 고모치곰부, 오이, 레몬, 아카오로시, 삼바이스, 폰즈, 오이, 초연근

(2) 조리법

① 새우는 삶아 껍질을 벗기고, 새조개는 손질하여 이물질을 제거한다.

② 문어는 삶아 익히고, 오징어는 칼집을 넣어 삶는다.

③ 꽃게는 삶아서 자르고, 나머지 재료들은 한입 크기로 잘라놓는다.

④ 오이는 자바라기리하여 놓고, 재료들의 색에 맞추어 접시에 담는다.

⑤ 굴을 깨끗하게 씻어 사용하고, 청어알은 쌀뜨물에 담가 염기를 빼서 사용한다.

⑥ 초연근과 레몬으로 장식하고 폰즈와 삼바이스를 각각 그릇에 담아낸다.

2) 문어초회(蛸酢の物 ; たこすのもの, Vinegared Octopus)

(1) 재료

문어, 오이, 미역, 소금, 레몬, 삼바이스

(2) 조리법

① 오이는 자비라기리하여 소금물에 절여놓고, 미역은 물에 불려놓는다.

② 미역과 오이를 적당한 크기로 잘라 그릇에 담고, 문어를 파도썰기하여 담아 레몬을 곁들인다.

③ 삼바이스 또는 도사스를 뿌려 서브한다.

3) 해삼초회(海鼠酢の物 ; なまこすのもの, Vinegared Sea Cucumber)

(1) 재료

해삼, 오이, 미역, 아카오로시, 폰즈, 레몬

(2) 조리법

① 오이를 얇게 와기리하여 소금물에 절여 짜놓는다.

② 건미역을 물에 올려 4~5cm 정도의 길이로 잘라놓는다.

③ 오이와 미역을 그릇에 담고, 손질된 해삼을 한입 크기로 잘게 썰어 담는다.

④ 아카오로시와 레몬으로 장식하여 폰즈를 곁들여 서브한다.

6. 생선회

御造り, 刺身 ; おつくり, さしみ, SASHIMI

1) 모둠생선회(刺身盛り合わせ ; さしみもりあわせ, Assorted Sashimi)

(1) 재료

참치, 도미, 광어, 피조개, 왕우럭조개, 갑오징어, 학꽁치, 성게, 전복, 전어, 고등어, 겡, 시소, 무순, 와사비, 무즙, 오이꽃, 당근

(2) 조리법

① 각각의 생선을 특성에 맞게 손질하여 놓는다.

② 접시에 겡과 시소잎을 깔고 참치회를 중심으로 하여 색과 모양을 맞춰 담는다.

③ 곁들임 재료로 장식하여 담아낸다.

2) 흰살생선회(白身薄造り ; しろみうすづくり, Thin Sliced Sashimi with Ponzu)

(1) 재료

도미, 광어, 농어 중에서 한 가지, 폰즈, 아카오로시

(2) 조리법

① 손질한 생선살을 깨끗하게 다듬어놓는다.

② 생선회칼을 이용하여 둥글게 당기듯이 얇게 썰어 원형으로 담는다.

③ 접시의 무늬가 비치도록 담아 폰즈와 함께 낸다.

3) 특별생선회(特別刺身 ; とくべつさしみ, Special Assorted Sashimi)

(1) 재료

도미, 전복, 피조개, 참치, 광어, 청어알, 갑오징어, 왕우럭조개, 겡, 오이, 유채, 소국, 당근, 엽란, 와사비, 이십일무, 도사카노리

(2) 조리법

① 도미는 머리에 붙인 채 손질하여, 이쑤시개를 이용하여 머리와 꼬리를 세우고 무를 받쳐놓아 중심을 잡는다.

② 도미의 껍질을 벗기지 않고 시모후리하여 도톰하게 썰어 레몬을 사이에 넣어 담는다.

③ 전복과 피조개, 왕우럭조개는 껍질을 이용하여 담는다.

④ 참치의 붉은 살을 중심으로 하여 위치를 잡는다.

⑤ 갑오징어는 칼집을 넣어 당근과 김으로 말아 썬다.

⑥ 야채로 장식하고 와사비로 모양을 내어 담아낸다.

4) 바닷가재회(伊勢海老刺身 : オマール, Lobster Sashimi)

(1) 재료

바닷가재, 도사카노리, 레몬, 이십일무, 겡, 오이, 무즙, 와사비

(2) 조리법

① 바닷가재의 꼬리부분에 칼집을 넣고 분리하여 살을 떼어낸다.
② 머리를 갈라 미소(내장부분)를 꺼내어 슬라이스 레몬 위에 담는다.
③ 떼어낸 살을 한입 크기로 썰어 얼음물에 담갔다가 재빨리 건져 물기를 제거한다.
④ 접시 위에 겡을 깔고, 가재의 머리와 꼬리 부분을 얹어놓는다.
⑤ 꼬리부분을 뒤집어 살을 담고, 해초와 야채로 장식한다.
⑥ 머리와 다리는 고객의 주문에 의해, 지리나 구이로 조리하여 낸다.

5) 활어회(活适り ; いけづくり, Fresh Sashimi – Halibut or Sea Bream)

(1) 재료

도미나 광어 또는 농어나 방어 등의 활어 한 마리, 겡, 오이, 당근, 엽란, 꽃, 와사비, 무즙, 무, 무순, 이십일무 등

(2) 조리법

① 생선의 머리를 붙여놓은 채 내장과 아가미를 제거하고 오로시한다.
② 생선의 머리가 좌측으로 가도록 그릇 위에 고정시키고, 몸통에 생선회를 썰어 올려놓는다.
③ 부재료를 장식하여 완성하여 낸다.

6) 참치회(鮪刺身 : まぐろさしみ, Tuna Sashimi)

(1) 재료

참치붉은살, 오도로, 주도로, 아가미살, 기미, 겡, 무순, 시소, 와사비 등

(2) 조리법

① 겡을 깔고 참치붉은살(아카미)을 중심에 놓은 다음, 다른 부위를 주위에 둘러 담는다.

② 아카미를 가쿠기리하여 주사위 모양으로 썰어, 계란 노른자로 만든 기미를 얹어 담는다.

③ 부재료로 장식하여 낸다.

7. 맑은국

吸い物；すいもの, CLEAR SOUP

1) 조개국(蛤吸物；はまぐりすいもの, Clam Clear Soup)

(1) 재료

대합, 무순, 대파, 생강즙, 청주, 소금, 조미료, 다시, 우스쿠치

(2) 조리법

① 냄비에 대합을 담고 다시를 부은 다음, 청주를 넣어 끓인다.
② 대합이 벌어지면 건져내고, 소금과 조미료로 간을 한다.
③ 국그릇에 대합, 무순, 대파, 생강즙을 넣고 국물을 부어낸다.

2) 도미국(鯛吸物；たいすいもの, Sea Bream Clear Soup)

(1) 재료

도미, 무순, 대파, 생강즙, 청주, 우스쿠치, 소금, 조미료, 다시

(2) 조리법

① 도미머리를 손질하여 시모후리한 다음 한입 크기로 잘라놓는다.
② 곤부다시에 도미머리(또는 구운 도미뼈)를 넣고 끓인다.
③ 위에 뜬 기름을 건져내고, 다시와 같은 비율로 섞는다.
④ 청주와 소금, 간장, 조미료로 간을 하고 끓여내어 부재료와 함께 그릇에 담아낸다.

3) 자라국(鼈汁 ; すっぽんじる, Snapping Turtle Soup)

(1) 재료

자라살, 스이다시, 무순, 대파, 생강즙

(2) 조리법

① 다시에 소금과 연간장(우스쿠치)을 조금씩 넣어 스이다시를 만든다.
② 스이다시에 준비된 자라살을 넣고 살짝 끓인다.
③ 무순과 생강즙을 넣어 완성한 후 그릇에 담아낸다.

4) 전복국(鮑吸物 ; あわびすいもの, Abalone Soup)

(1) 재료

전복살, 스이다시, 무순, 대파, 생강즙

(2) 조리법

① 다시에 소금과 연간장(우스쿠치)을 조금씩 넣어 스이다시를 만든다.
② 스이다시에 전복을 2~3쪽 정도 얇게 썰어넣고 살짝 끓인다.
③ 무순과 생강즙을 넣어 완성한 후 그릇에 담아낸다.

8. 초밥요리

寿司, 鮨 ; すし, SUSHI

1) 모둠생선초밥(握り鮨 ; にぎりずし, Assorted Sushi)

(1) 재료

참치, 도미, 방어, 전복, 갑오징어, 피조개, 새우, 연어살, 호소마키, 초밥, 초생강, 시소, 와사비, 계란말이

(2) 조리법

① 초밥초의 재료(식초 1800cc, 설탕 800g, 소금 400g, 다시마)를 섞어 불에 올려 설탕과 소금이 녹을 때까지 저어준다.

② 생강을 슬라이스하여 끓는 물에 데쳐 아마스(물 3, 식초 1, 설탕 1, 소금 약간)에 담가 초생강을 만든다.

③ 밥을 꼬들꼬들하게 지어 초밥초로 밥알이 부서지지 않게 비벼준다(쌀 1되 : 초밥초 250cc)

④ 새우는 꼬치에 꿰어 구부러지지 않게 삶아 껍질을 벗기고 배를 갈라 펼쳐 놓는다.

⑤ 손질된 생선과 밥으로 니기리즈시를 만들며, 기름기가 많은 생선은 와사비를 다른 생선보다 많이 넣어 만든다.

⑥ 오이를 채썰어 속재료로 하여 김 1/2장으로 가늘게 말아 6쪽으로 자른다.

⑦ 초밥을 쥐어 김으로 말고 그 위에 연어알을 얹어낸다.

⑧ 색이 대조되도록 그릇에 담고, 계란말이와 호소마키, 초생강 등을 곁들여 완성한다.

2) 특별생선초밥(特選握り鮨 ; とくせんにぎりずし, Special Assorted Sushi)

모둠생선초밥과 유사하나 계절에 맞는 특별한 생선이나 패류 등을 넣어 고급품의 생선초밥요리로 만들어낸다.

3) 선택초밥(お好み寿司 ; おこのみずし, Choice any Sushi Combination)

고객이 선택한 것을 주문에 의해 만들어 제공한다.

4) 김초밥(海苔巻鮨 ; のりまきずし, Rice Roll in Laver)

(1) 재료

김, 초밥, 박고지조림, 오이, 계란말이, 오보로, 초생강

(2) 조리법

① 초밥초를 넣어 비빈 초밥을 식혀둔다.

② 오이는 길게 6~8토막 내어 잘라준다.

③ 계란말이는 김밥재료에 맞게 길게 자른다.

④ 흰살생선살을 삶아 물기를 제거한 후 잘게 부숴 2중 냄비에 넣고 설탕, 소금, 조미료, 식초, 청주 등을 넣어 조미한 것을 물기가 없이 보송보송해질 때까지 저어서 오보로를 만든다.

⑤ 박고지를 물에 불려 씻어 푹 잠길 정도의 다시에 간장과 청주와 설탕을 넣어 조린다.

⑥ 김을 깔고 초밥을 4/5까지 넓게 펼친 다음 오보로와 속재료를 넣어 만다.

⑦ 8~10토막내어 그릇에 담아 초생강을 곁들여낸다.

5) 일본식 회덮밥(散寿司 ; ちらしすし, Chirashi Sushi)

(1) 재료

참치, 도미, 새우, 새조개, 전어, 게소, 오징어살, 초연근, 어묵, 계란말이, 겡, 연어알, 표고조림, 단무지, 무순, 시소, 초밥, 박고지조림, 오보로, 하리노리

(2) 조리법

① 2단 용기에 겡을 깔고 참치회를 중심으로 재료들을 보기 좋게 담는다.
② 1단 용기에 초밥을 넣고 박고지조림, 오보로, 하리노리 등을 덴모리한다.
③ 간장을 곁들여낸다.

6) 참치김초밥(鉄火巻き ; てっかまき, Tuna Roll Sushi)

(1) 재료

참치, 김, 초밥, 와사비, 초밥생강

(2) 조리법

① 김발에 김 1/2장을 깔고 초밥을 펼쳐놓은 후 와사비를 바르고 참치를 길게 자른 것을 올려 만다.
② 3개를 말아 6등분을 내어 그릇에 담아 초생강을 곁들여낸다.

9. 구이요리

燒物 ; やきもの, BROILED DISH

1) 삼치소금구이 · 된장구이(鰆塩焼 · 味噌焼 ; さわらしおやき · みそやき, Broiled Mackerel with Salt or Bean Paste)

(1) 소금구이

① 생선을 손질하여 소금을 뿌려준다.

② 적당한 크기로 잘라 양면구이한 것에 아시라이를 곁들여 낸다.

(2) 된장구이

① 된장에 청주, 조미료, 가쓰오부시, 다시, 설탕 등으로 간을 하여 된장을 만든다.

② 사각용기에 된장을 넓게 깔아주고 그 위에 소창을 깔아준다.

③ 준비한 생선을 80g 정도로 토막내어 놓는다.

④ 생선 위에 소창을 덮고, 그 위에 된장을 담아 생선살이 소창을 통하여 간장의 간이 배도록 한다.

⑤ 하루쯤 지난 후 꺼내 양면구이하여 완성한다.

2) 연어소금구이 · 간장구이(鮭塩焼 · 照り焼 : さけしおやき · てりやき, Broiled Salmon with Salt or Soy Sauce)

(1) 소금구이

① 연어를 오로시하여 소금에 뿌려 잰 것을 80~120g 정도의 크기로 자른다.
② 잘라낸 연어를 물에 축여 껍질 부분부터 굽는다.
③ 2/3 정도 익힌 후 뒤집어서 살쪽 부분을 구워 완성하여 담아낸다.

(2) 간장구이

① 오로시한 연어를 소금구이용보다 적게 살짝 소금을 뿌려둔다.
② 용도에 따라 적당한 크기로 자른 것을 양면구이한다.
③ 다 익었을 때 다레(垂れ)를 양면 모두 2~3회씩 발라가면서 구워준다.

3) 옥돔구이(甘鯛若挟着 ; あまだいわかさやき, Broiled Blanquillo with Salt)

(1) 재료

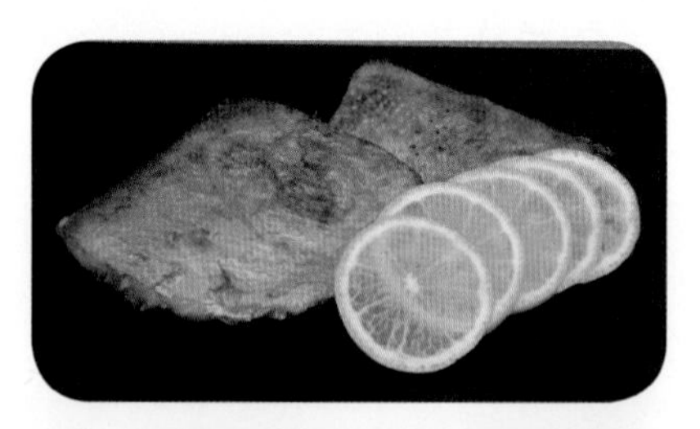

옥돔, 소금, 청주, 다시, 우스쿠치, 조미료

(2) 조리법

① 옥돔을 손질하여 소금으로 간하거나, 건옥돔을 손질하여 준비한다.
② 술 1, 다시 1, 우스쿠치 1/2에 조미료를 약간 섞어서 와카사다레(若挟垂れ)를 만든다.

③ 살이 있는 부분을 익힌 다음 껍질 쪽을 구워낸다.

④ 다 익었으면 와카사다레를 2~3회 발라 색을 내어 완성한다.

4) 도미소금구이 · 간장구이(산초양념)(鯛塩焼 · 照り焼：たいしおやき · てりやき, Broiled Sea Bream with Salt or Soy Sauce)

(1) 소금구이

① 도미를 손질하여 머리에 소금을 뿌려두었다가 시모후리하여 이물질을 제거한다.

② 손질한 도미머리에 소금을 뿌려 안쪽부터 굽는다.

③ 껍질부분을 구울 때에는 아가미와 지느러미 부분이 타지 않도록 호일 등으로 감싸준다.

④ 레몬 등을 곁들여 그릇에 담아낸다.

(2) 간장구이(산초양념)

① 고이쿠치 3, 미림 2, 청주 1, 설탕 1/2, 물엿 1/2, 생선뼈 구운 것 등을 넣어 1/2 정도의 양이 될 때까지 조려서 생선다레를 준비한다.

② 손질된 도미머리의 지느러미와 타기 쉬운 부분을 호일로 가리고 껍질부터 굽는다.

③ 안쪽까지 구워서 익혔으면 생선다레를 2~3회 발라 구워준다.

④ 뒤집어 껍질 쪽도 다레를 2~3회 발라 색과 맛을 내어준다.

⑤ 다 구워진 도미머리 위에 산초가루를 뿌려 완성한다.

5) 새우소금구이 · 간장구이(海老塩焼 · 照り焼；えびしおやき · てりやき, Broiled Prawns with Salt or Soy Sauce)

(1) 소금구이

① 대하의 등을 갈라 내장을 제거하고 살을 펼쳐 구시를 꿴다.
② 머리가 타지 않도록 하며 소금을 뿌려 양면구이한다.
③ 구시를 빼고 레몬 등의 아시라이를 곁들여낸다.

(2) 간장구이

① 대하의 등을 갈라 내장을 제거하고 살을 펼쳐 구시를 꿴다.
② 머리가 타지 않도록 호일로 가려주면서 양면구이한다.
③ 양면을 고루 익힌 후 생선다레(垂れ)를 2~3회 발라가며 구워준다.
④ 구시를 돌려가며 빼내고, 아시라이를 곁들여 완성한다.

6) 대합소금구이(蛤塩焼；はまぐりしおやき, Broiled Clams with Salt)

(1) 재료

대합, 소금, 레몬

(2) 조리법

① 대합을 소금물에서 해감을 토하게 하고 깨끗하게 씻어 눈을 떼어낸다.
② 소금을 계란에 비벼 반죽한 것을 대합 윗부분의 껍질에 도톰하게 발라준다.
③ 소금이 노릇노릇하게 구워질 정도, 또는 입이 벌어질 정도로 굽는다.

④ 그릇에 소금으로 받침을 만들어 레몬과 함께 담아낸다.

7) 민물장어구이(鰻蒲焼 ; うなぎがばやき, Broiled Eel with Soy Sauce)

(1) 재료

장어, 장어다레, 산초, 하리쇼가, 기노메

(2) 조리법

① 간장 1, 청주 1, 다시 1/2, 설탕 1/2, 물엿 1/4, 다마리간장 1/4, 장어뼈 구운 것 등을 넣어 양이 1/2 정도로 줄어들 때까지 조려서 장어다레를 만든다.
② 장어의 등을 갈라 내장과 피를 제거하고 초벌구이하여 얼음물에 담가 지방을 빼낸다.
③ 찜통에 넣고 쪄서 익혀 부드럽게 만든다.
④ 껍질부위부터 구워 양면을 고르게 익힌 후 다레를 2~3회 발라 간이 배고, 색이 나도록 굽는다.
⑤ 다 익었으면 산초가루를 뿌리고, 기노메와 하리쇼가를 곁들여 완성하여 낸다.

8) 전복버터구이(鮑バター焼き, Broiled Abalone with Butter)

(1) 재료

전복살, 버터, 와인(청주), 후추, 전복껍데기, 양상추잎, 오이, 레몬, 야채-피망, 죽순, 당근

(2) 조리법

① 먼저 전복살을 2~3mm 정도로 썰어 놓는다.
② 피망과 죽순과 당근을 전복 크기에 맞춰 잘라놓는다.
③ 프라이팬을 달구어 식용유를 두르고 전복을 넣어 볶으며, 소금으로 양념한다.
④ 버터를 넣은 후 야채들도 넣어 볶는다.
⑤ 간장을 조금 넣어 색을 낸 후 와인(청주)과 후추를 넣어 마무리한다.
⑥ 전복 껍질에 푸른 야채잎을 깔고 그 위에 볶는 요리를 담아 레몬을 곁들여 낸다.

10. 냄비요리

鍋物 ; なべもの, BROILED DISH

1) 도미냄비(鯛ちり鍋 ; たいちりなべ, Boiled Sea Bream with Vegetables)

(1) 재료

도미머리, 꼬리, 뼈살, 배추, 대파, 무, 당근, 버섯류, 두부, 중합, 쑥갓, 다시, 소금, 조미료, 청주, 폰즈, 야쿠미(아카오로시, 실파, 레몬)

(2) 조리법

① 도미머리와 꼬리를 시모후리하여 비늘과 이물질을 제거하여 3~4cm 크기로 준비해 둔다.
② 무와 당근을 삶아 꽃모양을 내어 손질하고, 배추는 살짝 삶아 준비한다.
③ 냄비에 재료들을 야채부터 넣고 도미를 위에 가지런히 놓은 다음 다시를 부어 끓인다.
④ 끓기 시작하면 거품을 거두어내면서 소금과 청주로 간을 하고, 은은한 불에서 끓여낸다.
⑤ 다 익었으면 조미료를 넣고 한 번 더 끓여낸 후 불을 끈다.
⑥ 아오미를 얹어 완성하고, 폰즈와 야쿠미를 곁들여낸다.

2) 모둠냄비(寄鍋 ; よせなべ, Boiled Sea Food with Vegetable)

⑴ 재료

배추, 대파, 쑥갓, 무, 꽃당근, 죽순, 표고, 팽이버섯, 두부, 당면, 토란, 곤약, 굴, 대합, 대구살, 게소, 미더덕, 새우, 닭고기, 후키요세다마고, 당고, 꽃게, 모미지후

⑵ 조리법

① 닭고기와 흰살생선살, 새우, 오징어살, 게, 조갯살, 죽순, 곤약 등을 살짝 데쳐놓는다.
② 계란을 풀어 끓는 물에 넣어 건져서 오니스다레(鬼簾)로 말아준다.
③ 중합은 해감을 토하게 하고, 껍질을 깨끗하게 씻어놓는다.
④ 야채를 삶아 무와 당근은 꽃모양으로 만들어놓는다.
⑤ 모듬냄비용 다시를 만든다(다시 15, 간장 1, 청주(미림) 1, 소금 1/2, 조미료).
⑥ 야채를 맨 아래에 깔고 육류, 어패류 순으로 냄비에 넣는다.
⑦ 냄비에 재료를 담아 다시에 붓고, 끓으면 약한 불로 끓이면서 거품을 거두어 낸다.
⑧ 다 익었으면 쑥갓을 넣어 완성한다.

3) 대구냄비(鱈ちり ; たらちり, Boiled Cod with Vegetable)

⑴ 재료

대구, 중합, 배추, 무, 당근, 버섯류, 죽순, 쑥갓, 두부, 당면, 소금, 조미료, 청주, 폰즈, 야쿠미, 다시

(2) 조리법

① 대구를 손질하여 약간의 소금으로 육질을 응고시켜 보관한다.
② 머리와 뼈살, 살을 3~4cm 크기로 잘라둔다.
③ 야채를 끓는 물에 데쳐 무와 당근은 꽃모양으로 만들어놓는다.
④ 냄비에 재료들을 가지런히 놓고 대구를 넣은 다음 다시를 부어 끓인다.
⑤ 끓기 시작하면 거품을 걷고 소금과 청주, 조미료로 싱거운 듯하게 간을 한다.
⑥ 쑥갓을 얹어 완성하여 폰즈를 곁들여낸다.

4) 스키야키(鋤焼き；すきやき, Sukiyaki)

(1) 재료

대파, 배추, 표고버섯, 두부, 우엉, 실곤약, 무, 당근, 당면, 죽순, 양파, 쑥갓, 팽이버섯, 은행, 계란, 등심, 스키야키다레

(2) 조리법

① 스키야키다레를 만든다(간장 1, 청주 2/3, 설탕 1/2, 사쿠라미소 1/10, 다시마).
② 무와 당근을 단자쿠기리(短冊切り)하고, 대추와 대파, 죽순도 이와 비슷한 크기로 썬다.
③ 두부는 한입 크기로 잘라 노릇하게 굽고, 실곤약은 살짝 데쳐놓는다.
④ 양파는 1cm 넓이로 썰고, 우엉은 사사가키기리하여 물에 담가놓는다.
⑤ 쇠고기 등심을 얇게 저며썰어 접시에 가지런히 담는다.
⑥ 냄비를 달구어 쇠기름을 바른 후 단단한 재료부터 넣고 볶다가 여러 가지 재료와 함께 고기와 다레를 넣고 다시를 부어 볶는 듯 끓이면서 생계란을 찍어 먹는다.
⑦ 다 먹고 난 뒤 우동사리 등을 볶아 먹는다.

5) 샤부샤부(しゃぶしゃぶ, Shabushabu)

(1) 재료

소고기(등심), 배추 1잎, 대파 1뿌리, 생표고 1장, 팽이버섯 1/2봉, 두부 1/2모, 실곤약 30g, 우동사리 150g, 쑥갓 20g, 죽순 20g, 실파 1뿌리, 무 1/4개, 다시마 · 참깨 · 간장 · 식초 · 청주 · 미림 · 설탕 · 조미료 · 타바스코 · 마늘가루 약간씩

(2) 조리법

① 대파는 가늘게 어슷하게 채썰기하여 물에 씻어 헹군다.

② 배추, 표고, 두부, 팽이버섯은 먹기 좋은 크기로 자른 다음 접시에 보기 좋게 담고, 쇠고기 등심은 얇게 썰어 접시에 가지런히 담아둔다.

③ 고마다레(胡麻垂れ)와 폰즈 및 야쿠미를 만들어놓고, 우동을 삶아 헹구어놓는다.

④ 다시를 뽑아 청주와 소금으로 연하게 간을 하고, 재료를 조금씩 넣고 살짝 익혀 소스에 찍어 먹는다. 다 먹고 남은 국물에 우동을 넣고 식성에 따라 간을 하여 먹는다(고춧가루, 마늘 등).

⑤ 고마다레(胡麻垂) : 볶은 참깨 900g, 콩소메 2000cc, 미림 500cc, 식초 600cc, 우스쿠치 300cc, 적포도주 300cc, 백포도주 300cc, 조미료 3Ts, 설탕 6Ts, 소금 40g, 핫소스 1/2BT, 타바스코 1/2BT, 마늘가루 약간

⑥ 폰즈(ポン酢) : 다시 2, 간장 2, 식초 2, 청주 1/2, 미림 1/2, 설탕 1, 조미료 · 레몬즙 약간씩

11. 조림요리

煮物 ; にもの, HARD BOILED DISH

1) 도미조림(鯛兜煮 ; たいかぶとに, Boiled Sea Bream with Soy Sauce)

(1) 재료

도미머리, 무조림, 우엉, 죽순, 고추(피망), 생강, 간장, 설탕, 청주

(2) 조리법

① 도미머리를 손질하여 끓는 물에 시모후리(霜降)하여 비늘과 이물질을 제거하여 둔다.

② 냄비에 도미머리와 우엉, 죽순, 무조림을 넣고, 다시 1 국자, 미림 1/3국자, 설탕 2Ts를 넣어 뚜껑을 덮고 끓인다.

③ 5분 정도 끓인 후 간장 1/3국자, 다마리간장 1/5국자를 넣고 뚜껑을 덮어 조린다.

④ 다 익었을 때 고추를 넣고 불을 끈다.

⑤ 그릇에 담아 생강을 채썰어 준비한 하리쇼가(針生姜)를 곁들여낸다.

2) 야채조림(野菜焚合わせ ; やさいだきあわせ, Boiled Assorted Vegetable)

(1) 재료

계절야채(호박, 토란, 당근, 우엉, 표고버섯, 두릅, 시금치, 무 등), 다시, 간장, 설탕, 청주, 조미료

(2) 조리법

① 각각의 야채 껍질을 벗겨 보기 좋게 잘라서, 찌거나 삶아 익힌다.
② 다시에 약하게 간을 하여 끓이거나 조려서 사용한다.
③ 닭고기를 볶아서 함께 조리면 더욱 좋다.

12. 튀김요리

揚物 ; にもの, DEEP FRIED DISH

1) 모둠튀김(天婦羅盛り合わせ ; てんぷらもりあわせ, Assorted Tempura)

(1) 재료

보리멸, 오징어, 망둥어, 학꽁치, 바닷장어, 차새우, 양파, 고구마, 연근, 인삼, 꽈리고추, 계란, 박력분, 레몬, 덴다시

(2) 조리법

① 보리멸과 망둥어, 학꽁치, 바닷장어 등을 손질하여 뼈를 발라 물기를 제거하여 둔다.

② 차새우는 껍질과 머리, 내장을 제거하고, 배마디에 칼집을 넣어 허리를 펴 준다.

③ 양파는 1cm 두께로 썰어 이쑤시개로 끼워 링 모양이 흩어지지 않도록 한다.

④ 고구마와 연근은 껍질을 벗겨 5mm 두께로 썰어 물에 담가둔다.

⑤ 인삼은 씻어 길게 슬라이스하여 둔다.

⑥ 고추는 칼집을 내어 기름 속에서 튀지 않도록 한다.

⑦ 난황과 물을 1 : 10~15 정도로 섞어 계란물을 만든다.

⑧ 계란물을 차게 하여 박력분과 1 : 1로 섞어 고로모(衣)를 만든다.

⑨ 튀김기름을 170℃ 정도로 가열하여 재료에 밀가루를 묻혀 고로모에 담갔다가 튀겨낸다.

⑩ 그릇에 창호지를 깔고 재료들을 세워 담아 레몬과 덴다시를 곁들여 완성한다.

2) 새우튀김(海老天婦羅 ; えびてんぷら, Shrimps Tempura)

(1) 재료

차새우, 양파, 고구마, 연근, 인삼, 가지, 두릅, 계란, 박력분, 레몬, 덴다시

(2) 조리법

① 차새우는 껍질과 머리, 내장을 제거하고, 배마디에 칼집을 넣어 허리를 펴서 물기를 제거해준다.
② 야채를 각각 모양에 맞게 잘라주고, 두릅은 깨끗하게 씻어 손질하여 둔다.
③ 계란물과 고로모를 만든다.
④ 가열된 튀김기름에 밀가루를 묻혀 고로모를 입힌 재료를 던지듯이 길게 튀겨낸다.
⑤ 젓가락으로 만져보아 단단해질 때까지 튀겨서 건져낸다.
⑥ 그릇에 창호지를 깔고 재료들을 세워 담아서 덴다시와 함께 낸다.
⑦ 덴다시 : 다시 6, 간장 1, 청주 1/2, 설탕 1/2, 조미료 약간
⑧ 야쿠미 : 무즙, 생강즙, 실파

3) 두부튀김(揚出豆腐 ; あげだしどうふ, Fried Bean Curd)

(1) 재료

연두부, 전분(갈분), 실파, 김, 다시, 간장, 설탕, 청주, 조미료, 아카오로시

⑵ 조리법

① 연두부를 6등분하여 물기를 제거한 후, 전분이나 갈분을 묻혀 노릇하게 튀겨 낸다.

② 덴다시를 약하게 만들어둔다.

③ 그릇에 튀긴 두부를 담고, 무즙과 실파를 얹어준다.

④ 덴다시를 부어주고 김을 가늘게 썰어 만든 하리노리(針海苔)를 얹어 완성한다.

4) 혼합튀김(掻揚 ; かきあげ, Mixed Seafood and Vegetable)

⑴ 재료

새우, 오징어, 생표고버섯, 피망, 팽이버섯, 은행, 쑥갓, 연근, 박력분, 계란, 레몬

⑵ 조리법

① 재료는 작은 주사위 모양으로 사이노메기리(采の目切り)하여 밀가루를 묻혀놓는다.

② 계란물에 밀기루를 풀어 만든 고로모(衣)에 재료들을 넣어 반죽한다.

③ 기름온도를 약 170℃ 정도로 맞추어, 재료가 원형이 되도록 수저로 모양을 만들어 튀겨낸다.

④ 고로모와 재료가 적절한 비율이 되어 재료의 색이 다 보이도록 한다.

⑤ 너무 약한 불에 튀기면 재료에 기름이 많이 배므로 주의한다.

13. 덮밥

丼物 ; どんぶり, DONBURI

1) 쇠고기덮밥(牛肉の丼 ; ぎゅうにくのどんぶり, Beef & Eggs on Rice)

(1) 재료

쇠고기, 양파, 대파, 실곤약, 간장, 설탕, 청주, 조미료, 다시, 계란, 은행, 김, 밥

(2) 조리법

① 대파와 양파를 잘게 채썰어 물로 씻어놓는다.
② 덮밥다시(다시 5, 간장 1, 청주 1, 설탕 1/2, 조미료)를 만든다.
③ 쇠고기를 힘줄 반대방향으로 잘게 썰어둔다.
④ 냄비에 재료들을 넣고 덮밥다시를 넣어 끓인다.
⑤ 야채가 반쯤 익었을 때 계란을 풀어 넣는다.
⑥ 불을 끄고 국자로 재료의 모양이 흐트러지지 않도록 하여 밥 위에 덮어 김가루를 뿌려 완성한다.

2) 돈가스덮밥(カツ丼 ; カツどん, Pork Cutlet & Eggs on Rice)

(1) 재료

돼지등심, 빵가루, 양파, 대파, 실곤약, 간장, 설탕, 청주, 조미료, 다시, 계란, 은행, 김, 밥

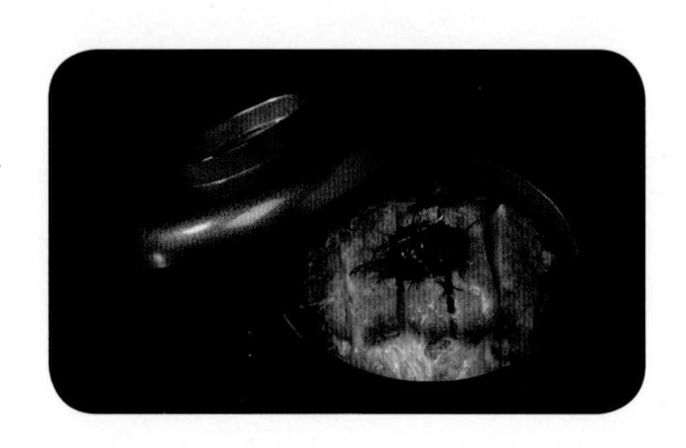

(2) 조미료

① 대파와 양파를 잘게 채썰어 물로 씻어놓는다.

② 덮밥다시(다시 5, 간장 1, 청주 1/3, 설탕 1/2, 조미료)를 만든다.

③ 돼지등심을 두들겨 소금과 후추로 간을 하여 두었다가 빵가루를 묻혀 튀긴다.

④ 냄비에 돈가스를 제외한 재료들을 넣고 끓기 시작할 때 돈가스를 썰어 넣는다.

⑤ 야채가 반쯤 익었을 때 계란을 풀어 넣고 국자로 퍼서 밥 위에 얹어 김가루를 뿌려 낸다.

3) 닭고기덮밥(親子丼 ; おやこどんぶり, Chicken & Eggs on Rice)

(1) 재료

닭고기, 양파, 대파, 실곤약, 간장, 설탕, 청주, 조미료, 다시, 계란, 은행, 김, 밥

(2) 조리법

① 대파와 양파를 잘게 채썰어 물로 씻어놓는다.

② 닭고기를 끓는 물에 데쳐 한입 크기로 썰어둔다.

③ 냄비에 재료들을 넣고 덮밥다시를 넣어 끓인다.

④ 야채가 반쯤 익었을 때 계란을 풀어 넣는다.

⑤ 불을 끄고 국자로 재료의 모양이 흐트러지지 않도록 하여 밥 위에 덮고 김가루를 뿌려 완성한다.

14. 식사

御食事 ; おしょくじ, MEAL

1) 전복죽(鮑雜炊 ; おわびぞうすい, Abalone Porridge with Rice)

(1) 재료

전복, 전복 내장, 밥, 소금, 다시, 김

(2) 조리법

① 전복 내장을 삶아 전복과 함께 잘게 썰어 삶는다.
② 다시에 밥을 넣어 끓이다가 전복과 전복 내장을 넣고 소금으로 간을 한다.
③ 기호에 따라 참기름을 몇 방울 넣어도 좋다.
④ 그릇에 담고 김을 구워 부순 것을 얹어낸다.

2) 야채죽(野菜雜炊 ; やさいぞうすい, Vegetable Porridge with Rice)

(1) 재료

당근, 죽순, 대파, 표고버섯, 팽이버섯, 소금, 다시, 밥, 김

(2) 조리법

① 야채를 5mm 정도로 잘게 썰어 살짝 삶아놓는다.
② 밥에 다시를 넣고 삶다가 야채를 넣고 소금으로 간을 한다.

③ 기호에 따라 참기름을 몇 방울 넣어도 좋다.

④ 그릇에 담고 김을 구워 부순 것을 얹어낸다.

3) 버섯죽(椎茸雑炊 ; しいたけぞうすい, Shiitake Fungus Porridge with Rice)

(1) 재료

생표고버섯, 밥, 소금, 다시, 김

(2) 조리법

① 생표고버섯을 5mm 정도로 썰거나 잘게 채썰어 놓는다.

② 밥에 다시를 넣고 삶다가 버섯을 넣고 소금으로 간을 한다.

③ 기호에 따라 참기름을 몇 방울 넣어도 좋다.

④ 그릇에 담고 김을 구워 부순 것을 얹어낸다.

4) 백반(御飯 ; ごはん, Steamed Rice)

(1) 재료

쌀, 물

(2) 조리법

① 쌀을 물로 씻어 30분~1시간 정도 담가놓는다.

② 취반에 필요한 물의 분량은 쌀용량의 1.2배, 또는 쌀중량의 1.5배로 한다.

③ 용량에 맞게 물을 부어 끓이다가 불을 줄여 뜸을 들인다.

④ 뜸 들이는 동안 가급적 열어보지 않는다.

5) 연어차밥(鮭茶漬 ; さけちゃづけ, Salmon and Steamed Rice with Green Tea)

(1) 재료

연어, 밥, 와사비, 김, 차 또는 스이지

(2) 조리법

① 연어의 살이나 가시 사이의 부위를 소금구이하여 잘게 부숴놓는다.
② 밥 위에 얹어 뜨거운 스이다시(吸出し)를 부어준다.
③ 위에 부순 김과 참깨 간 것을 얹어준다.
④ 와사비 갠 것을 얹어 완성하여 낸다.

6) 메밀국수(蕎麦 ; そば, Buckwheat Noodles)

(1) 재료

메밀국수, 무즙, 실파, 와사비, 김, 간장, 청주, 설탕, 조미료, 다시

(2) 조리법

① 소바다시를 만들어 식혀둔다(다시 7, 간장 1, 청주 1/2, 설탕 1/3, 조미료).
② 메밀국수를 끓는 물에 삶아 찬물에 식힌다.
③ 자루(笊)에 담아 채썬 김을 얹어낸다.
④ 소바다시와 야쿠미(무즙, 실파, 와사비)를 곁들여낸다.

7) 우동(饂飩 ; うどん, Noodle)

(1) 재료

우동국수, 다시, 간장, 청주, 소금, 조미료, 실파, 김

(2) 조리법

① 우동다시를 만든다(다시 12, 우스쿠치 1, 청주 1/2, 미림 1/2, 소금 · 조미료 약간씩).
② 끓는 물에 우동국수를 삶아 식힌다.
③ 우동다시에 우동국수를 다시 끓인다.
④ 그릇에 담고 실파와 김을 얹어낸다.

8) 소면(素麵 ; そうめん, Thin Noodle)

(1) 재료

실국수, 닭고기, 건표고, 죽순, 팽이버섯, 당근, 어묵, 김, 실파, 다시, 간장, 청주, 조미료

(2) 조리법

① 소면다시를 만든다(다시 13, 우스쿠치 1, 미림 1/2, 청주 1/2, 조미료).
② 당근, 죽순, 표고, 어묵, 팽이버섯 등을 잘게 썰어 데쳐서 사용한다.

③ 끓는 물에 소면을 삶아 찬물에 식힌다.
④ 소면다시를 끓여 삶아낸 소면과 재료들을 넣고 뜨겁게 한다.
⑤ 그릇에 담고 김과 실파를 얹어낸다.

9) 된장국(味噌汁 ; みそしる, Soybean Paste Soup)

(1) 재료

적된장, 다시, 두부, 실파, 미역, 청주, 미림, 조미료, 실파, 산초

(2) 조리법

① 다시와 된장의 비율을 10~12 : 1 정도로 풀어 체에 걸러낸다.
② 청주와 미림, 조미료로 간을 하여 끓여낸다(간장으로 간을 하지 않는다).
③ 그릇에 미역을 3~4cm 정도로 썰어 넣고, 두부는 1cm 주사위모양으로 하여 삶아 넣는다.
④ 재료를 담은 그릇에 된장국물을 붓고, 산초를 뿌려 완성한다.
⑤ 된장국을 여러 번 끓이면 맛이 떨어지므로 주의한다.

10) 일본김치(御新香 ; おしんこ, Japanese Pickles)

(1) 재료

단무지, 배추, 오이, 순무, 교나, 가지, 참외지

(2) 조리법

재료에 따라 소금에 절이거나 무쳐서 사용

15. 후식

デザート : DESSERT

1) 과일(果物 ; くだもの, 水菓子 ; みずかし, Fresh Fruit)

각 계절에 나오는 과일을 주로 사용하며, 멜론이나 오렌지, 키위 등의 과일을 연중 사용한다. 메뉴의 규모나 주문에 따라 과일의 종류와 양이 달라지기도 한다.

2) 아이스크림(アイスクリーム, Ice Cream)

서양요리에서 사용하는 아이스크림이다. 셔벗 등을 사용하기도 한다. 색이나 맛에 따라 어울리는 시럽을 뿌려내기도 한다.

3) 화과자(和菓子 ; わかし, Red Bean Cake)

팥으로 만든 요캉을 가장 많이 사용하지만 더 다양한 재료를 선택하여 만들기도 한다.

4) 맛차(抹茶 ; まっちゃ, Nippon Tea Ceremony)

찻잎을 건조시켜 가루내어 만든 가루차로, 차게 얼렸다 사용하면 더욱 개운한 맛이 난다.

16. 음료

飮物 ; のみもの, BEVERAGE

1) 민속주류(民俗飮物 – 韓国 · 日本酒, Traditional Beverage)

청하(淸河, Chung Ha)
매취순(梅醉純, Mae Chui Soon)
국향(菊香, Kook Hyang)
설화(雪花, Sul Hwa)
경주법주(慶州法酒, Beob Joo)
문배술(Moon Bae Joo)
안동소주(安東燒酒, An Dong So Joo)
청주(韓国産, Sake–Carafe) (日本産, Sake–Carafe ; 月桂冠)

2) 양주류 및 음료(西洋飮物, Beverage)

Premium Scotch Whisky(Per Glass)	Brandy(Per Glass)
Royal Salute 21 years Ballantine 17(21, 30) years Chivas Regal 12 years Old Parr Johnnie Walker Black Label Standard Scotch Whisky	Hennessy X.O. Remy Martin X.O. Remy Martin Napoleon Hennessy V.S.O.P. Camus V.S.O.P. Beer
Cutty Sark White Horse J&B Bourbon Whisky	Heineken Cafri, Exfeel Budweiser Kirin Hite
Jack Daniel's Black Jim Beam Canadian Whisky	OB Lager Cass Soft Drinks
Seagram's V.O. Canadian Club	Pepsi Cola Chilsung Cider Soksu(mineral water)

17. 계절특선

季節特選 ; きせつどくせん, SEASONAL SPECIALTIES

일본요리는 사계절에 따른 식재료의 변화에도 민감하여 각 재료의 순(旬)을 중요시 여기며, 각 계절에 특별히 이용되는 식재료로써 계절특선요리를 즐길 수 있다.

봄에는 봄나물이나 참돔을 이용한 요리, 여름에는 민물장어, 은어, 농어 등을 이용한 요리, 가을에는 천연송이를 이용한 요리, 그리고 겨울철에는 복어를 이용한 요리가 바로 그것이다.

호텔에서는 이러한 것에 착안하여 각 계절별로 특선요리를 만들어 판매하고 있으며, 여기에서는 이러한 몇 가지 계절특선요리를 소개해 보도록 하겠다.

1) 참돔요리(真鯛 ; まだい, Red Sea Bream)

참돔은 도미과의 대표적인 생선으로 일본사람들이 가장 선호하며, 보통 도미라고 하면 참돔을 칭하는 것으로 최고의 생선으로 인정받고 있다. 보통 요리에 사용되는 것은 30~50cm가 좋으며 산란기가 4~6월이므로 여름철이 되면 맛이 떨어진다.

축제요리로도 가장 많이 사용되고, 머리부터 꼬리까지 버릴 것이 없는 생선으로 심지어는 비늘까지 요리에 이용되는 경우가 있다. 요리로는 회, 초밥, 조림, 찜, 구이, 튀김 등 어떤 조리법도 가능하며, 가공품으로도 생산되고 있다.

(1) 도미회(鯛刺身 ; たいさしみ, Sea Bream Sashimi)

- 재료

활도미, 무, 레몬, 파슬리, 오이, 도사카노리, 시소, 엽란, 대꼬챙이, 와사비

- 조리법

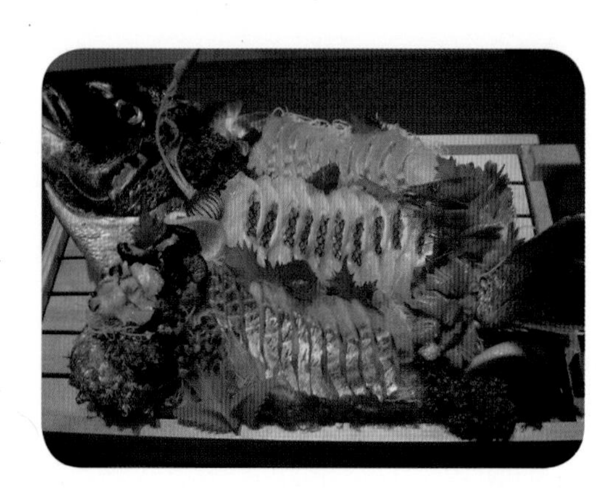

① 도미의 비늘을 치고 입에 젓가락을 넣어 아가미와 내장을 제거한 후, 머리와 꼬리를 붙인 채 갈비뼈가 상하지 않게 오로시한다.
② 도미를 머리가 좌측으로 가도록 휘어 무와 대꼬챙이로 접시 위에 고정시킨다.
③ 도미 위에 겡을 깔고, 도미살을 도톰하게 떠서 몸체 위에 올려놓는다.
④ 작은 도미의 경우에는 가와시모(皮霜)하여 껍질째 사용한다.
⑤ 레몬과 야채로 장식하고 와사비와 간장을 곁들여낸다.

(2) 도미구이(鯛塩焼 , たいしおやき, Broiled Sea Bream with Salt)

- 재료

도미, 소금, 엽란, 아시라이

- 조리법

① 도미를 껍질이 다치지 않게 손질하여 아가미와 내장을 제거한다.
② 도미가 살아서 헤엄치는 모양으로 놓고 한입 크기로 자른다.

③ 지느러미에 소금을 듬뿍 발라준다.

④ 아가미살이 타지 않도록 주의하며 양면구이한다.

⑤ 아시라이와 곁들여낸다.

2) 장어요리(鰻料理 ; うなぎりょうり, Cooked Eel)

장어과의 물고기로 길이가 40~60cm에 이르며, 바다에서 태어나, 하천이나 호수 등의 담수에서 성장한다. 순(旬)은 특히 없으나 양질의 단백질과 지방, 비타민 A, B_1, B_2를 풍부하게 함유하고 있어, 강장식품으로 여름철에 많이 이용된다. 일반적으로 천연산이 맛이 좋으나 현재는 거의 양식된 것을 사용한다. 요리로는 간장구이, 소금구이, 덮밥, 초밥, 초회, 간으로 만든 맑은국, 훈제 등이 있으며 캔으로 나온 제품도 있다.

(1) 장어구이(鰻蒲焼 ; うなぎかばやき, Broiled Eel with Soy Sauce)

- 재료

장어, 장어대리, 생강, 산초가루, 기노매(木の芽)

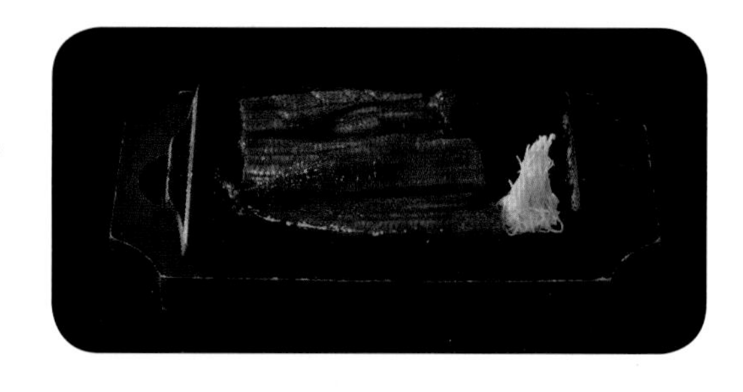

- 조리법

① 장어의 머리를 고정시키고 등을 갈라 뼈와 내장을 제거한다.

② 뼈를 구워 장어다레를 만들고, 간은 씻어 삶아 맑은국을 만든다.

③ 손질한 장어를 초벌구이하고 쪄서 기름기를 빼낸다.

④ 양면을 노릇하게 익힌 다음 다레(垂れ)를 2~3회 발라 양면구이한다.

⑤ 채썬 생강과 기노매를 곁들여낸다.

(2) 장어초밥(鰻鮨 ; うなぎすし, Eel Sushi)

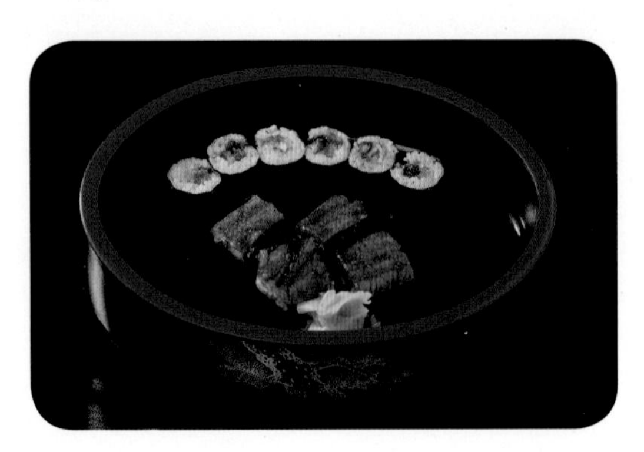

- 재료

초밥, 김, 와사비, 초생강, 장어구이

- 조리법

① 장어구이한 것을 적당한 크기로 자른다.
② 초밥을 만들어 주먹초밥을 만든다.
③ 김 1/2장에 초밥을 깔고 와사비를 바른 후, 나머지 장어조각을 얹는다.
④ 김발로 말아 6조각으로 자른다.
⑤ 초밥그릇에 보기 좋게 담아낸다.

(3) 장어요리코스(鰻料理定食 ; うなぎりょうりていしょく, Eel Special Course)

3) 은어요리코스(鮎料理定食 ; あゆりょうりていしょく, Sweet Fish Special Course)

4) 농어요리코스(鱸料理定食 ; すずきりょうりていしょく, Sea Bass Special Course)

5) 자연송이(自然松茸焼 ; まつたけ, Pine Mushroom)

일본요리에서 대표적인 식용버섯으로서 은은한 휘발성 향기가 일본인의 기호에 맞아 귀중한 음식으로 취급되고 있다. 소나무의 가는 뿌리에서 서식하고, 가을철에만 수확되며, 자생만 될 뿐 현재의 기술로는 양식이 불가능하다. 여러 가지 요리에 응용이 가능하지만 소금구이하여 약하게 만든 폰즈에 찍어 먹는 것이 제맛을 가장 많이 살릴 수 있는 방법이다.

(1) 송이소금구이(松茸塩焼 ; まつたけしおやき, Broiled Pine Mushroom with Salt)

- 재료

자연송이, 소금, 폰즈, 스다치 또는 레몬, 은행, 솔잎

- 조리법

① 자연송이의 뿌리부분을 칼로 깎아 내고, 표면의 흙을 제거한다.
② 슬라이스하여 소금을 약하게 뿌려 은행과 같이 굽는다.
③ 휘어지기 시작하면 바로 뒤집어 굽는다.
④ 접시에 솔잎을 깔고 구워낸 자연송이와 은행을 담는다.
⑤ 스다치 또는 레몬을 곁들이고 폰즈와 함께 낸다.

(2) 자연송이 샤부샤부(松茸しゃぶしゃぶ；まつたけしゃぶしゃぶ, Pine Mushroom Shabushabu)

- 재료

샤부샤부야채, 샤부샤부고기, 자연송이, 다시, 폰즈, 고마다레

- 조리법

① 접시에 샤부샤부야채와 고기를 각각 담아낸다.

② 손질된 자연송이를 슬라이스하여 접시에 고르게 담는다.

③ 다시에 간장과 소금, 청주로 간을 하여 끓인다.

④ 야채와 고기, 송이를 조금씩 담가 데쳐내어 폰즈나 고마다레를 찍어 먹는다.

⑤ 다 먹고 난 후 우동국수를 넣어 삶는다.

(3) 자연송이전골(松茸鋤焼；まつたけすきやき, Pine Mushroom Sukiyaki)

- 재료

스키야키야채 및 고기, 자연송이, 스키야키다레, 다시, 계란

- 조리법

① 준비된 그릇에 야채와 고기를 담아 준비한다.

② 손질된 자연송이를 슬라이스하여 접시에 고르게 담는다.

③ 스키야키냄비를 달구어 쇠기름을 바르고, 야채와 고기, 자연송이를 볶는다.

④ 다시와 다레를 1 : 1 비율로 부어 조려 먹는다.

⑤ 다 먹고 나서 떡이나 우동국수를 볶아낸다.

(4) 송이주전자찜(松茸土瓶蒸し ; まつたけとびんむし, Pine Mushroom in Small Pot)

- 재료

자연송이, 대파, 은행, 새우, 흰살 생선, 닭고기, 다시, 간장, 소금, 스다치 또는 레몬

- 조리법

① 새우와 닭고기를 데쳐낸다.

② 각 재료를 한입 크기로 자르고, 송이는 슬라이스하여 주전자에 담는다.

③ 스이지를 만들어 붓고 찜기에서 5분 정도 쪄낸다.

④ 스다치를 곁들여낸다.

(5) 송이덮밥(松茸丼 ; まつたけどんぶり, Pine Mushroom on Steam Rice)

- 재료

자연송이, 대파, 양파, 곤약, 은행, 계란, 김가루, 밥

- 조리법

① 대파와 양파, 곤약을 채썰어 준비하고 송이는 슬라이스한다.

② 냄비에 덮밥다시와 재료들을 넣고 조린다.

③ 끓기 시작하면 송이를 넣고 계란도 풀어 넣는다.

④ 계란이 절반쯤 익으면 덮밥그릇의 밥 위에 국자로 가지런히 펴낸다.

⑤ 김가루를 얹어 완성하여 낸다.

(6) 송이죽(松茸お粥 ; まつたけおかゆ, Rice Porridge with Pine Mushroom)

- 재료

자연송이, 밥, 다시, 소금, 계란, 김가루

- 조리법

① 자연송이를 슬라이스하여 준비한다.
② 밥의 2배 이상의 다시를 붓고 끓인다.
③ 소금으로 간을 하고 자연송이를 넣는다.
④ 송이가 반 정도 익었을 때 불을 끄고 그릇에 담는다.
⑤ 계란 노른자와 김가루를 얹어낸다.

(7) 송이우동(松茸饂飩 ; まつたけうどん, Pine Mushroom on Noodle)

- 재료

자연송이, 우동다시, 실파, 김가루, 덴카스

- 조리법

① 끓는 물에 우동을 삶아 찬물에 헹궈낸다.
② 우동다시를 끓여 우동을 넣는다.
③ 끓을 때 슬라이스한 자연송이를 넣고 살짝 익혀낸다.
④ 그릇에 담고 실파와 김가루를 덴모리하여 낸다.

(8) 송이버터구이(松茸バター焼 ; まつたけバターやき, Broiled Pine Mushroom with Butter)

- 재료

자연송이, 버터, 은행, 솔잎, 폰즈, 스다치 또는 레몬

- 조리법

① 자연송이를 손질하여 슬라이스 한다.
② 팬을 달구어 버터를 바르고 은행을 굽는다.
③ 송이를 얹어 완전히 익지 않도록 양면구이한다.
④ 접시에 솔잎을 깔고 송이를 자연스럽게 흩어 담는다.
⑤ 은행과 스다치로 장식하고 폰즈와 함께 낸다.

(9) 자연송이코스(松茸料理定食 ; まつたけりょうりていしょく, Pine Mushroom)

6) 복어요리(河豚 ; ふぐ, Puffer)

식용으로 이용되는 복어는 약 20여 종으로 지방에 따라 불리는 이름이 다양하며, 도라후구(虎ふぐ ; 범복)가 가장 맛이 좋은 것으로 알려져 있다. 복어는 테트로도톡신(tetrodotoxin)이라고 하는 강력한 신경독을 가지고 있는 것이 많은데, 특히 난소와 간장에 다량 함유되어 있다. 이 독소는 가열해도 제거되지 않아 특별한 관리가 요구되고 있으며, 자격이 있는 사람만 취급할 수 있다. 순(旬)은 늦가을부터 이듬해 2월까지이고, 얇게 떠낸 복사시미가 일품이며 그 외에도 지리나베, 튀김, 죽, 껍질 초무침 등의 요리가 별미이다.

(1) 복냄비(河豚ちり : ふぐちり, Boiled Globe Fish with Vegetables)

- 재료

복어뼈살, 배추, 대파, 두부, 복떡, 버섯, 미나리, 죽순, 무, 당근, 폰즈, 스다치, 실파, 아카오로시, 다시, 청주, 소금, 조미료

- 조리법

① 배추와 무, 당근, 죽순은 미리 삶아 썰어놓는다.
② 무와 당근으로 꽃모양을 만들고 복떡은 구워둔다.
③ 냄비에 미나리를 제외한 재료들을 가지런히 담고 다시를 부어 끓인다.
④ 청주와 소금, 조미료로 약하게 간을 하고 거품을 거둬낸다.
⑤ 미나리를 얹어 폰즈와 야쿠미를 곁들여낸다.

(2) 복어회(河豚刺身 ; ふぐさしみ , Globe Fish Sashimi)

- 재료

복어살, 복껍질, 복지느러미, 미나리, 스다치, 폰즈, 야쿠미

- 조리법

① 복껍질을 분리하여 끓는 물에 데쳐 물기를 제거하고 채썰어둔다.

② 복지느러미의 물기를 제거하여 펴서 나비모양으로 만들어둔다.

③ 접시에 복어살을 얇게 포 떠서 돌려 가며 담는다.

④ 복껍질과 미나리, 복날개로 장식한다.

⑤ 폰즈와 야쿠미를 곁들여낸다.

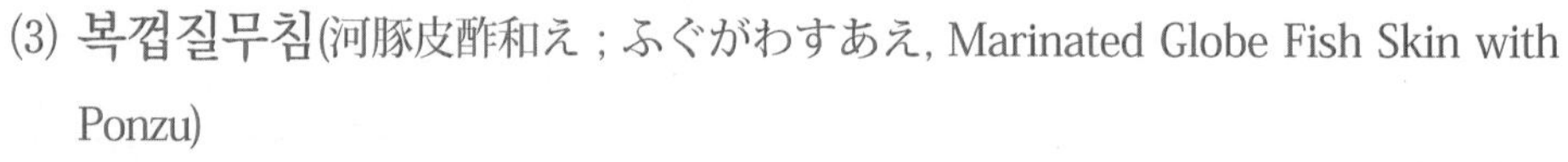

(3) 복껍질무침(河豚皮酢和え ; ふぐがわすあえ, Marinated Globe Fish Skin with Ponzu)

- 재료

복껍질, 실파, 아카오로시, 폰즈, 고춧가루, 조미료, 미나리

- 조리법

① 데쳐서 손질한 복껍질을 채썰어 둔다.

② 미나리를 3cm 정도의 길이로 자른다.

③ 복껍질과 미나리에 아카오로시와 실파, 폰즈를 넣고 무친다.

④ 고춧가루로 색을 내어 완성하여 담아낸다.

(4) 복튀김(河豚空揚 ; ふぐからあげ, Fried Globe Fish)

- 재료

복살, 밀가루, 참기름, 계란, 소금, 후추, 조미료, 식용유, 당면, 파슬리, 레몬, 폰즈

- 조리법

① 밀가루와 계란을 반죽하여 참기름, 소금, 후추, 조미료로 간을 한다.
② 복살에 반죽을 묻혀서 달구어진 기름에 튀겨낸다.
③ 당면을 튀겨 그릇받침으로 사용한다.
④ 그릇에 담아 파슬리와 레몬으로 장식한다.
⑤ 폰즈를 곁들여낸다.

(5) 복죽(河豚お粥 ; ふぐおかゆ, Rice Porridge with Globe Fish)

- 재료

복어살, 밥, 미나리, 다시, 소금, 김가루

- 조리법

① 밥에 2배 이상의 다시를 붓고 끓인다.
② 끓기 시작하면 복살을 넣고, 소금으로 간을 한다.
③ 거의 다 끓었으면 미나리를 넣고 불을 끈다.
④ 그릇에 담고 김가루를 얹어낸다.
⑤ 복어 냄비요리를 먹고 나서 죽을 만들 경우에는, 남은 재료에 다시와 밥을 넣고 끓인다.

(6) 니코고리(煮凝 ; にこごり)

- 재료

복껍질, 다시, 우스쿠치, 생강, 파, 한천 또는 젤라틴

- 조리법

① 복껍질을 적당한 크기로 잘라 조린다.

② 우스쿠치로 색을 내어 적당한 농도가 되면 불을 끈다.

③ 실파와 생강을 가늘게 썰어 넣고 굳혀서 젠사이 등에 사용한다.

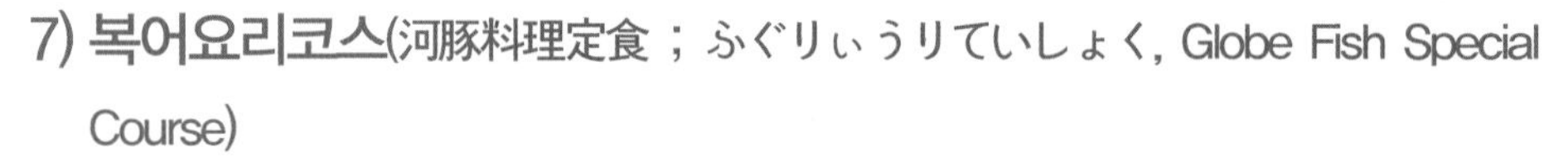

7) 복어요리코스(河豚料理定食 ; ふぐりょうりていしょく, Globe Fish Special Course)

전채요리
복사시미
진미
샐러드
복어냄비
복어튀김
복죽
과일

18. 조식

朝食 ; ちょうしょく, BREAKFAST

일본식 아침식사로 조정식 또는 조식이라고 한다. 이것의 메뉴구성은 일정한 형식을 기본으로 하여 다양하게 변화를 줄 수 있게 되어 있다. 또 호텔에서 장기투숙하는 고객을 위하여 의도적으로 변화를 주기도 한다. 조정식을 조리할 때에는 뜨거운 음식은 뜨겁게, 차가운 음식은 차갑게 하여 내는 것이 분명해야 한다. 음식의 간은 짜지 않고 담백하며, 특히 된장국은 약간 묽은 듯이 끓여내도록 한다.

1) 메뉴의 구성

① 小鉢(こばち) : 소량의 요리 ; 각종 야채무침, 초무침, 산마즙, 멸치조림 등의 가벼운 반찬

② 煮物(にもの) : 더운 요리 ; 삶거나 끓이거나 조림요리

③ 焼物(やきもの) : 구이요리 ; 생선구이로 소금구이, 양념구이, 간장구이 등

④ 中皿(なかざら) : 김

⑤ 小皿(こざら) : 젓갈류

⑥ 香の物(こうのもの) : 일본김치

⑦ 御飯(ごはん) : 밥

⑧ 味噌汁(みそしる) : 된장국

2) 조정식(朝定食 ; ちょうていしょく, Breakfast)

① 小鉢(こばち)
② 煮物(にもの)
③ 焼物(やきもの)
④ 中皿(なかざら)
⑤ 小皿(こざら)
⑥ 香の物(こうのもの)
⑦ 御飯(ごはん)
⑧ 味噌汁(みそしる)

3) 전복죽 정식(鮑雑炊 ; あわびぞうすい, Abalone Porridge with Rice)

19. 철판구이

鉄板焼 ; てっぱんやき, TEPPANYAKI

1) 메뉴의 구성

주로 코스(cource)나 일품요리(A la carte)로 구성되어 있으며, 전채나 수프 – 야채샐러드 – 생선, 해물요리 – 야채요리 – 육류요리 – 식사 – 디저트 순으로 전개된다.

전채는 생선회나 젠사이가 나오고, 수프는 대부분 양식 스타일이나 가끔 일본식 맑은국(吸物) 등이 나오기도 한다.

야채샐러드는 양상추에 적채나 오이, 토마토 등으로 장식하고, 和風드레싱을 곁들인다.

생선, 해물요리는 주로 버터구이로 하는데 양념은 소금과 후추, 때로는 약간의 간장을 사용하기도 하며, 향미 증진을 위해 보통 화이트 와인을 사용한다.

야채요리는 청경채, 양송이, 표고, 숙주, 시금치, 양파 등이 주로 쓰이며, 아스파라거스나 브로콜리 같은 양식 야채도 자주 쓰인다. 버터와 간장, 소금, 후추 등으로 간을 한다.

육류요리는 주로 쇠고기 등심이나 안심이 쓰이나 양갈비, 티본스테이크, 닭고기 등도 사용되고 있다. 육류의 향미 증진을 위하여 완성 시 레드와인을 뿌려준다.

식사로는 볶음밥, 볶음모밀, 볶음우동, 가케우동, 자루소바 등이 있으며, 각각 일본식 절임류가 제공되고, 밥에는 된장국이 따라 나온다.

디저트는 커피나 계절과일, 아이스크림 등이 제공된다.

일품요리로는 전복, 바닷가재 등을 포함한 해산물과 생선요리 및 육류, 야채요리 등이 있다. 원래는 추가 주문용으로 사용하나 서양사람들은 코스로 하지 않고, 하나씩 따로 주문하여 간단히 먹기도 한다.

2) 요리의 형식

조리법이나 쓰이는 재료를 보면, 서양요리와 중국요리 그리고 한국요리가 서로 섞인 형태이고, 소스에는 거의 간장이 사용된다. 철판구이를 하는 지역에 따라 특성 있는 식재료와 조리법이 생겨나고 있다. 마늘을 슬라이스하여 버터에 볶아 바삭바삭하게 구워서 식전에 서비스하는 곳이 대부분이다. 볶음밥에도 다진 마늘이 사용돼서, 마늘볶음밥이라고 하는 곳도 있다. 최근에는 외국사람들도 이 마늘볶음과 마늘볶음밥을 좋아하며, 김치를 썰어 넣어 볶음밥을 해주면 매우 만족해 하는 경우가 많다.

3) 소스

철판구이에 가면 보통 3~4가지 소스를 주는데, 각기 그 용도가 다르지만, 맛을 보아 마음에 드는 소스가 있으면, 한 가지만 계속해서 찍어 먹어도 상관없다. 조리사는 요리를 주면서 각 요리에 맞는 소스를 가르쳐준다.

(1) 폰즈(ポン酢)

① 재료 : 식초 10.8L, 종합간장 10L, 물 2L, 청주 400cc, 조미료 5Ts, 설탕 500g, 다시마 5cm, 가쓰오부시 250g, 레몬즙(유자) 4ea
② 만드는 법 : 위의 재료를 골고루 섞어 하루 정도 삭힌 다음, 체에 걸러서 냉장고에 보관하며 사용한다.

(2) 우메보시소스(Pickled Plum Sauce)

① 재료 : 우메보시 10개, 설탕 6Ts, 물 1/2컵, 미림 1국자, 전분 2국자, 간장 약간
② 만드는 법 : 우메보시의 씨를 빼내고 스리바치에 갈아 재료를 섞어 끓여준 다음, 전분을 두 배의 물에 풀어 넣고 걸쭉한 소스로 만든다.

(3) 머스터드소스(Mustard Sauce)

① 재료 : 겨자 300g(물에 갠 것), 참깨 320g(스리바치에 간 것), 양파 2kg(오로시 한 것), 진간장 1.5L, 미림 1L, 식용유 0.8L, 휘핑크림 400cc, 설탕 80g, 조미료 40g, 검은깨 60g, 마늘 120g(간 것)

② 만드는 법 : 겨자는 물에 개어 따뜻하게 해서 충분히 저어 매운맛을 강하게 만들어 사용한다. 재료가 분량에 잘 용해되도록 섞어서 만든다.

(4) 어니언소스(Onion Souce)

① 재료 : 양파즙 3kg, 생강즙 120g, 진간장 1.5L, 미림 1620cc, 식초 1090cc, 식용유 1000cc, 레몬즙 5ea

② 만드는 법 : 양파와 생강을 갈아 건더기를 걸러내지 말고 그대로 재료와 섞어준다. 식용유가 섞여 있어 수분층과 분리되므로 매번 저어서 사용한다.

(5) 야채드레싱(Dressing)

① 재료 : 진간장 2.6L, 식초 2.5L, 미림 2.0L, 식용유 1.0L, 참기름 0.6L, 설탕 180g, 조미료 90g

② 만드는 법 : 재료를 섞어 설탕이 녹을 때까지 저어준다. 식용유와 참기름이 있어 향이 좋지만, 층의 분리가 일어나므로 사용 전에 휘퍼로 충분히 저어서 사용한다.

4) 메뉴

(1) A코스요리(Full Course) - 해산물요리

① 전채요리
② 맑은국
③ 샐러드
④ 가리비, 갑오징어
⑤ 양송이버섯, 청경채
⑥ 전복, 바닷가재
⑦ 연어구이
⑧ 모둠야채
⑨ 식사
⑩ 과일

(2) B코스요리(Full Course) - 육류 및 해산물 요리

① 전채요리
② 수프
③ 샐러드
④ 가리비
⑤ 대하, 은대구
⑥ 양송이버섯, 청경채
⑦ 안심
⑧ 모둠야채볶음
⑨ 식사
⑩ 과일

(3) 등심구이 코스

① 전채요리
② 수프
③ 샐러드
④ 가리비
⑤ 양송이버섯, 청경채
⑥ 등심버터구이
⑦ 모둠야채볶음
⑧ 식사
⑨ 과일

(4) 일품요리(A La Carte)

● 메밀국수볶음(焼きそば)

당근 1/2개, 양파 1/2개, 청피망 1/2개, 양배추 1/8개, 생메밀국수 150g, 버터 1Tbs, 통생강 1/2쪽, 구운 김 1/2장, 맛소금, 후추, 간장

① 당근과 피망, 양파, 양배추 등을 채썰어 놓는다.
② 통생강은 껍질을 벗기고 가늘게 채썰어 물에 담가놓는다.
③ 김은 구워서 가늘게 썰거나 부숴놓는다.
④ 메밀국수는 삶아서 물기를 빼놓는다.
⑤ 철판에 버터를 두르고 당근을 먼저 볶은 다음 양파, 피망, 양배추 등도 함께 볶는다.
⑥ 소금과 후추로 간을 하고 삶은 메밀국수를 넣고 볶다가 간장으로 간을 마무리한다.
⑦ 그릇에 담고 가늘게 썬 생강(針生姜 ; はりしょうが)과 가늘게 썬 김(針海苔 ; はりのり)으로 텐모리(天盛)한다.

● 마늘볶음밥(にんにく焼き飯)

당근 1/2개, 양파 1/2개, 청피망 1/2개, 통마늘 3쪽, 쌀 100g, 버터 1Ts, 맛소금, 후추, 간장

① 마늘은 곱게 다지고, 당근, 양파, 청피망은 2~3mm 정도의 사각모양으로 썰어놓는다.
② 밥은 약간 되게 짓는다(경우에 따라서는 물에 씻어서 사용한다).
③ 버터를 두르고 마늘을 볶다가 다른 야채도 함께 넣어 맛소금과 후추로 간을 한다.
④ 밥을 넣고 볶다가 간장으로 간을 마무리하여 그릇에 담아낸다.

● 바닷가재버터구이

① 가재의 허리에 칼을 넣어 몸통과 머리를 분리시킨다.
② 머리를 갈라 내장을 꺼내고, 다리를 한입 크기로 자른다.
③ 철판에 올려 살을 구워 후추와 와인으로 간을 하여 낸다.
④ 다리와 내장은 그대로 버터에 구워서 서브한다.

20. 식사법

食事作法

1) 일반적인 마음가짐

음식이라는 것이 본래 굶주림을 견디기 위한 행위로 시작되었지만, 그 후 먹는다는 행위가 풍속, 습관, 취미, 기호 등에 따라 각각의 형식이나 유행을 만들고, 지방이나 국가 전통의 영향을 받아 모양이 만들어졌다. 일본은 특히 행사나 예법의 전통을 중시하여 왔다. 그러나 식습관의 근대화, 서양화, 사회화에 의해 식사의 형식이나 예법이 어리석다고 하거나, 젓가락질을 잘하지 못하는 사람들도 많이 생기고 있다.

자기 혼자 먹는 식사는 아무래도 상관없지만, 현대는 가정에서 하는 식사 이외에도 회식(会食)의 기회도 많다. 타인과의 회식은 뭔가 형식적이어야만 한다는 이야기는 아니다. 식사에 제한받지 않는 것도 있지만, 가장 중요한 것은 남에게 폐를 끼치거나 불쾌감을 느끼지 않도록 하는 것이다. 자기 혼자 식사하는 경우에는 큰 그릇에 입을 대거나 손으로 붙잡고 먹어도 상관없다. 하지만 몸에 붙은 습관은 사람들 앞에서 조심해도 나타나는 경우가 많으므로 보통 때의 마음가짐으로 자연스럽게 나타나게 하는 것이 중요하다. 이를 위해 최소한의 규칙을 알아두고 일상적으로 지키면서 생활하는 것이다. 형식이나 체제를 숙지하고, 즐기는 분위기 중에서도 절도 있는 태도가 요구된다고 하겠다.

2) 식사예절

① 요리의 형식에 따라 음식이 나오는 순서를 미리 숙지한다.

② 요리가 주빈부터 앉은 순서대로 제공되므로, 자기 앞에 식사가 왔을 경우 다음 사람에게 '먼저 실례하겠습니다'라고 양해를 구한 후에 식사를 하며, 이런 말을 듣게 되면 가볍게 응답한다.

③ 음식이 나오면 주인은 일동에게 인사하며 편하게 먹도록 권한다. 주빈은 일동에게 인사하고, 일제히 음식의 뚜껑을 양손으로 동시에 잡는다. 서로들 인사하며, 뚜껑을 열어 음식의 좌우측에 놓는다.

④ 젓가락을 잡고 국과 음식을 먹는다. 처음에는 음식의 우측을 향해 놓았지만, 일단 음식을 묻힌 젓가락은 묻어 있는 방향이 좌를 향하게 놓는다.

⑤ 전채요리를 먹고 국을 마신 다음 생선회를 먹는다. 국은 뜨거울 때 마시고, 스이구치(吸い口)는 향을 즐긴 다음 나중에 먹으며, 다 먹은 다음에는 뚜껑을 닫아 놓는다.

⑥ 보통은 구치도리(口取), 야키모노, 니모노, 스노모노, 도메완, 고항, 쓰케모노의 순으로 제공되고, 맨 끝으로 과일과 녹차가 나오는 경우가 많지만, 순서는 메뉴를 계획하는 사람의 의도에 따라 일정하지 않을 수도 있다.

⑦ 음식은 남지 않도록 다 먹는 것이 좋고, 도저히 먹을 수 없는 경우에는 조금이라도 맛을 보고, 많이 남긴 경우에는 싸달라고 하여 가져가도 좋다.

⑧ 회석요리의 경우 나오는 음식을 어떻게 먹어도 상관은 없으나, 흘리지 않도록 주의해야 한다.

⑨ 술을 전혀 마시지 못하더라도, 첫 잔은 받아 한입 정도만 입에 댄다. 그후에는 권하는 술잔을 사양해도 실례가 되지 않는다.

⑩ 냅킨이나 오시보리(お絞り)로 입술을 닦지 않도록 한다.

부록

일식조리용어

기본 배합표

생선의 순

채소의 순

어패류 명칭

일식조리용어(한일-가나다순)

ㄱ

가는 김　하리노리(針海苔 : 침해태 ; はりのり)　김을 살짝 구워서 가늘게 채썬 것

가는 김초밥　호소마키즈시(細巻鮨 : 세권지 ; ほそまきずし)　반장의 김으로 말아 낸 가는 김초밥. ↔ 후토마키즈시(太巻き鮨)

가는 생강　하리쇼가(針生姜 : 침생강 ; はりしょうが)　생강을 가늘게 채썰어 냉수에 담가 헹궈낸 것

가는 회　이토즈쿠리(絲作, 絲造 : 사작, 사조 ; いとづくり)　생선회 종류 중 하나로 오징어, 보리멸 등의 생선회 재료를 가늘게 썬 것. 주로 무침에 사용

가다랑어(skipjack)　가쓰오(鰹, 堅魚 : 견, 견어 ; かつお)　가다랑어포의 재료가 되는 생선으로, 생선회나 구이, 초밥으로도 많이 이용된다. = 가다랑어

가다랑어포　① 가쓰오부시(鰹節 : 견절 ; かつおぶし)　가다랑어의 살만 발라 익혀서 말린(열풍, 또는 천일건조) 것으로, 이것을 특수한 도구 등으로 얇게 깎아 다시국물을 내는 데 사용한다.

② 하나가쓰오(花鰹 : 화견 ; はながつお)　가쓰오부시(節)를 얇게 깎아놓은 것으로 음식 위에 장식으로 올려낸다.

가다랑어포 채　이도가키(糸掻 : 사소 ; いどがき)　가다랑어포인 가쓰오부시(鰹節)를 실처럼 가늘게 긁어 뽑아놓은 가공식품으로서, 무침요리나 일품요리의 덴모리로 사용되는 경우가 많다.

가다랑어　= 가다랑어

가루와사비　고나와사비(粉山葵 : 분산규 ; こなわさび)

가리비(scallop)　호타테가이(帆立貝 : 범립패 ; ほたてがい)

가물치(snakehead)　라이교(雷魚 : 뇌어 ; らいぎょ)

가미다시마　시오콘부(塩昆布 : 염곤포 ; しおこんぶ)　다시마 가공품의 일종. 다시마를 조미액에 담가 건조시킨 것

가시 빼기　호네누키(骨抜 : 골발 ; ほねぬき)　생선의 잔가시를 제거하는 것. 또는 그 기구(핀셋)

가오리(ray, skate)　에이(鱏 : 분 ; えい)

가자미(flatfish)　가레이(鰈 : 접 ; かれい)

가지(eggplant)　나스(茄子 : 가자 ; なす)

가지빗살무늬칼집　자센나스(茶筅茄子 : 차선가자 ; ちゃせんなす)　가지에 빗살무늬 모양 칼집을 넣어 자센기리(茶筅切)한 것.

각설탕　가쿠자토(角砂糖 : 각사탕 ; かくざとう)

간　기모(肝 : 간 ; きも)　간. 간장(肝臟).　요리에 이용되는 동물의 간

간수　니가리(苦汁 : 고즙 ; にがり)　두부의 응고제로 사용된다.

간식　오야쓰(御八 : 어팔 ; おやつ)

간장(liver)　간조(肝臟 : 간장 ; かんぞう)　동물의 간 = 기모(肝)

간장(soy sauce)　쇼유(醬油 : 장유 ; しょうゆ)

- 고이쿠치쇼유(濃口醬油 ; こいくちしょうゆ)　보통 간장, 색이 진한 간장, 진간장
- 다마리쇼유(溜り醬油 ; たまりしょうゆ)　색이 아주 진한 간장
- 무라사키(紫 : 자 ; むらさき)는 간장의 별명
- 사이시코미쇼유(再仕込醬油 ; さいしこみしょうゆ)　소금 대신 간장을 이용하여 만든 간장
- 시라쇼유(白醬油 ; しらしょうゆ)　흰 간장. 밀가루로 만듦
- 우스쿠치쇼유(薄口醬油 ; うすくちしょうゆ)　연간장, 색이 연한 간장, 국간장

간장구이　데리야키(照焼 : 조소 ; てりやき)　다레(垂れ)를 발라가며 구운 구이요리

간장무즙　소메오로시(染御 : 염어 ; そめおろし)　무즙에 간장과 부순 김 등으로 색과 맛을 낸 것으로 생선구이에 곁들임

간장소스　① 다레(垂 : 수 ; たれ)　데리야키용 소스
② 니쓰메(煮詰 : 자힐 ; につめ) 초밥재료에 바르는 다레로서 간단히 쓰메(詰)라고도 한다.

간참깨　아타리고마(當胡麻 : 당호마 ; あたりごま)　참깨를 기계로 곱게 갈아서 만든 반가공식품으로, 깨를 사용한 소스나 요리에 첨가

갈변(browning)　갓펜(褐變 : 갈변 ; かっぺん)　음식의 성분이 산소 등과 결합하여 식품의 색이 갈색으로 변하는 현상

갈분(arrowroot starch)　가타쿠리코(片栗粉 : 편률분 ; かたくりこ)　칡의 가루, 또는 칡의 전분가루로서 입자가 거칠어 튀기거나 조리했을 때 나름대로의 질감이 식욕을 자극한다.

갈치(hairtail) 다치우오(太刀魚 : 태도어 ; たちうお)

감, 감나무(persimmon) 가키(柿 : 시 ; かき)

감귤류(citrus fruit) 간키쓰루이(柑橘類 : 감귤류 ; かんきつるい)

감미료(sweetener) 간미료(甘味料 : 감미료 ; かんみりょう) 단맛을 내는 조미료로 설탕이 대표적

감성돔(black seabream) 지누(茅渟, 黒鯛 : 모정, 흑조 ; ちぬ) 지누다이(茅渟鯛), 구로다이(黒鯛 : 흑조 ; くろだい)라고도 함

감자(potato) 자가이모(馬鈴薯 : 마령서 ; じゃがいも)

감주 아마자케(甘酒 : 감주 ; あまざけ) 단술. 술지게미로 만들어 단맛이 나는 약한 술로서 뜨겁게 데워 겨울철에 음료처럼 애용된다.

갑오징어(edible commonfish) 고이카(甲烏賊 : 갑오적 ; こういか)

갓, 겨자잎 가라시나(芥子菜 : 개자채 ; からしな)

갓절임 다카나즈케(高菜漬け : 고채지 ; たかなづけ)

강낭콩(kidney beans) 사야인겐(莢隠元 : 협은원 ; さやいんげん) = 인겐마메(隠元豆 : 은원두 ; いんげんまめ)

강력분 교리키코(强力粉 : 강력분 ; きょうりきこ) 밀단백질인 글루텐의 함량이 높아 제빵에 적합한 밀가루

강판 오로시가네(卸金, 下金 : 어금, 하금 ; おろしがね)

개구리(frog) 가에루(蛙 : 와 ; かえる) 식용개구리로는 송장개구리가 대표적임

개량조개 바카가이(馬鹿貝 : 마록패 ; ばかがい) = 아오야기(青柳 : 청류 ; あおやぎ)

개복치(sunfish) 만보(翻車魚 : 번차어 ; まんぼう)

갯가재(squilla) 샤코(蝦蛄 : 하점 ; しゃこ)

갯장어(pike conger) 하모(鱧 : 례 ; はも)

거봉 교호(巨峰 : 거봉 ; ぎょほう)

거북(turtle) 가메(亀 : 구 ; かめ)

거품기(wire whip) 아와다테키(泡立器 : 포립기 ; あわだてき)

거품 제거 아쿠누키(灰汁抜 : 회즙발 ; あくぬき) 조리 시 식품의 좋지 않은 맛이나 아쿠, 또는 거품을 없애는 조작

건과자　오코시(興し : 홍 ; おこし)　일본 건과자의 일종으로, 찹쌀을 쪄서 말려 여러 재료와 물엿을 넣어 굳힌 것

건대구　히다라(干鱈 : 간설 ; ひだら)　대구의 건제품. 보우다라(棒鱈)라고도 한다.

건대구포　보다라(棒鱈 : 봉설 ; ぼうだら) = 히다라(干鱈)

건메밀국수　호시소바(干蕎麦 : 간교맥 ; ほしそば)　마른 국수의 일종으로, 메밀국수를 건조시킨 것

건면　호시우동(干饂飩 : 간온돈 ; ほしうどん)　마른 우동국수

건멸치　이리코(炒子 : 초자 ; いりこ)

건어물　히모노(干物 : 건물 ; ひもの)　건물(포). 건어물 = 히우오(干魚 : 간어 ; ひうお)　말린 물고기

건옥돔　오키쓰다이(興津鯛 : 홍진조 ; おきつだい)　옥돔의 염건품(塩乾品)으로 시즈오카현의 특산품

건조　간소(乾燥 : 건조 ; かんそう)

건조기　호이로(焙炉 : 배로 ; ほいろ)　은은한 불판 위에 종이를 깔고 그 위에 김이나 미역, 차 등을 건조시키는 기구

건조식품　간부쓰(乾物 : 건물 ; かんぶつ)　호시모노(干物)

건패주　호시가이바시라(干貝柱 : 간패주 ; ほしがいばしら)　말린 조개관자. 가누베이(干貝柱)라고도 한다.

건포도　호시부도(干葡萄 : 간포도 ; ほしぶどう) = レーズン

건표고　호시시타케(乾椎茸 : 건추용 ; ほししいたけ)　말린 표고버섯

건해삼　호시나마코(干海鼠 : 간해서 ; ほしなまこ)　말린 해삼 = 이리코(海参)

검은콩　구로마메(黒豆 : 흑두 ; くろまめ)

게(crab)　가니(蟹 : 해 ; かに)

게껍질　훈도시(褌 : 곤 ; ふんどし)　게의 복부에 있는 삼각형의 껍질. 마에카케(前掛け)라고도 함

게르치(bluefish)　무쓰(鯥 : 륙 ; むつ)

겨울철 국물요리　후키요세(吹寄 : 취기 ; ふきよせ)　겨울철 요리로 바람 부는 가을부터 초겨울에 걸쳐 먹는 음식

겨자(mustard)　가라시(芥子 : 개자 ; からし)

겨자씨　게시노미(芥子の實 : 개자실 ; けしのみ)　겨자의 종자(poppy seed)

겨자절임　가라시즈케(芥子漬 : 개자지 ; からしづけ)

겨자초　가라시즈(芥子酢 : 개자초 ; からしず)　산바이즈(三杯酢)나 니하이즈(二杯酢)에 겨자 갠 것을 풀어 넣은 식초소스

겨자튀김　가라시아게(芥子揚 : 개자양 ; からしあげ)　튀김옷에 겨자를 풀어 튀긴 요리로, 돼지고기요리에 적합

겨자혼합초　게시즈(芥子酢 ; けしず)　겨자를 혼합초와 섞은 것

경단　당고(団子 : 단자 ; だんご)　단자

경단초밥　자킨즈시(茶巾鮨 : 다건지 ; ちゃきんずし)　얇은 지단이나 생선으로 동그랗게 말아 싸낸 초밥

경수채　교나(京菜 : 경채 ; きょうな)　교나

곁들임　소에모노(添物 : 첨물 ; そえもの)　소에(添)라고도 함 = 아시라이(garnish)　생선구이 등의 요리에 곁들이는 재료

계란(egg)　게이란(鶏卵 : 계란 ; けいらん) = 달걀

계란간장　다마고쇼유(卵醬油 : 난장유 ; たまごしょうゆ)

계란덮밥　다마고돈부리(玉子丼 : 옥자정 ; たまごどんぶり)　다마고도지(卵綴)를 만들어 밥에 얹어 담아낸 요리

계란두부　다마고도후(玉子豆腐 : 옥자두부 ; たまごどうふ)

계란말이　① 다마고마키(卵巻き : 난권 ; たまごまき)　달걀로 만든 것
② 다시마키(出汁巻 : 출즙권 ; だしまき)　다시를 넣어 만든 것
③ 교쿠(玉 : 옥 ; ぎょく)　달걀말이(鷄卵)라는 뜻의 초밥집 은어
④ 다테마키(伊達巻 : 이달권 ; だてまき)　오세치요리(正月料理)에 이용하는 달걀말이

계란말이판　다마고마키나베(卵巻鍋 : 난권과 ; たまごまきなべ)　철이나 알루미늄으로 되어 있는 계란말이 전용 사각 팬

계란물　다마고지루(卵汁 : 난즙 ; たまごじる) = 다마지(玉地 : 옥지 ; たまじ)

계란 삶기　다마고유데키(卵茹器 : 난여기 ; たまごゆでき)

계란술　다마고자케(卵酒 : 난주 ; たまござけ)

계란찜　자완무시(茶碗蒸 : 다완증 ; ちゃわんむし)

계란프라이　메다마야키(目玉焼 : 목옥소 ; めだまやき)　계란부침. 계란을 풀지 않고 그대로 난황의 모양을 살려낸 것. 익힘의 정도는 기호에 따라 완숙 또는 반숙으로 함

고구마(sweet potato)　사쓰마이모(薩摩芋 : 살마우 ; さつまいも) = 간쇼(甘藷)

고급 가다랑어포　혼부시(本節 : 본절 ; ほんぶし)　고급 가쓰오부시

고기단자　니쿠당고(肉団子 : 육단자 ; にくだんご)

고기풀　스리미(擂身 : 뇌신 ; すりみ)　생선에 양념하여 풀처럼 곱게 갈아낸 것으로 어묵의 재료로 사용됨

고둥(a snail)　니시(螺 : 라 ; にし)

고등어(mackerel)　사바(鯖 : 청 ; さば) = 마사바(真鯖 : 진청 ; まさば)

고등어절임　시메사바(締鯖 : 체청 ; しめさば)　오로시한 고등어육을 소금에 절였다가 식초물에 담가 절여놓은 것

고등어초밥　① 밧테라(ばってら)
② 사바즈시(鯖鮨 : 청지 ; さばずし)

고등어포　사바부시(鯖節 : 청절 ; さばぶし)

고래(whale)　구지라(鯨 : 경 ; くじら)

고명　덴모리(天盛 : 천성 ; てんもり)　요리를 돋보이게 하기 위해, 요리 위에 색과 의미가 있는 재료를 얹는 것

고무주걱　고무베라(護謨篦 : 호모비 ; ごむべら)　용기에 남아 붙어 있는 것들을 긁어모으는 데 사용하는 조리도구

고베고기　고베우시(神戸牛 : 신호우 ; こうべうし) = 고베니쿠(神戸肉).　일본의 고베(神戸) 지방에서 생산되는 육질이 대단히 좋은 식용 쇠고기

고봉(高峰) 담기　야마모리(山盛り : 산성 ; やまもり)　음식을 산처럼 수북하게 담아내는 모양

고비(royal fern)　젠마이(薇 : 미 ; ぜんまい)

고사리(bracken)　와라비(蕨 : 궐 ; わらび)

고사리전분　와라비코(蕨粉 : 궐분 ; わらびこ)

고추냉이　와사비(山葵 : 산규 ; わさび)

고추된장구이　뎃포야키(鐵砲燒 : 철포소 ; てっぽうやき)　고추된장을 발라 구운 요리

고춧가루　이치미(一味 : 일미 ; いちみ) =도가라시(とうがらし[唐辛子])

고춧잎　하토가라시(葉唐辛子 : 엽당신자 ; はとうがらし)　풋고추의 잎으로 조림이나 볶음 요리에 이용

곡류(cereal)　고쿠루이(穀類 : 곡류 ; こくるい)

곤들매기(char)　이와나(岩魚 : 암어 ; いわな)

곤약(elephant foot)　곤냐쿠(蒟蒻 : 구약 ; こんにゃく)

곰치(moray eel)　우쓰보(鱓 : 선 ; うつぼ)

곶감　호시가키(干柿 : 간시 ; ほしがき)　감의 껍질을 벗겨 일광, 또는 가열 건조시켜 말린 것

과실류(fruits)　가시루이(果實類 : 과실류 ; かしるい)

과실주　가지쓰슈(果実酒 : 과실주 ; かじつしゅ)

과실초　가지쓰스(果實酢 : 과실초 ; かじつす)

과일(fruit)　구다모노(果物 : 과물 ; くだもの) 과실 = 가지쓰루이(果實類) = 미즈가시(水菓子 : 수과자 ; みずがし)

과일심 빼기　신누키(芯抜き : 심발 ; しんぬき)　과일이나 오이, 가지 등 야채의 심을 빼는 기구

과일씨 빼기　다네누키(種抜き : 종발 ; たねぬき)

과자　가시(菓子 : 과자 ; かし)

과자류　가시루이(菓子類 : 과자류 ; かしるい)

과즙(fruit juice)　가주(果汁 : 과즙 ; かじゅう)

과즙초　폰즈(pons) 가보스나 다이다이, 스다치 등을 이용하여 만든 향산성 식초소스. 요즘에는 식초와 간장, 다시를 사용하여 만들며, 폰즈쇼유(ポン酢醬油) 또는 지리스(ちり酢)라고도 한다.

관동요리　간토료리(関東料理 ; かんとうりょうり)　동경을 중심으로 발달했던 요리로 맛과 향이 달고 진하다. 에도료리(江戸料理 : 강호요리 ; えどりょうり)라고도 한다.

관서요리　간사이료리(関西料理 ; かんさいりょうり)　오사카, 교토를 중심으로 발달했던 요리로 맛과 색이 연한 특성이 있다. 예전에는 가미가타료리(上方料理 : 상방요리 ; かみがたりょうり)라고 하였다.

광어(halibut)　히라메(鮃 : 평 ; ひらめ)

광어 지느러미 살　엔가와(縁側 : 연측 ; えんがわ)　광어의 엔가와는 근육이 발달하여 쫄깃한 맛이 강하고 고소한 맛이 일품이다.

구기자나무　구코(枸杞 : 구기 ; くこ)

구기자차　구코차(枸杞茶 : 구기다 ; くこちゃ)

구문쟁이　구에(九絵 : 구회 ; くえ)　자바리(kelp grouper)

구운 김　야키노리(焼海苔 : 소해태 ; やきのり)　맛김

구운 떡　야키모치(焼餅 : 소병 ; やきもち)

구운 색　야키메(焼目 : 소목 ; やきめ)　재료를 구워서 표면에 탄 자국이 남은 것

구운 생선회　야키시모(焼霜 : 소상 ; やきしも)　재료의 표면만을 강한 불에 구워 만드는 생선회 조리법

구운 소금　야키시오(焼塩 : 소염 ; やきしお)　호로쿠(焙烙)에 넣었던 볶은 소금. 식염으로서 고순도

구이요리　야키모노(焼物 : 소물 ; やきもの)

국　시루(汁 : 즙 ; しる)　국 또는 국물이 있는 음식물

국물　쓰유(液, 汁 : 액, 즙 ; つゆ)　맑은 장국 또는 묽은 소스나 국물

국물요리　시루모노(汁物 : 즙물 ; しるもの)　국. 국물이 있는 요리

국화(chrysanthemum)　기쿠(菊 : 국 ; きく)

국화꽃(chrysanthemum)　깃카(菊花 : 국화 ; きっか)

국화모양 생선회　기쿠즈쿠리(菊作, 菊造 : 국작, 국조 ; きくづくり)　생선회를 얇게 썰어서 국화꽃모양으로 만드는 것

군고구마　야키이모(焼芋 : 소우 ; やきいも)

군두부　야키도후(焼豆腐 : 소두부 ; やきどうふ)　냄비요리나 조림에 사용하기 위하여 직화로 구운 두부

군밤　야키구리(焼栗 : 소률 ; やきぐり)

굳힘요리　니코고리(煮凝り : 자응 ; にこごり)　생선의 젤라틴으로 굳힌 요리. 복어의 니코고리가 대표적임

굴(oyster)　가키(牡蛎 : 모려 ; かき)　굴을 뜻하며 생으로도 먹지만, 볶거나 튀겨(가키후라이) 낸 요리도 유명하다.

굴냄비　가키나베(牡蛎鍋 : 모려과 ; かきなべ)

굴냄비요리　도테나베(土手鍋 : 토수과 ; どてなべ)

굴초회　스가키(酢牡蠣 : 초모려 ; すがき)

굵은 김발　오니스다레(鬼簾 : 귀렴 ; おにすだれ)　굵은 삼각형의 나무로 엮은 일종의 김발

굵은 김초밥　후토마키즈시(太巻鮨 : 태권지 ; ふとまきずし) = 후토마키(太巻)

귤껍질　진피(陳皮 : 진피 ; ちんぴ)

근대(Swiss chard)　후단소(不断草 : 불단초 ; ふだんそう)

금귤　낑캉(金柑 : 금귤 ; きんかん)　금색의 작은 감귤

금속주걱　이치몬지(一文字 : 일문자 ; いちもんじ)　프라이나 구이 등의 요리에서 음식을 뒤집거나 누르는 데 사용. 뒤지개

기러기(wild goose)　간(雁 : 안 ; がん)

기름(oil)　아부라(油 : 유 ; あぶら)

기본된장　다마미소(玉味噌 : 옥미쟁 ; たまみそ)　흰된장에 난황, 청주, 미림 등을 넣고 가열하면서 굳힌 된장

길거리음식(street food)　다테바료리(立場料理 : 입장요리 ; たてばりょうり)

김(laver)　노리(海苔 : 해태 ; のり)

김발　마키스(巻簾 : 권렴 ; まきす)　김밥 등을 말아내는 데 사용하는 대나무로 만든 기구. 마키즈시(巻鮨)를 마는 도구 = 스다레(簾 : 렴 ; すだれ)

김초밥(roll sushi)　마키즈시(巻鮨 : 권지 ; まきずし) = 노리마키(海苔巻 : 해태권 ; のりまき)

김치　기무치(キムチ)　한국의 대표적인 음식 = 조센즈케(朝鮮漬け).

까나리(pacific sandlance)　이카나고(玉筋漁 : 옥근어 ; いかなご)

깔때기　조고(漏斗 : 루두 ; じょうご)　액체를 병에 따를 때 사용하는 용기. 로우도(漏斗)라고도 한다.

껍질도미회　마쓰가와즈쿠리(松皮作り : 송피작 ; まつがわづくり)　작은 도미를 시모후리(霜降)하여, 껍질을 벗기지 않고 만든 생선회요리 = 시모후리즈쿠리(霜降作り)

껍질우엉조림　마쓰가와고보(松皮牛蒡 : 송피우방 ; まつがわごぼう)　우엉의 껍질을 벗기지 않고 조린 요리로, 우엉의 표면이 소나무 같아 보인다고 해서 붙여진 이름

꼬치구이　구시야키(串焼 : 관소 ; くしやき)

꼬치꿰기　우네리구시(畝串 : 무관 ; うねりぐし)　구이요리를 위하여 생선이 수영하는 모습대로 구부려 꼬챙이를 끼우는 것

꼬치요리　로바다야키(炉端焼 : 로단소 ; ろばだやき)　술안주용 꼬치구이 또는 꼬치조림

꼬치튀김 구시아게(串揚 : 관양 ; くしあげ)

꼴뚜기(firefly squid) 호타루이카(蛍烏賊 : 형오적 ; ほたるいか)

꼼치(sea snail) 구사우오(草魚 : 초어 ; くさうお)

꽁치(saury) 산마(秋刀魚 : 추도어 ; さんま)

꽃게 와타리가니(渡蟹 : 도해 ; わたりがに) = 가자미(蝤蛑 : 추모 ; かざみ)

꽃모양썰기 하나가타기리(花形切 : 화형절 ; はながたぎり)

꽃연근 하나렌콩(花蓮根 : 화연근 ; はなれんこん) 연근의 주변을 꽃모양으로 조각하여 조리한 것

꿩(pheasant) 기지(雉子 : 치자 ; きじ)

끈기 쓰나기(繫 : 계 ; つなぎ) 재료에 점성을 높이기 위하여 계란이나 산마즙, 밀가루, 전분 등을 넣는 것

ㄴ

나가사키요리 나가사키료리(長崎料理 : 장기요리 ; ながさきりょうり)

나무밥통 오히쓰(御櫃 : 어괘 ; おひつ) 원형, 사각형 등이 있고 오하쓰(オハツ)라고도 한다.

나무젓가락 와리바시(割箸 : 할저 ; わりばし)

나무종이 우스이다(薄板 : 박판 ; うすいた) 종이처럼 얇게 가공한 나무판자. 손질한 어패류를 보관하는 데 사용

나무통 다루(樽 : 준 ; たる) 술이나 간장 등을 넣어두는 통. 크고 둥글며 뚜껑이 있다.

나박썰기 단자쿠기리(短冊切り : 단책절 ; たんざくぎり) 야채를 폭1cm, 길이 4~5cm 정도의 크기로 얇게 써는 것

낙지구이 다코야키(蛸焼 : 소소 ; たこやき) 낙지풀빵구이

낙화생(땅콩) 난킨마메(南京豆 : 남경두 ; なんきんまめ) = 랏카세이(落花生)

난백(卵白) 시로미(白身 : 백신 ; しろみ)

난황(卵黃) 기미(黄身 : 황신 ; きみ) 달걀노른자(yolk)

난황요리 쓰키미(月見 : 월견 ; つきみ) 난황을 달처럼 보이도록 음식 위에 담아 올린 요리

날개다랑어(albacore) 빈나가(鬢長 : 빈장 ; びんなが)

날치(flying fish) 도비우오(飛魚 : 비어 ; とびうお)

날치알 도비코(飛子 : 비자 ; とびこ)

남만요리 난반료리(南蛮料理 : 남만요리 ; なんばんりょうり) 포르투갈, 스페인의 영향을 받아 생긴 중국풍 요리

내장(창자) 와타(腸 : 장 ; わた)

냄비 나베(鍋 : 과 ; なべ) 흙으로 만든 냄비를 나베(堝)라고 했으나 현재는 나베(鍋)로 통칭하여 사용함

냄비요리 나베모노(鍋物 : 과물 ; なべもの) = 나베료리(鍋料理)

냄비우동 나베야키우동(鍋焼饂飩 : 과소온돈 ; なべやきうどん)

냄새 니오이(臭 : 취 ; におい)

냉국 히야시스이모노(冷吸物 : 냉흡물 ; ひやしすいもの) 차게 한 국물요리. 맑은국보다 약하게 조미

냉국수 히야무기(冷麦 : 냉맥 ; ひやむぎ) 소면보다 굵고, 우동보다 가는 국수로 건면류의 일종

냉동두부 고야도후(高野豆腐 : 고야두부 ; こうやどうふ) 두부를 얼려 말린 것으로 물에 불려 사용 = 고리도후(凍豆腐 ; こおりどうふ)

냉두부요리 히야얏코(冷奴 : 냉노 ; ひややっこ) 생두부에 차가운 다시를 부어 간장으로 간을 한 요리. "히야얏코도후"의 준말

냉소면 히야소멘(冷素麺 : 냉소면 ; ひやそうめん) 삶아낸 소면국수에 차가운 국물을 곁들인 면요리

노랑가자미(spotted halibut) 호시가레이(星鰈 : 성접 ; ほしがれい)

녹색 채소 아오미(青身 : 청신 ; あおみ) 완성된 요리를 돋보이게 하기 위하여, 음식 위에 곁들이는 녹색 채소 ↔ 아카미(赤身)

녹차(green tea) 료쿠차(緑茶 : 녹차 ; りょくちゃ) 찻잎의 녹색을 유지하도록 만든 비발효차

녹차메밀국수 자소바(茶蕎麦 : 차교맥 ; ちゃそば) 건조한 찻잎가루를 섞어 만든 메밀국수

놀래기(wrasse) 베라(遍羅 : 편라 ; べら)

농어(sea bass) 스즈키(鱸 : 로 ; すずき)

농어새끼 세이고(鮬 : 고 ; せいご) 20cm 정도의 농어를 이름

누룩　고지(麹 : 국 ; こうじ)

누룩절임　벳타라즈케(べったら漬)　누룩에 절인 무. 벳타라(べったら)라고도 함

눈다랑어(bigeye tuna)　메바치(眼撥 : 안발 ; めばち)

눈퉁멸(big-eye sardine)　우루메이와시(潤目鰯 : 윤목약 ; うるめいわし)

느타리버섯(oyster mushroom)　히라타케(平茸 : 평용 ; ひらたけ)

능성어(grouper)　하타(羽太 : 우태 ; はた)

ㄷ

다랑어　= 참치

다랑어젓　슈토(酒盗 : 주도 ; しゅとう)　다랑어의 내장을 소금에 절여서 만든 시오카라(塩辛)

다랑어회　가쓰오노타타키(鰹の叩 : 견고 ; かつおのたたき)　야키시모하여 만든 다랑어회. 가다랑어의 표면만 구워 가지런히 썬 뒤 생강, 파 등의 양념을 얹고, 국물을 끼얹어낸다.

다마리간장　다마리조유(溜醬油 : 류장유 ; たまりじょうゆ)　대두와 식염으로만 만든 색이 진한 간장으로, 요리의 색을 내는 데 사용

다섯장뜨기　고마이오로시(五枚卸 : 오매사 ; ごまいおろし)

다시　다시(出汁 : 출즙 ; だし)　다시국물

다시마(kelp)　고부(昆布 : 곤포 ; こぶ)　곤부(昆布)라고도 한다.

다시마국물　고부다시(昆布出汁 ; こぶだし) = 곤부다시. 다시마를 물에 담가 다시마의 지미성분을 추출하여 얻어낸 국물

다시마말이　고부마키(昆布巻 : 곤포권 ; こぶまき)　다시마로 재료를 말아서 간장과 설탕, 미림을 넣고 부드럽게 조려 익힌 요리

다시마절임　고부시메(昆布締 : 곤포체 ; こぶしめ)　다시마 절임 생선회. 오로시한 생선에 소금을 뿌려 다시마로 말았다가 사용하는 생선회요리

다시마초　마쓰마에즈(松前酢 : 송전초 ; まつまえず)　다시마를 첨가하여 지미성분을 우려내어 만든 혼합초

다시마초밥　곤부즈시(昆布鮨 : 곤포지 ; こんぶずし)

다시용 다시마　다시콘부(出汁昆布 : 출즙곤포 ; だしこんぶ)

다시용 멸치 니보시(煮干 : 자간 ; にぼし)

다지기 미진기리(微塵切 : 미진절 ; みじんぎり) 재료를 잘게 다지듯 써는 것

다짐망치 니쿠타타키(肉叩 : 육고 ; にくたたき) 고기를 두들겨 육질을 연하게 하는 금속 기구

단맛조림 간로니(甘露煮 : 감로자 ; かんろに) 식품을 단맛이 진하게 나도록 간장과 설탕, 미림 등을 넣은 조림요리

단무지 다쿠앙즈케(沢庵漬 : 택암지 ; たくあんづけ) 에도시대의 승려 다쿠앙(沢庵)이 무의 저장을 위해 개발한 무절임요리

단백질(protein) 단파쿠시쓰(蛋白質 : 단백질 ; たんぱくしつ)

단새우(northern shrimp) 아마에비(甘海老 : 감해로 ; あまえび) 원명은 홋코쿠아카에비(北國赤海老). 붉은색과 회로 먹을 때 단맛이 나며, 난반에비(南蛮海老)라고도 한다.

단식초 아마즈(甘酢 : 감초 ; あまず) 단식초. 식초와 설탕, 술, 미림 등을 섞어 만든 혼합초의 일종으로, 단맛을 강하게 만든 것

단음식 아마이모노(甘物 : 감물 ; あまいもの)

① 단맛 나는 음식

② 팥앙금과 한천을 이용하여 만든 양갱이나 요캉

단조림 우마니(旨煮 : 지자 ; うまに) 조림요리의 방법 중 하나로, 재료를 진한 맛과 윤이 나도록 간장과 설탕, 미림 등을 넣어 달게 바짝 조린 것을 말하며, 대표적인 것이 닭고기와 채소를 함께 조려낸 것이다.

단팥죽 시루코(汁粉 : 즙분 ; しるこ)

단풍무즙 모미지오로시(紅葉卸 : 홍엽사 ; もみじおろし) 무즙을 홍고추로 물들인 것으로서, 단풍잎의 색과 같다 하여 붙여진 이름. 무에 고추를 박아 넣고 강판에 갈거나, 무즙에 고춧가루와 고추의 즙을 섞어 무쳐서 사용 = 아카오로시(赤卸)

단풍색 요리 다쓰타(竜田 : 룡전 ; たつた) 간장이나 새우 등의 재료로, 음식에 단풍과 같은 색이 나도록 만든 것

달걀 다마고(卵 : 란 ; たまご) = 계란(egg)

달걀말이 = 계란말이. 다시마키

달래(red garlic) 노비루(野蒜 : 야산 ; のびる)

닭(chicken) 니와토리(鶏 : 계 ; にわとり)

닭고기(chicken) 게이니쿠(鶏肉 : 계육 ; けいにく) = 도리니쿠(鶏肉 : 계육 ; とりにく)

닭고기덮밥 오야코돈부리(親子丼 : 친자정 ; おやこどんぶり)

닭고기밥 ① 가야쿠메시(加薬飯 : 가약반 ; かやくめし) 각종 야채와 닭고기 등을 넣어 지은 밥 = 고모쿠메시(五目飯)

② 도리메시(鶏飯 : 계반 ; とりめし) 닭육수에 간장, 소금으로 간을 하고, 닭고기를 넣어 지은 밥

닭고기안심 사사미(笹身 : 세신 ; ささみ)

닭고기야채조림 지쿠젠니(筑前煮 : 축전자 ; ちくぜんに) 가메니(がめ煮)라고도 함

닭고기우동 가야쿠우동(加薬饂飩 : 가약온돈 ; かやくうどん) 닭고기, 어묵, 버섯 등의 재료를 넣어 만든 우동

닭꼬치구이 야키도리(焼鳥 : 소조 ; やきどり)

닭냄비요리 미즈다키(水焚 : 수분 ; みずだき) 토막낸 영계를 채소와 함께 다시로 끓인 요리

닭똥집 스나기모(砂肝 : 사간 ; すなぎも) 닭의 모래주머니(gizzard)

닭벼슬김 도사카노리(鶏冠海苔 : 계관해태 ; とさかのり) 닭벼슬모양의 홍조류 해초

담금요리 히타시모노(浸物 : 침물 ; ひたしもの) = 오히타시(御浸し)

담수어 가와우오(川魚 : 천어 ; かわうお) 하천어(fresh water fishes) = 가와자카나(川魚)

당겨썰기 히키기리(引切 : 인절 ; ひきぎり) 사시미 써는 방법 중 하나로 짧고 힘 있게 당겨 써는 것을 말함

당근(carrot) 닌진(人参 : 인삼 ; にんじん)

당면(glass noodle) 하루사메(春雨 : 춘우 ; はるさめ)

대게 마쓰바가니(松葉蟹 : 송엽해 ; まつばがに) = 즈와이가니(蟹). 바다참게

대구(cod fish) 다라(鱈 : 설 ; たら)

대구국 다라코부(鱈昆布 : 설곤포 ; たらこぶ) 염장대구와 다시마로 만든 국물요리

대구냄비요리 다라지리(鱈ちり : 설 ; たらちり) 대구지리

대나무구이 다케야키(竹焼 : 죽소 ; たけやき) 대나무에 어패류와 야채를 넣고 오븐에서 구워낸 요리

대두(soy beans) 다이즈(大豆 : 대두 ; だいず) 콩

대추(jujube) 나쓰메(棗 : 조 ; なつめ)

대파(green onion) 나가네기(長葱 : 장총 ; ながねぎ)

대하(prawn) 다이쇼에비(大正海老 : 대정해로 ; だいしょえび)

대합(clam) 하마구리(蛤 : 합 ; はまぐり)

대합구이 야키하마구리(焼蛤 : 소합 ; やきはまぐり)

댓잎 사사(笹 : 세 ; ささ)

① 대나무잎

② 음식을 싸서 대나무잎의 향을 음식에 담아낸 것

③ 사사가키(笹抉, 笹掻 : 세결, 세소 ; ささがき) 우엉 등의 채소를 대나무잎모양으로 깎는 것으로, 사사가키기리(笹掻切)의 준말

댓잎초밥 사사마키즈시(笹巻鮨 : 세권지 ; ささまきずし)

덮밥 돈부리메시(丼飯 : 정반 ; どんぶりめし) 돈부리바치(丼鉢)에 밥을 넣고, 그 위에 조리한 재료를 얹어낸 식사요리

덮밥요리 돈부리(丼 : 정 ; どんぶり) 또는 덮밥용 그릇 = 돈부리바치(丼鉢)

데치기 시모후리(霜降 : 상강 ; しもふり) 재료를 뜨거운 물에 재빨리 데쳐 냉수에 담가 씻는 것

데침 유비키(湯引き : 탕인 ; ゆびき)

① 생선살에 끓는 물을 끼얹은 후 냉수로 식혀 만든 생선회

② 닭털을 뽑기 위해 더운물에 데치는 것

데침회 ① 가와시모(皮霜 : 피상 ; かわしも) 뜨거운 물을 뿌려서 껍질만 살짝 데친 생선회

② 유아라이(湯洗 : 탕세 ; ゆあらい) 생선회 조리법 중 하나로, 회를 더운물에 살짝 데쳐 냉수에 담갔다가 건진 것

도다리 메이타가레이(眼板鰈 : 안판접 ; めいたがれい)

도루묵(sandfish) 하타하타(鰰 : 신 ; はたはた)

도마 마나이타(俎板, 真魚板 : 조판, 진어판 ; まないた) 나무도마

도미(sea bream) 다이(鯛 : 조 ; たい)

도미머리 가부토(兜 : 두 ; かぶと) 생선의 머리. 생선 머리가 마치 투구와 같은 모양이라 하여 붙여진 이름. 도미 한 마리의 머리를 사용하여 조려낸 다이카부토니(鯛兜煮)가 대표적임

도미밥 다이메시(鯛飯 : 조반 ; たいめし)

도미소면　다이멘(鯛麵 : 조면 ; たいめん)　삶은 소면에 도미조림을 얹어낸 요리. 다이소멘(鯛素麵 : 조소면)의 약어

도미순무조림　다이카부라(鯛蕪 : 조무 ; たいかぶら)　도미머리와 순무를 간장으로 조린 조림요리로 교토의 향토요리

도미지리　다이지리(鯛ちり : 조 ; たいちり)　도미냄비

도미차밥　다이차즈케(鯛茶漬 : 조다지 ; たいちゃづけ)

도시락　벤토(辨当 : 변당 ; べんとう)

도자기　도키(陶器 : 도기 ; とうき)　자기그릇

도화돔(brocade perch)　넨부쓰다이(念仏鯛 : 염불조 ; ねんぶつだい)

독중개(sculpin)　가지카(杜父魚 : 두부어 ; かじか)

돈육(pork)　부다니쿠(豚肉 : 돈육 ; ぶたにく)　돼지고기

돈육국물　돈지루(豚汁 : 돈즙 ; とんじる) = 부타지루

돈육냄비　돈지리(豚ちり ; とんちり)　얇게 썬 돈육과 채소를 넣어 만든 냄비요리로서 폰즈를 곁들여 먹는다.

돈육비계　세아부라(背脂 : 비계 ; せあぶら)　돈육 외부에 붙어 있는 지질부위

돌가자미(stone flounder)　이시가레이(石鰈 : 석접 ; いしがれい)

돌고래(dolphin)　이루카(海豚 : 해돈 ; いるか)

돌구이　이시야키(石焼 : 석소 ; いしやき)　돌을 가열하여 전도열로 재료를 익혀내는 원시적인 조리방법

돌냄비　이시나베(石鍋 : 석과 ; いしなべ)　내열성이 강한 돌로 만들어졌으며, 내열성이 높아 맛과 보온성이 뛰어나다. 한국에서 자주 사용하기 때문에 조센나베(朝鮮鍋)라고도 한다.

돌돔(rock bream)　시마다이(縞鯛 : 호조 ; しまだい) = 이시다이(石鯛 : 석조 ; いしだい)

돌려깎기　가쓰라무키(桂剥 : 계박 ; かつらむき)　기본썰기 방법 중 하나로 겡으로 사용하기 위한 무의 가쓰라무키가 대표적이다.

돗돔(striped jewfish)　이시나기(石投 : 석투 ; いしなぎ)

동백나무(camellia)　쓰바키(椿 : 춘 ; つばき)

돛새치(sailfish)　바쇼카지키(芭蕉梶木 : 파초미목 ; ばしょうかじき)

돼지족발　돈소쿠(豚足 : 돈족 ; とんそく)

된장(soybean paste)　미소(味噌：미쟁；みそ)　콩을 삶아 식염과 물을 섞어 누룩으로 발효, 숙성시킨 것. 여기에서 나온 액즙으로 간장을 만든다. 제법은 중국에서 조선을 거쳐 일본으로 전해졌으며, 명칭은 조선 밀조(蜜祖；ミソ)의 발음에서 유래되었다고 한다.

된장구이　사이쿄야키(西京焼：서경소；さいきょうやき) = 미소야키(味噌焼き；みそやき)　생선을 양념한 된장에 절였다가 굽는 생선구이요리로 서경지방에서 유래되어 붙여진 이름

된장국(soybean paste soup)　미소시루(味噌汁：미쟁즙；みそしる)

된장냄비　미소스키(味噌鋤：미쟁서；みそすき)　된장으로 끓인 냄비요리로, 스키야키(鋤焼)에 된장을 넣어 조리한 것을 말하며, 소, 돼지, 말고기 등을 재료로 사용하기도 한다.

된장절임(味噌漬)　사이쿄즈케(西京漬：서경지；さいきょうづけ) = 미소즈케(味噌漬：미쟁지；みそづけ)　재료를 된장에 조미하여 절이는 것. 어류와 육류는 된장구이로, 야채는 절임요리로 사용

된장조림　미소니(味噌煮：미쟁자；みそに)　조림요리 중 하나. 각종 재료를 된장으로 진하게 조려낸 것. 미소다키(味噌炊き)라고도 함

두릅나무　다라노키(楤木：송목；たらのき)

두릅나물　다라노메(楤芽：송아；たらのめ) = 다라노키(楤木).

두부(bean curd)　도후(豆腐：두부；とうふ)

두부굳힘요리　다키가와도후(瀧川豆腐：롱천두부；たきがわどうふ)　두부를 한천으로 응고시켜 담아낸 여름 별미요리

두부된장구이　덴가쿠(田樂：전락；でんがく)　두부산적. 덴가쿠토후(田樂豆腐)의 약어

두부무침요리　시라아에(白和：백화；しらあえ)　두부를 우라고시(裏漉)한 것을 이용하여 만든 야채무침요리. 주로 청색야채를 이용

두부응고제　스마시코(澄し粉：징분；すましこ)　두부 제조 시 쓰이는 응고제

두부튀김요리　아게다시도후(揚出汁豆腐：양출즙두부；あげだしどうふ)　일본 특유의 튀김요리 중 하나로, 연두부를 한입 크기로 썰어 전분을 묻혀 튀긴 다음, 덴다시에 무즙을 섞어 끓여 뿌려낸 것으로, 덴모리로 실파, 생강즙, 김 등을 올려낸다.

두유(soy milk)　도뉴(豆乳：두유；とうにゅう)

두유막　유바(湯葉：탕엽；ゆば)　두유를 가열할 때 표면에 응고된 막. 조림이나 국물재료로 사용

두장뜨기　니마이오로시(二枚卸：이매사；にまいおろし)

들깨(perilla) 에고마(荏胡麻 : 임호마 ; えごま)

등가르기 세비라키(背開き : 배개 ; せびらき) 생선의 등에 칼을 넣어 갈라 뱃살을 자르지 않고 펼쳐놓는 생선손질법

등자(나무) 다이다이(橙, 代代 : 등, 대대 ; だいだい) 향산성 녹색 감귤로 요리나 혼합초를 만드는 데 즙을 사용

등푸른 생선 히카리모노(光物 : 광물 ; ひかりもの) 초밥집 용어로 전갱이, 전어, 고등어 등, 등 부위에서 푸른빛이 나는 생선

딸기(strawberry) 이치고(苺 : 매 ; いちご)

땅두릅 우도(独活 : 독활 ; うど)

땅콩 낫카세이(落花生 : 낙화생 ; なっかせい) 낙화생(peanut) = 난킨마메(南京豆)

떡 모치(餅 : 병 ; もち) = 오카친(御歌賃 : 어가임 ; おかちん)

떡우동 지카라우동(力饂飩 : 력온돈 ; ちからうどん) 떡을 올려놓은 가케우동(掛饂飩)

떫은맛(astringent taste) 시부미(渋味 : 삽미 ; しぶみ)

ㄹ

레몬(lemon) 레몬(レモン)

ㅁ

마(yam) 도로로이모(薯蕷藷 : 서여저 ; とろろいも) 산마

마늘(garlic) 닌니쿠(大蒜 : 대산 ; にんにく)

마른 멸치 시라스보시(白子干 : 백자간 ; しらすぼし)

마른 새우 호시에비(干海老 : 간해로 ; ほしえび)

마른 오징어 스루메(鯣 : 양 ; するめ) 오징어의 내장 등을 제거하고 손질해서 건조시킨 것

마른 잔멸치 지리멘자코(縮緬雑魚 : 축면잡어 ; ちりめんざこ) 지리멘(縮緬) 또는 마른 잔멸치를 무즙 위에 얹어낸 요리

마블링(marbling) 시모후리(霜降 : 상강 ; しもふり) 육류 육질 속의 지방분포도 또는 교잡도

마즙메밀국수 도로로소바(薯蕷蕎麦 : 서여교맥 ; とろろそば) 산마즙 메밀국수. 소바다시에 산마즙을 넣어 먹는 메밀국수

마즙요리　쓰키미도로로(月見薯蕷 : 월견서여 ; つきみとろろ)　산마즙에 난황을 위에 얹어 낸 요리

마즙장국　도로로지루(薯蕷汁 : 서여즙 ; とろろじる)　산마즙을 넣은 장국

막걸리　도부로쿠(濁酒 : 독주 ; どぶろく)　청주의 제조공정에서 거르지 않은 탁한 술

막대썰기　효시기기리(拍子木切 : 박자목절 ; ひょうしぎぎり)　기본썰기 방법 중 하나로, 길이 4~5cm에 폭 1cm 사각의 막대모양으로 써는 것

만두　교자(餃子 : 교자 ; ギョーザ)　중국요리의 교자

만두과자　만주(饅頭 : 만두 ; まんじゅう)　밀가루를 반죽하여 내용물을 넣어 싸서 찌거나 구운 과자

만새기(dorado)　시라(鱰 : 서 ; しいら)

말고기　바니쿠(馬肉 : 마육 ; ばにく) = 사쿠라니쿠(桜肉)

말린 녹차(green tea)　센차(煎茶 : 전다 ; せんちゃ)　어린 찻잎을 따서 열풍건조시킨 것으로 뜨거운 물에 우려내어 사용. 보통의 녹차를 말함

말린 밥　호시이이(干飯, 乾飯 : 간반, 건반 ; ほしいい)　보존을 위해 건조시킨 것. 과거에는 군대의 식량으로 사용하였으나, 현재는 레토르트식품으로 가공, 생산됨

말린 전복　호시아와비(干鮑 : 간포 ; ほしあわび)　가누바오(干鮑)라고도 한다.

말린 패주(貝柱)　가누베이(干貝 : 간패 ; かぬべい) = 호시가이바시라(干し貝柱)

말차　맛차(抹茶 : 말다 ; まっちゃ)　녹차를 갈아서 분말로 만든 고급 가루차. 히키차(挽茶)라고도 한다.

맑은국　스이모노(吸物 : 흡물 ; すいもの) = 스마시지루(澄汁 : 징즙 ; すましじる). 오스마시(御澄まし). 맑은국의 부재료 - 완쓰마(椀妻 : 완처 ; わんつま). 맑은국의 주재료 - 완다네(椀種 : 완종 ; わんだね)

맑은 국물　스이아지(吸味 : 흡미 ; すいあじ), 스이지(吸地 : 흡지 ; すいじ), 스이다시(吸出し). 맑은국과 같은 정도로 약하게 간이 된 국물

맑은 장국요리　완모리(椀盛 : 완성 ; わんもり)　생선, 닭고기, 야채 등을 주재료로 하여 큰 그릇에 담아낸 국물요리. 맑은국 또는 된장국물을 주로 이용하며, 자완모리(茶碗盛)라고도 한다.

맛(taste)　아지(味 : 미 ; あじ)

맛난맛　우마미(旨味 : 지미 ; うまみ)　지미

맛된장　덴가쿠미소(田樂味噌 : 전락미쟁 ; でんがくみそ)　일본식 맛된장. 닭고기를 갈아 된장에 넣고 조려낸 된장

맛술　미림(味醂 : 미림 ; みりん)

망둥어, 문절망둑(goby)　하제(鯊 : 사 ; はぜ)

매듭　무스비(結 : 결 ; むすび)

매실과육　바이니쿠(梅肉 : 매육 ; ばいにく)　매화열매의 과육을 우라고시(裏漉)하여, 설탕 등으로 조미하고 시소(紫蘇)잎으로 색을 낸 것. 주먹밥, 죽 등에 뿌리거나 넣어서 사용

매실지　우메보시(梅干 : 매간 ; うめぼし)　매실을 소금에 절였다가 새콤하게 맛을 낸 것으로, 한국요리의 장아찌와 유사하며, 한국사람들이 김치를 좋아하듯 일본사람들이 가장 좋아하는 것으로, 해외여행 시 가지고 다니며 먹는 사람도 많다.

매운 홍고추　다카노쓰메(鷹の爪 : 응조 ; たがのつめ)

매화(Japanese apricot)　우메(梅 : 매 ; うめ)　일본요리에서 매화는 그 꽃이나 가지 등을 요리에 곁들여 계절감을 나타내기도 하며, 음식의 모양을 내는 채소 특히 당근 등으로 매화꽃 모양을 내어 장식하는 데 많이 이용되기도 한다.

매화란　바이카타마고(梅花卵 : 매화란 ; ばいかたまご)　메추리알을 삶아 꽃빛으로 물들여 매화꽃모양으로 만든 것. 아시라이로 사용

맥주(beer)　비루(ビール)　맥아, 호프, 물을 원료로 하여 발효시킨 알코올음료 = 바쿠슈(麥酒)

머스크멜론(muskmelon)　메론(西洋瓜 : 서양과 ; メロン)　서양과

머위　후키(蕗 : 로 ; ふき)

멍게　호야(海鞘 : 해초 ; ほや)　우렁쉥이(sea squirt)

메기(common catfish)　나마즈(鯰 : 염 ; なまず)

메뉴(menu)　곤다테(献立 : 헌립 ; こんだて)

메로　비막치어[Patagonian toothfish]. 바칼라오(Bacalao).　남반구 심해에서 잡히며, 지방이 많아 바짝 구워 먹을수록 맛이 좋다.

메밀(buckwheat)　소바(僑麦 : 교맥 ; そば)

메밀가루(buckwheat flour)　소바코(僑麦粉 : 교맥분 ; そばこ)　메밀 종자를 탈곡하여 제분한 것

메밀국물　소바다시(僑麦出汁 : 교맥출즙 ; そばだし)　메밀국수에 곁들이는 국물 = 소바쓰유(僑麦汁)

메밀국수(buckwheat noodles) ① 자루소바(笊蕎麦 : 조교맥 ; ざるそば)
② 모리소바(盛蕎麦 : 성교맥 ; もりそば)
③ 옛날 명칭. 소바키리(蕎麦切り : 교맥절 ; そばきり)

메밀볶음 야키소바(焼蕎麦 : 소교맥 ; やきそば) = 차오미에누(チャオミエヌ)

메밀 삶은 물 소바유(僑麦湯 : 교맥탕 ; そばゆ)

메밀찜 소바무시(僑麦蒸 : 교맥증 ; そばむし) = 신슈무시(信州蒸し)

메밀초밥 소바즈시(僑麦鮨 : 교맥지 ; そばずし) 메밀로 만든 김초밥

메추라기(quail) 우즈라(鶉 : 순 ; うずら)

멥쌀(nonglutinous rice) 우루치마이(粳米 : 갱미 ; うるちまい) 쌀밥에 이용되는 보통의 쌀을 말하며, 찹쌀과 대별되어 붙여진 이름

멧돼지고기(wild boar meat) 이노시시니쿠(猪肉 : 저육 ; いのししにく)

면류 멘루이(麺類 : 면류 ; めんるい) 면요리

면봉 멘보(麺棒 : 면봉 ; めんぼう) 밀대

면 손질 멘도리(面取り : 면취 ; めんとり) 요리에 사용하는 무, 순무 등의 면을 다듬는 것

멸치(anchovy) 가타쿠치이와시(片口鰯 : 편구약 ; かたくちいわし)

멸치염장품 안초비(アンチョビー) 안초비(anchovy). 지중해 근해에서 잡힌 멸치. 또는 그 멸치로 만든 염장제품

명란젓 멘타이코(明太子 : 명태자 ; めんたいこ) 명태알에 고춧가루를 넣어 만든 젓갈

명태 멘타이(明太 : 명태 ; めんたい) = 스케토다라(介党鱈)

명태(pollack) 스케토다라(介党鱈 : 개당설 ; すけとうだら)

모과(Chinese quince) 가린(花梨 : 화리 ; かりん)

모둠 모리아와세(盛合せ : 성합 ; もりあわせ) 여러 가지 요리를 하나의 그릇에 모아 담는 것

모둠냄비 요세나베(寄鍋 : 기과 ; よせなべ)

모시조개(short-necked clam) 아사리(浅蜊 : 천리 ; あさり)

모자반(gulfweed) 혼다와라(神馬藻 : 신마조 ; ほんだわら)

목이버섯(jew's ear) 기쿠라게(木耳 : 목이 ; きくらげ)

무(radish) 다이콩(大根 : 대근 ; だいこん)

무말이요리　호쇼마키(奉書巻 : 봉서권 ; ほうしょまき)　종이로 싸서 만 것과 같이, 무를 가쓰라무키(桂剥き)하여 재료를 말아 싼 요리

무순　가이와레(貝割 : 패할 ; かいわれ)　떡잎

무쌀겨절임　누카즈케(糠漬 : 강지 ; ぬかづけ)

무염간장　무엔쇼우유(無塩醤油 : 무염장유 ; むえんしょうゆ)　고혈압이나 당뇨병환자들의 무염식(無鹽食)을 위한 간장으로, 식염 대신 염화칼륨으로 짠맛을 내도록 만든 것

무용버섯　마이다케(舞茸 : 무용 ; まいたけ)　식용버섯의 일종

무즙　다이콩오로시(大根卸 : 대근사 ; だいこんおろし)　무를 강판을 이용하여 갈아낸 것을 취한 것. 오로시(御, 下 : 어, 하 ; おろし)라고도 한다.

무즙산　후지오로시(富士卸 : 부사사 ; ふじおろし)　무즙을 산 모양으로 만들어 그 위에 와사비나 생강즙을 올려놓아 산 모양으로 만든 것

무즙조림요리　오로시니(卸煮 : 사자 ; おろしに)　무즙을 국물에 넣어 조리는 조림요리

무초절임　다이콩나마스(大根膾 : 대근회 ; だいこんなます)　무나 당근을 채썰어 소금에 절였다가 혼합초로 초절임한 것

무침요리　아에모노(和物 : 화물 ; あえもの)　채소, 해물, 해초 등에 어울리는 각종 소스를 끼얹거나 무쳐주는 요리의 총칭

무화과　이치지쿠(無花果 : 무화과 ; いちじく)　무화과나무(fig)

문어(octopus)　다코(蛸 : 소 ; たこ)

문어조림　야와라카니(柔煮 : 유자 ; やわらかに)　문어, 오징어 등의 건어물을 장시간 조려서 부드럽게 하는 것

문치가자미(marbled sole)　마코가레이(真子鰈 : 진자접 ; まこがれい)

물(water)　미즈(水 : 수 ; みず)　수소(H)와 산소(O)의 화합물

물가자미(shotted halibut)　무시가레이(虫鰈 : 충접 ; むしがれい)　미즈가레이(水鰈)라고도 함

물겨자　미즈가라시(水芥子 : 수개자 ; みずがらし)　겨자분을 물에 풀어 갠 것

물미나리　미즈제리(水芹 : 수근 ; みずぜり)

물엿　미즈아메(水飴 : 수이 ; みずあめ)　조청, 조미엿

물오징어　스루메이카(鯣烏賊 : 역오적 ; するめいか)　오징어(common squid)

물전분　앙(餡 : 함 ; あん)

① 물에 푼 녹말. 또는 이것을 사용한 요리

② 두류를 삶아 설탕을 넣고 굳히면서 조린 것

물전분요리　앙카케(餡掛 : 도괘 ; あんかけ)　전분가루를 물에 풀어 넣고, 국물에 점성이 있도록 농도를 첨가한 요리

물칡전분　구즈앙(葛餡 : 갈함 ; くずあん)

묽은 간장　와리쇼유(割り醤油 : 할장유 ; わりしょうゆ)　간장을 다시로 희석한 것

미꾸라지(loach)　도조(泥鰌 : 니추 ; どじょう)

미나리(water dropwort)　세리(芹 : 근 ; せり)

미숫가루　이리코(炒粉 : 초분 ; いりこ) = 무기코가시(麦焦し)

미역(seaweed)　와카메(若布 : 약포 ; わかめ)

미음　오모유(重湯 : 중탕 ; おもゆ)

민들레(dandelion)　단포포(蒲公英 : 포공영 ; たんぽぽ)

민물가재(crayfish)　자리가니(ざり蛄 : 점 ; ざりがに)

민물고기　단스이교(淡水魚 : 담수어 ; たんすいぎょ) = 가와자카나(川魚)

민물새우　가와에비(川海老 : 천해노 ; かわえび)　토하(土蝦). 담수하천에서 나오는 새우의 총칭

민물우렁이(vivipara)　다니시(田螺 : 전라 ; たにし)

민물장어(eel)　우나기(鰻 : 만 ; うなぎ)　뱀장어

밀(wheat)　고무기(小麦 : 소맥 ; こむぎ)

밀가루(flour)　고무기코(小麦粉 : 소맥분 ; こむぎこ)

밑간　시타아지(下味 : 하미 ; したあじ)　조리 전 생재료에 향신료나 조미료로 미리 양념해 놓는것

ㅂ

바구니　가고(籠 : 롱 ; かご)　주로 대나무로 만들며 물을 빼는 체로 쓰거나 튀김요리의 식기로 사용

바늘썰기　하리기리(針切 : 침절 ; はりぎり)　재료를 바늘처럼 가늘게 써는 것

바다참게(queen crab) 즈와이가니(蟹 : 해 ; ずわいがに)

바닷가재(lobster) 이세에비(伊勢海老 : 이세해로, 龍蝦 : 룡하 ; いせえび)

바닷장어(sea eel) ① 하모(鱧 : 례 ; はも) 갯장어
② 아나고(穴子 : 혈자 ; あなご) 붕장어

바짝조림 쓰메(詰 : 힐 ; つめ) = 니쓰메(煮詰め)

박고지 간표(乾瓢 : 건표 ; かんぴょう)

박고지김초밥 뎃포마키(鐵砲巻 : 철포권 ; てっぽうまき) 박고지조림을 넣어 만든 호소마키(細巻き) = 간표마키(干瓢巻)

박력분 하쿠리키코(薄力粉 : 박력분 ; はくりきこ) 글루텐 함량이 가장 적어 튀김요리에 적합한 밀가루

박하(mint) 핫카(薄荷 : 박하 ; はっか)

반달썰기 한게쓰기리(半月切り : 반월절 ; はんげつぎり) 기본썰기 방법 중 하나로, 재료를 반달모양으로 자르는 것

반찬 오카즈(御数 : 어수 ; おかず) 부식물

발효(fermentation) 핫코(醱酵 : 발효 ; はっこう) 미생물이 식품에 증식하는 현상으로, 주로 탄수화물이 분해되어 유기산이나 알코올을 생성해 낸 결과가 인체에 유익한 경우를 말하며, 식품으로서의 가치를 잃거나 섭취 시 인체에 유해한 경우를 부패 또는 변패라고 한다.

밤(chestnuts) 구리(栗 : 률 ; くり)

밤밥 구리메시(栗飯 : 율반 ; くりめし) 밤을 넣고 지은 밥

밥 메시(飯 : 반 ; めし) 백반. 식사. 쌀로 지은 밥. 고항(御飯)이라고도 함

밥상 한다이(飯台 : 반태 ; はんだい) = 자부다이(卓袱台)

밥집 메시야(飯屋 : 반옥 ; めしや)

방어(yellowtail) 부리(鰤 : 사 ; ぶり) 전갱이과의 바닷물고기로, 성장하는 동안 이름이 변한다. 관동에서는 어릴 때를 와카시, 와카나고, 중간 정도 성장한 것을 이나다, 와라사, 그리고 성어를 부리라고 부르며, 크기는 약 1m에 이른다. 관서에서는 쓰바스, 와카나, 하마치, 메지로, 부리라고 부른다.

방어새끼 와라사(稚鰤 : 치사 ; わらさ) 50~60cm 정도의 방어. 하마치(魬 : 반 ; はまち) 방어의 중치

배(pear) 나시(梨 : 리 ; なし)

배아　하이가(胚芽 : 배아 ; はいが)　씨의 구성성분으로 열매의 일부분이며, 발아에 중요한 역할을 함

배추(Chinese cabbage)　학사이(白菜 : 백채 ; はくさい)

백간장　시로쇼유(白醤油 : 백장유 ; しろしょうゆ)　밀가루를 주원료로 하여 만들어 낸 맑은 간장

백된장　시로미소(白味噌 : 백미쟁 ; しろみそ)　백된장. 흰콩과 쌀로 쑨 메주로 담근 된장

백미　세하쿠마이(精白米 : 정백미 ; せいはくまい)　도정을 거친 백미

백발　시라가(白髮 : 백발 ; しらが)　재료를 백발처럼 가늘게 자른 것을 의미하며, 회의 곁들임 채소나 맑은국의 재료에 사용한다. 무, 파, 땅두릅 등이 시라가의 재료로 사용된다.

백설탕(white sugar)　시로자토(白砂糖 : 백사탕 ; しろざとう)

백합근(lily root)　유리네(白蛤根 : 백합근 ; ゆりね)

밴댕이(shads)　삿파(魚制 : 제 ; さっぱ)

뱅어(ice fish)　시라우오(白魚 : 백어 ; しらうお)

버섯(fungi)류　기노코(茸 : 용 ; きのこ)

버찌(cherry)　오-토-(桜桃 : 앵도 ; おうとう)　벚나무의 열매

버터(butter)　바타(バター)

번데기　사나기(蛹 : 용 ; さなぎ)

벌꿀(honey)　하치미쓰(蜂蜜 : 봉밀 ; はちみつ)

범복(tiger puffer)　도라후구(虎河豚 : 호하돈 ; とらふぐ)　복어 중에서 최상품

벚꽃　사쿠라(桜 : 앵 ; さくら)　벚나무(cherry)

- 사쿠라나베(桜鍋 : 앵과 ; さくらなべ)　말고기를 이용한 냄비요리
- 사쿠라니(桜煮 : 앵자 ; さくらに)　문어나 낙지를 벚꽃색이 나도록 조린 음식
- 사쿠라니쿠(櫻肉 : 앵육 ; さくらにく)　말고기. 말고기회
- 사쿠라메시(桜飯 : 앵반 ; さくらめし)　간장과 술을 넣어 지은 쌀밥
- 사쿠라모치(桜餅 : 앵병 ; さくらもち)　밀가루 반죽에 팥을 넣고 벚나무잎으로 싸서 찐 음식
- 사쿠라무시(桜蒸 : 앵증 ; さくらむし)　재료를 벚나무잎으로 싸거나, 색을 내거나, 혹은 얹어서 쪄낸 요리

• 사쿠라미소(櫻味噌 : 앵미쟁 ; さくらみそ)　나메미소(嘗味噌)의 일종. 된장에 우엉, 생강, 설탕을 넣어 단맛이 강하게 만든 것
• 사쿠라즈케(櫻漬 : 앵지 ; さくらづけ)　벚꽃을 소금에 절인 것
• 사쿠란보(桜桃 : 앵도 ; さくらんぼ)　벚나무 열매(cherry)

베이킹파우더(baking powder : BP)　후구라시코(膨粉 : 팽분 ; ふぐらしこ)

벤자리(grunter)　이사기(鶏魚 : 계어 ; いさぎ)

벵에돔(girella)　메지나(眼仁奈 : 안인내 ; めじな)

변패(rancidity)　헨파이(変敗 : 변패 ; へんぱい)　유지가 변화하는 현상으로 악취가 나며, 점성이 생기고, 색이나 맛이 나빠진다. 공기 중의 산소와 결합하거나 미생물의 효소에 의해 가수분해되어 생기는 경우가 많다. 이를 방지하기 위하여 튀김기름을 과열시키지 말고, 조리 후 이물질을 걸러 냉암소에 보관하며, 유지 보관 시에는 공기와 접촉하지 못하도록 차단시켜야 한다.

변화튀김　가와리아게(變揚 : 변양 ; かわりあげ)　튀김방법 중 하나. 튀김옷에 변화를 주어 특색 있는 모양이 나도록 튀겨낸 튀김조리법

별상어(gummy shark)　호시자메(星鮫 : 성교 ; ほしざめ)

병어(pomfret)　마나가쓰오(真魚鰹 : 진어견 ; まながつお)

병조림　빈즈메(壜詰 : 담힐 ; びんづめ)

보리(barley)　오무기(大麥 : 대맥 ; おおむぎ)　대맥

보리된장　무기미소(麦味噌 : 맥미쟁 ; むぎみそ)　보리누룩을 삶은 콩에 넣어 숙성시켜 만든 된장

보리멸(sand borer)　기스(鱚 : 희 ; きす)

보리미숫가루　무기코가시(麦焦 : 맥초 ; むぎこがし)　보리를 제분한 것으로 과자원료로 사용

보리밥　무기메시(麦飯 : 맥반 ; むぎめし)　멥쌀에 보리를 섞어 지은 밥. 또는 보리만 넣어 지은 밥

보리차　무기차(麦茶 : 맥다 ; むぎちゃ)

보릿가루　무기코(麦粉 : 맥분 ; むぎこ)　보릿가루를 뜻하나, 보통은 고무기코(小麦粉 : 밀가루)를 지칭

보조꼬치　소에구시(添串 : 첨관 ; そえぐし)　꼬치구이 시, 모양의 안정을 위해 사용하는 보조 꼬챙이

복사시미　뎃사(鐵刺 : 철자 ; てっさ)　복어의 별명인 철포(鐵砲)의 사시미(刺身)란 뜻의 약어

복숭아(peach)　모모(挑 : 도 ; もも)

복어(puffer)　후구(河豚 : 하돈 ; ふぐ)

복어냄비　후구지리(河豚ちり)　복어지리냄비 = 뎃지리(鉄ちり)

복어죽　후구조스이(河豚雑炊 : 하돈잡취 ; ふぐぞうすい)

복중알　하라고(腹子 : 복자 ; はらご)　닭이나 생선의 배 속에 들어 있는 알

복지느러미술　히레자케(鰭酒 : 기주 ; ひれざけ)　생선의 지느러미를 말려 구워 청주에 담가먹는 술. 복어의 히레자케가 대표적임

볶은 녹차　호지차(焙茶 : 배다 ; ほうじちゃ)　번차(番茶)를 볶아서 달인 차로, 강한 향이 있어 맛이 좋음

볶은 달걀　이리타마고(煎卵 : 전란 ; いりたまご)

볶은 햅쌀　야키고메(焼米 : 소미 ; やきごめ)　올벼를 볶아 절구로 찧어 왕겨를 벗긴 햅쌀 = 이리코메(炒り米)

볶음밥　야키메시(焼飯 : 소반 ; やきめし) = 자항(チャーハン)

볶음요리　이타메모노(炒物 : 초물 ; いためもの)　냄비나 철판에서 소량의 기름으로 재료를 볶아 맛을 내는 요리

볼락(rockfish)　메바루(眼張 : 안장 ; めばる) = 소이(曹以 : 조이 ; そい)

부순 김　모미노리(楺海苔 : 유해태 ; もみのり)　김을 구워 부숴놓은 것. 덮밥이나 소바 등 완성된 요리에 얹어내는 용도로 사용

부시류　후시루이(節類 : 절류 ; ふしるい)　다시를 만들기 위해 생선의 살을 삶아 건조시킨 것. 고등어, 정어리, 다랑어 등이 있으나, 사용량이나 맛에 있어 가쓰오부시(鰹節)가 가장 대표적임

부시리(amberjack)　히라마사(平政 : 평정 ; ひらまさ)

부식　소자이(総菜 : 총채 ; そうざい)　식사의 반찬

부엌　다이도코로(台所 : 태소 ; だいどころ)

부주방장　다테이타(立板 : 입판 ; たていた)　주방장의 보조. 또는 주임급 역할의 조리사

부채꼴썰기　스에히로기리(末広切り : 말광절 ; すえひろぎり)　야채를 부채처럼 점차로 끝이 퍼지게 자른 것

부채모양썰기　지가미기리(地紙切 : 지지절 ; じがみぎり)

부채모양요리　뎃센(鐵扇 : 철선 ; てっせん)　요리에 부채모양의 꼬치를 꽂거나, 부채모양으로 자른 요리의 명칭

부채새우(slipper lobter)　우치와에비(団扇海老 : 단선해로 ; うちわえび)

부추(chive)　니라(韮 : 구 ; にら)

부패(decomposition)　후하이(腐敗 : 부패 ; ふはい)　미생물이 증식하여 생성해 낸 효소에 의해 식품성분이 분해되어 가식성(可食性)을 잃는 것을 말한다. 이와 같이 단백질이 미생물의 작용으로 분해된 것을 부패라고 하며, 탄수화물이 분해되어 유기산이나 알코올을 생성해 내는 것은 발효라고 하고, 지질이 분해되는 현상은 변패라고 한다. 그러나 식품의 구성성분이 복잡하게 되어 있어서, 이것들을 확실하게 구별하기는 곤란하며, 인체에 유익을 주는 경우를 제외하고는 대부분 부패 혹은 변패라고 한다.

분말간장　훈마쓰쇼유(粉末醬油 : 분말장유 ; ふんまつしょうゆ)

분말식초　훈마쓰스(粉末酢 : 분말초 ; ふんまつす)

불고기　조센야키(朝鮮燒 : 조선소 ; ちょうせんやき)　일본에 가장 널리 알려진 한국요리

불리기　모도스(戻す : 태 ; もどす)　건조된 식재료를 물에 담가 불리거나 데워서, 원래의 상태로 복원하는 것

붉돔(crimson sea bream)　지다이(血鯛 : 혈조 ; ちだい)

붓　하케(刷毛 : 쇄모 ; はけ)

붕어(carp)　후나(鮒 : 부 ; ふな)

붕어빵　다이야키(鯛焼 : 조소 ; たいやき)　붕어빵처럼 앙금을 넣어 도미모양으로 구워낸 과자

붕어초밥　후나즈시(鮒鮨 : 부지 ; ふなずし)　붕어의 나레즈시(熟れ鮨)로서, 염지한 붕어에 밥을 넣고 반년 이상 일 년 정도 장기간 숙성, 발효시켜 얇게 썰어서 사용

붕장어(conger eel)　아나고(穴子 : 혈자 ; あなご)　바닷장어의 일종으로 회, 튀김, 초밥재료 등으로 사용

비늘(scale) 우로코(鱗 : 린 ; うろこ) 생선의 비늘을 말하며, 보통은 생선 손질 시 제거해 버리지만, 모아서 삶거나 튀겨서 요리에 응용하는 경우도 있다.

비늘치기 고케히키(鱗引き : 린인 ; こけひき) 생선의 비늘을 제거할 때 사용하는 조리도구. 우로코히키(鱗引き)라고도 함

비둘기(pigeon) 하토(鳩 : 구 ; はと)

비린내 나마구사이(生臭い : 생취 ; なまぐさい)

비빔밥 마제메시(混飯 : 혼반 ; まぜめし) 재료에 따로 진한 맛으로 조미하여 밥과 섞어낸 요리. 공손한 표현으로 마제고항(混ぜ御飯)이 있다.

비빔초밥 고모쿠즈시(五目鮨 : 오목지 ; ごもくずし) = 마제즈시(混ぜ鮨)

비지(요리용) 기라즈(雪花菜 : 설화채 ; きらず) 조리에 쓰이는 비지. 오카라(オカラ) 또는 우노하나(卯の花)라고도 함

비지초밥 우노하나즈시(卯の花鮨 : 묘화지 ; うのはなずし)

비타민(vitamin) 비타민(ビタミン) 체내에서 합성되지 못하므로, 반드시 섭취하여 인체에 공급되어야 하는 필수 영양소

비파나무(loquat) 비와(枇杷 : 비파 ; びわ)

빗살무늬칼집 자센기리(茶筅切 : 다선절 ; ちゃせんぎり) 야채에 빗살무늬모양으로 잔 칼집을 넣어, 차 마시는 주전자 모양을 낸 것

빙어(smelt) 와카사기(公魚 : 공어 ; わかさぎ)

빨간 무즙 아카오로시(赤卸 : 적어 ; あかおろし) = 모미지오로시(紅葉卸) 통무의 중앙에 홈을 파서 홍고추를 넣고 강판에 갈아 적색이 나도록 한 무즙으로, 간편하게는 무즙에 고춧가루를 섞어 무치기도 한다. 고추 특유의 맛과 색과 향으로 음식의 맛을 더욱 담백하게 해주며, 색감과 향을 통해 식욕을 자극하기도 한다.

뼈 바르는 것 사바쿠(捌く : 팔 ; さばく) 닭고기 등의 손질 시, 뼈에서 살을 발라내는 작업 = 오로스(卸す)

뼈 자르기 호네기리(骨切 : 골절 ; ほねぎり) 가는 잔가시를 발라내지 않고, 잘라가며 생선살을 오로시하는 것

볼때기살　가마(鎌 : 겸 ; かま)　가마. 물고기의 아가미 아래 지느러미가 붙어 있는 부위의 살

ㅅ

사각생선회　가쿠즈쿠리(角作, 角造 : 각작, 각조 ; かくづくり)　사각 주사위모양으로 썬 생선회

사골　스네(脛 : 경 ; すね)　다리(shank). 정강이

사과(apple)　링고(林檎 : 임금 ; りんご)

사과주(cider)　링고슈(林檎酒 : 임금주 ; りんごしゅ)　사과를 발효시켜 만든 알코올음료

사발　하치(鉢 : 발 ; はち)　주발, 사발 등의 그릇

사백어(ice goby)　시로우오(素魚 : 소어 ; しろうお)

사비(さび)　와사비. 초밥집의 은어

사찰요리　혼젠료리(本膳料理 : 본선요리 ; ほんぜんりょうり)　본선요리. 일본요리 형식의 기초가 된 일본의 사찰요리

사프란(saffron)　사푸란(洎夫藍 : 계부람 ; さぷらん)

산마(yam)　야마이모(山芋 : 산우 ; やまいも) = 야마노이모(山の芋)

산마즙　도로로(薯蕷 : 서여 ; とろろ)　산마를 강판에 갈아, 술과 소금 등으로 간을 한 것

산마즙요리　야마카케(山掛 : 산괘 ; やまかけ)　음식 위에 산마즙을 뿌려낸 요리. 야마이모카케(山芋掛)의 준말

산초구이　산쇼야키(山椒焼 : 산초소 ; さんしょうやき)　생선이나 수조육류의 데리야키(照り焼)에 산초가루를 뿌려낸 요리

산초나무(japanese pepper)　산쇼(山椒 : 산초 ; さんしょう)

산초나무꽃　하나산쇼(花山椒 : 화산초 ; はなさんしょう)

산초열매가지　스즈산쇼(鈴山椒 : 령산초 ; すずさんしょう)

산초의 어린잎　기노메(木の芽 : 목아 ; きのめ)

산파　아사쓰키(浅葱 : 천총 ; あさつき)

삶기　유데루(茹でる : 여 ; ゆでる)

삶은 달걀　유데다마고(茹卵 : 여란 ; ゆでだまご)

삶은 우동　니코미우동(煮込饂飩 : 자입온돈 ; にこみうどん)　푹 끓인 육수에 삶은 우동

삼각썰기　란기리(亂切 : 난절 ; らんぎり)　연근, 우엉, 당근 등의 야채를 한 손으로 돌려가며 칼로 어슷하게 잘라 삼각모양이 나도록 자르는 것

삼겹살　산마이니쿠(三枚肉 : 삼매육 ; さんまいにく) = 바라니쿠(ばら肉)

삼대진미　산친미(三珍味 : 삼진미 ; さんちんみ)　일본요리의 삼대진미(三大珍味). 나가사키(長崎)의 가라스미(숭어알 염건품), 에치고(越後)의 우니(성게알젓), 미가와(三河)의 고노와다(해삼창젓)

삼배초　산바이즈(三杯酢 : 삼배초 ; さんばいず)　식초와 간장, 설탕, 미림 등을 넣어 만든 새콤달콤한 혼합초. 식초를 3배로 희석한 배합초

삼씨(hempseed)　아사노미(麻の実 : 마실 ; あさのみ)　대마의 씨. 시치미토가라시(七味唐辛子 : しちみとうがらし)에 들어가는 재료 중 하나로 사용된다.

삼치(Spanish mackerel)　사와라(鰆 : 춘 ; さわら)

상어(shark)　사메(鮫 : 교 ; さめ)

상자초밥　오시즈시(押し鮨 : 압지 ; おしずし)　틀에 놓고 눌러 썬 초밥 = 하코스시(箱鮨 : 상지 ; はこずし), 기리즈시(切鮨)

상추(lettuce)　지샤(萵苣 : 와거 ; ちしゃ)　치사(萵苣)라고도 함

새우(shrimp, prawn, lobster)　에비(海老, 蝦 : 해노, 하 ; えび)　새우, 가재 등의 총칭으로 앞에 붙는 낱말에 따라 그 종류가 상당히 많다. 또한 그 종류별로 요리에 쓰이는 방법이나 맛이 상이하다.

새우내장　세와타(背腸 : 배장 ; せわた)

새우등꼬치　노시구시(伸串 : 신관 ; のしぐし)　새우를 삶을 때 등이 굽지 않도록 꼬치를 꽂아 주는 것

새우살　무키에비(剥海老 : 박해로 ; むきえび)　껍질 벗긴 새우의 살

새조개(cockle)　도리가이(鳥貝 : 조패 ; とりがい)

샐러드기름　사라다아부라(サラダ油 : 유 ; さらだあぶら)　순도 높은 식물성 식용유

샛돔(Pacific rudderfish)　이보다이(疣鯛 : 우조 ; いぼだい)

생강(ginger)　쇼가(生姜, 生薑 : 생강 ; しょうが)

생강대절임　하지가미(辛薑 : 신강 ; はじがみ)

① 생강

② 산초의 옛 이름

③ 생강의 대(잎)를 끓는 물에 데쳐 혼합초에 초절임한 것

생강초절임　스도리쇼가(酢取生薑 : 초취생강 ; すどりしょうが)　생강의 뿌리나 줄기를 아마스(甘酢)에 담가 절인 것

생건조식품　스보시(素干 : 소간 ; すぼし)　소금으로 간을 하지 않고 그대로 말린 식품. 김이나 생선 등

생선(fish)　사카나(魚 : 어 ; さかな)　어류의 총칭. 우오(魚 ; うお)로도 읽는다.

생선가루(魚粉)　오보로(朧 : 롱 ; おぼろ)　가열한 흰살생선이나 새우 등을 잘게 으깨서 조미하고 볶아낸 식품 = 소보로(そぼろ)

생선구이　야키자카나(焼魚 : 소어 ; やきざかな)

생선묵, 찜어묵　이타(板 : 판 ; いた)　나무판에 고기떡을 올려 쪄낸 것

생선박피　소도비키(外引き : 외인 ; そとびき)　생선의 껍질을 벗기는 가장 일반적인 방법. 오른쪽에 칼을 잡고 왼손으로 생선 끝의 껍질을 잡은 다음, 칼로 껍질을 바닥으로 누르면서, 양손을 바깥방향으로 당기면서 껍질을 벗겨내는 것

생선비린내　사카나노쿠사미(魚の臭み : 어취 ; さかなのくさみ)

생선뼈살　아라(粗 : 조 ; あら)　생선을 손질한 뒤에 남은 머리, 아가미밑살, 뼈살. 이것을 토막내어 간장, 설탕, 미림, 청주 등을 넣고 진하게 조린 것을 아라니(粗煮), 또는 아라다키(粗炊)라고 하며, 도미의 아라다키 요리가 대표적

생선스키야키　우오스키(魚鋤 : 어서 ; うおすき)

생선연골　히즈(氷頭 : 빙두 ; ひず)　연어나 참치 머리의 연골

생선정소　시라코(白子 : 백자 ; しらこ)　이리(milt)

생선초밥　니기리즈시(握鮨 : 악지 ; にぎりずし)　주먹초밥

생선통썰기　쓰쓰기리(筒切 : 통절 ; つつぎり)　썰기 방법 중 하나로 생선을 통째로 써는 것

생선회　사시미(刺身 : 자신 ; さしみ) = 쓰쿠리(作, 造 : 작, 조 ; つくり)　오쓰쿠리(お造), 쓰쿠리미(造身)라고도 한다.

생선회젓가락　마나바시(真魚箸 : 진어저 ; まなばし)　생선 손질할 때 사용하던 젓가락. 또는 생선회를 담을 때 사용하는 젓가락

생선회칼　① 사시미보초(刺身包丁 : 자신포정 ; さしみぼうちょう)　생선회용 칼의 총칭
② 야나기바(柳刃 : 류인 ; やなぎば)　관서식으로 끝이 뾰족한 생선회용 칼 야나기바보초(柳刃包丁)의 준말

③ 다코히키(蛸引 : 소인 ; たこひき) 관동식으로 길게 사각진 사시미용 칼. 다코히키보초(蛸引包丁)의 준말

생식 세이쇼쿠(生食 : 생식 ; せいしょく) 식품을 비가열처리하여 섭취하는 것

생지 기지(生地 : 생지 ; きじ) 생반죽

생튀김 스아게(素揚 : 소양 ; すあげ) 재료에 튀김옷을 묻히거나 입히지 않고 그대로 튀겨낸 튀김요리

샤부샤부(shabu shabu) 샤부샤부(しゃぶしゃぶ)

서경된장 사이쿄미소(西京味噌 : 서경미쟁 ; さいきょうみそ) 쌀을 원료로 하여 만든 흰된장(白味噌)으로 교토의 서경지방이 주산지

석류나무 자쿠로(石榴 : 석류 ; ざくろ)

석쇠 야키아미(焼網 : 소망 ; やきあみ) 재료를 올려서 직화구이할 때 사용하는 조리도구

석쇠구이 아미야키(網焼 : 망소 ; あみやき)

석식 유쇼쿠(夕食 : 석식 ; ゆうしょく) 저녁식사

석이버섯 이와타케(岩茸, 石茸 : 암용, 석용 ; いわたけ)

선술집 이자카야(居酒屋 : 거주옥 ; いざかや) 가게 앞에서 간단히 술을 마실 수 있는 점포. 일종의 포장마차

설탕(sugar) 사토(砂糖 : 사탕 ; さとう)

섬유소(cellulose) 센이소(繊維素 : 섬유소 ; せんいそ) 식물세포막의 주성분으로 위장에서 소화되지 않으나, 정장작용이 있어 변통을 용이하게 한다. 채소에 다량 함유되어 있고, 식품의 가공원료로 사용되며, 곤약이 그 대표적인 식품

성게 우니(雲丹 : 운단 ; うに) 성게알(sea urchin)

성게젓갈 쓰부우니(螺雲丹 : 라운단 ; つぶうに) 성게의 생식소로 만든 젓갈

성냥개비썰기 센롯퐁기리(千六本切 : 천육본절 ; せんろっぽんぎり) 성냥개비 굵기의 채썰기

성대(red gurnard) 호보(魴鮄 : 방불 ; ほうぼう)

세공계란 사이쿠타마고(細工卵 : 세공란 ; さいくたまご) 삶은 달걀이나 메추리알을 이용하여 세공조작을 통해 모양을 낸 것

세공어묵 사이쿠카마보코(細工蒲鉾 : 세공포모 ; さいくかまぼこ) 어묵을 세공하여 잘라 모양을 낸 것

세공초밥　사이쿠즈시(細工鮨 : 세공지 ; さいくずし)　여러 가지 재료를 사용하여 갖가지 모양과 색을 내고 장식하여 만든 초밥요리

세공회　사이쿠즈쿠리(細工造 : 세공조 ; さいくづくり)　생선회를 썰어서, 꽃이나 잎사귀 모양으로 만들어 모양을 낸 것

세꼬시　세고시(背越し : 배월 ; せごし)　작은 생선을 손질하여 통째로 잘게 썰어 낸 생선회요리

세미　센마이(洗米 : 세미 ; せんまい)　밥을 짓기 위한 작업 중, 이물질 제거 및 수분흡수를 위해 물로 쌀을 세척하는 것

세미기　센마이키(洗米機 : 세미기 ; せんまいき)　쌀 씻는 기계

세장뜨기　산마이오로시(三枚卸 : 삼매사 ; さんまいおろし)

세척　아라이(洗 : 세 ; あらい)　얼음물로 씻은 생선회

셋잎　미쓰바(三葉 : 삼엽 ; みつば)

소고기(beef)　우시니쿠, 규니쿠(牛肉 : 우육 ; うしにく, ぎゅうにく)

소고기냄비　규나베(牛鍋 : 우과 ; ぎゅうなべ)　스키야키(鋤焼) 등의 소고기 냄비요리

소고기덮밥　규돈(牛丼 : 우정 ; ぎゅうどん) = 니쿠돈(肉丼), 규메시(牛飯)

소금(salt)　시오(塩 : 염 ; しお)　식염. 쇼쿠엔(食鹽)이라고도 함

소금구이　시오야키(塩焼 : 염소 ; しおやき)　생선 등의 재료에 소금을 뿌리거나, 절이거나, 화장염으로 하여 굽는 것

소금국　우시오지루(潮汁 : 조즙 ; ういおじる)　소금으로만 간을 하여 끓여낸 맑은 국물요리로 조개나 생선을 이용하여 만든다. 소금만 넣고 조린 요리는 우시오니(潮煮 ; ういおに)라고 한다.

소금 뿌리기　아데시오(当塩 : 당염 ; あてしお)　재료에 소금을 뿌리는 것. 아데루(当てる) 또는 후리시오(振塩 : 진염 ; ふりしお)라고도 함

소금절임　① 시오지메(塩締 : 염체 ; しおじめ)　생선에 소금을 뿌려 삼투압에 의한 탈수로 살이 단단해지게 하는 것
② 시오즈케(塩漬 : 염지 ; しおづけ)　야채를 소금으로 절인 것으로, 야채절임을 만들기 위한 것과 저장용으로 구분

소라(top shell)　사자에(栄螺 : 영라 ; さざえ)

소라고둥(whelk)　쓰부(螺 : 라 ; つぶ)　고둥

소라구이　쓰보야키(壷焼 : 호소 ; つぼやき)　소라껍질을 그릇으로 이용하여 조리하는 것

소라껍질구이　사자에노쓰보야키(栄螺の壷焼 : 영라호소 ; さざえのつぼやき)

소면　소멘(素麺 : 소면 ; そうめん)　실국수. 밀가루로 만든 가느다란 건면의 일종. 가락국수

소보로　소보로(そぼろ)　닭고기, 새우, 생선살 등을 삶아서 말리며 간을 하여 부숴 놓은 것. 오보로(朧)라고도 한다.

소쿠리　자루(笊 : 조 ; ざる)

솔방울오징어　마쓰카사이카(松笠烏賊 : 송립오적 ; まつかさいか)

솔잎구이　마쓰바야키(松葉焼 : 송엽소 ; まつばやき)　송이버섯이나 은행, 흰살생선 등을 종이나 알루미늄호일로 말아서 무시야키(蒸し焼き)하는 것. 또는 솔잎을 깔아 향이 배게 굽는 요리

솔잎모양튀김　마쓰바아게(松葉揚 : 송엽양 ; まつばあげ)　마른 소면이나 건메밀 국수를 1cm 정도로 잘라 재료의 겉에 묻혀서 튀겨낸 가와리아게(変り揚げ)요리

솔잎썰기　마쓰바기리(松葉切 : 송엽절 ; まつばぎり)　재료를 솔잎처럼 가늘게 써는 것. 또는 썰어놓은 것

송아지고기(veal)　고시니쿠(子牛肉 : 자우육 ; こうしにく)

송어(cherry salmon)　마스(鱒 : 준 ; ます)

송이버섯밥　마쓰다케메시(松茸飯 : 송용반 ; まつたけめし)　곤부다시에 소금과 간장, 술로 조미한 것으로 밥을 지어, 얇게 썬 송이버섯을 넣고 뜸을 들여 완성. 마쓰다케고항(松茸飯)이라고도 한다.

솥　가마(釜 : 부 ; かま)

쇠귀나물　구와이(慈姑 : 자고 ; くわい)

쇠꼬챙이　가나구시(金串 : 금관 ; かなぐし)　쇠꼬치

수경재배　미즈사이바이(水栽培 : 수재배 ; みずさいばい)

수박(watermelon)　스이카(西瓜 : 서과 ; すいか)

수분(moisture)　스이분(水分 : 수분 ; すいぶん)

수수(millet)　모로코시(蜀黍 : 촉서 ; もろこし)

수타　데우치(手打 ; でうち)　면을 손으로 반죽하여 쳐서 국수 등을 만드는 것

숙주　모야시(萌 : 맹 ; もやし)　야에나리노모야시(八重なりの萌 : 팔중맹 ; やえなりのもやし), 료쿠즈노모야시(綠豆の萌 : 녹두맹 ; りょくずのもやし) 등의 용어로 다양하나,

보통 모야시라고 하면 숙주로 통한다.

순무(turnip) 가부(蕪 : 무 ; かぶ) 가부라(蕪)라고도 함

순채(water shield) 준사이(蓴菜 : 순채 ; じゅんさい)

숟가락 사지(匙 : 시 ; さじ)

술 사케(酒 : 주 ; さけ) 니혼슈(日本酒)라고도 함

술안주 사카나(肴 : 효 ; さかな) 술 마실 때 먹는 음식

술안주요리 시자카나(強肴 : 강효 ; しいざかな)

술지게미 사케카스(酒粕, 酒糟 : 주박, 주조 ; さけかす) 술찌꺼기. 술 만들고 남은 주박으로, 나라즈케(奈良漬), 아마자케(甘酒) 등의 원료로 사용

술찜 사카무시(酒蒸し : 주증 ; さかむし) 청주를 이용한 찜요리로 술의 향기가 재료의 냄새를 없애며 요리를 향기롭게 한다. 생선이나 패류를 주로 이용하며, 채소와 함께 담아 청주를 다시와 50%씩 섞어서 약하게 소금간을 하여 끼얹어 쪄낸다. 폰즈와 야쿠미를 곁들인다.

숫돌 도이시(砥石 : 지석 ; といし) 칼 가는 돌

숭어(common mullet) 보라(鯔 : 류 ; ぼら)

숯 스미(炭 : 탄 ; すみ) 목탄

숯불구이 스미야키(炭焼き : 탄소 ; すみやき)

스키야키 스키야키(鋤焼 : 서소 ; すきやき) = 우시나베(牛鍋)

스키야키용 냄비 스키야키나베(鋤焼鍋 : 서소과 ; すきやきなべ)

시금치(spinach) 호렌소(菠薐草 : 파릉초 ; ほうれんそう)

시소(紫蘇) 차조기잎

시식 시쇼쿠(試食 : 시식 ; ししょく) 요리의 품질을 평가 혹은 확인하기 위해 미리 맛을 보는 것

시치미 시치미토가라시(七味唐辛子 : 칠미당신자 ; しちみとうがらし)의 준말. 고춧가루에 깨, 겨자씨, 유채씨, 삼씨(대마), 시소열매, 산초가루, 파래 등의 일곱 가지 재료를 섞어 만든 것. 가케우동이나 닭꼬치구이 등의 요리에 뿌린다.

식사(meal) 쇼쿠지(食事 : 식사 ; しょくじ)

식사용 탁자 자부다이(卓袱台 : 탁복태 ; ちゃぶだい) 밥상 = 한다이(飯台 : 반태)

식염(salt) 쇼쿠엔(食鹽 : 식염 ; しょくえん) 소금. 식염이 되는 시오(塩)

식용유(cooking oil)　쇼쿠요유, 쇼쿠요아부라(食用油 : 식용유 ; しょくようゆ, しょくようあぶら)

식육(meat)　쇼쿠니쿠(食肉 : 식육 ; しょくにく)

식이요법(dietetic therapy)　쇼쿠지료호(食事療法 : 식사요법 ; しょくじりょうほう)

식중독(food poisoning)　쇼쿠추도쿠(食中毒 : 식중독 ; しょくちゅうどく)

식초(vinegar)　스(酢 : 초 ; す)　초산을 주성분으로 하는 조미료로서, 양조초와 합성초로 대별

식초물　데즈(手酢 : 수초 ; てず)　초밥을 쥘 때 손에 묻히는 식초물

식칼　호초(包丁 : 포정 ; ほうちょう)　조리용 칼. 원래는 조리사를 지칭하는 용어였으나, 지금은 식품을 자르는 도구의 총칭

식탁　① 쇼쿠타쿠(食卓 : 식탁 ; しょくたく) 식사를 하기 위한 밥상
② 젠(膳 : 선 ; ぜん)　또는 그 위에 놓인 요리

식품위생(food sanitation)　쇼쿠힝에이세이(食品衛生 : 식품위생 ; しょくひんえいせい)

실곤약　시라타키(白瀧 : 백롱 ; しらたき) = 이토콘야쿠(糸蒟蒻 : 사구약 ; いとこんやく)　보통의 곤약을 압출 성형하여, 라면 굵기의 실모양으로 뽑아낸 것

실내도시락　마쿠노우치(幕の内 : 막내 ; まくのうち)　밥과 각종 반찬을 담은 도시락으로, 막간을 이용하여 먹는다는 뜻에서 유래되었으며, 마쿠노우치벤토(幕の内弁当)의 준말

실파　와케기(分葱 : 분총 ; わけぎ)

쌀(rice)　고메(米 : 미 ; こめ)

쌀가루　① 신코(新粉, 糝粉 : 신분, 산분 ; しんこ)
② 고메코(米粉 : 미분 ; こめこ)　멥쌀 또는 찹쌀을 갈아 분말로 만든 것으로, 과자나 떡의 재료로 사용

쌀과자　베이카(米菓 : 미과 ; べいか)　미과. 쌀로 만든 과자

쌀누룩　고메코지(米麹 : 미국 ; こめこうじ)

쌀된장　고메미소(米味噌 : 미미쟁 ; こめみそ)　쌀누룩을 원료로 해서 만든 된장으로, 쌀과 콩과 소금의 배합비율에 따라 맛과 색이 다름

쌀식초　시로즈(白酢 : 백초 ; しろず)　쌀로 만든 식초

쌀죽　가유(粥 : 죽 ; かゆ)

썬 실파　사라시네기(晒葱 : 쇄총 ; さらしねぎ)　칼로 썬 파를 물에 씻어서, 매운맛이나 이취 등을 제거한 것. 주로 야쿠미에 사용

쏠종개(striped catfish)　곤즈이(権瑞 : 권서 ; ごんずい)

쏨뱅이　가사고(笠子 : 입자 ; かさご)　수염어(scorpionfish)

쑤기미(devil stinger)　오코제(虎魚 : 호어 ; おこぜ)　외모가 준수하지 못하여 삼순이, 삼식이 등으로 불리지만, 생선회로는 특유한 담백한 맛을 내는 고급재료로 이용된다.

쑥(mugwort)　요모기(蓬 : 봉 ; よもぎ)

쑥갓(crown daisy)　슌기쿠(春菊 : 춘국 ; しゅんぎく) = 기쿠나(菊菜 : 국채 ; きくな)

쑥떡　구사모치(草餅 : 초병 ; くさもち)　쑥을 첨가해서 만든 떡. 요모기모치(蓬餅)라고도 함

쓴맛(bitter taste)　니가미(苦味 : 고미 ; にがみ)

ㅇ

아가미　에라(鰓 : 새 ; えら)　생선의 아가미로 호흡할 때 불순물을 걸러주는 기관으로 요리에는 거의 사용되지 않는다.

아가미 빼기　쓰보누키(壷抜 : 호발 ; つぼぬき)　생선의 아감딱지에 칼이나 저분을 넣어 아가미와 내장을 빼내는 것

아귀(angler fish)　앙코(鮟鱇 : 안강 ; あんこう)

안주요리　쓰마미(摘 : 적 ; つまみ)　간단한 안주요리 = 오쓰마미(お摘み), 쓰마미모노(摘み物)

알　다마고(卵 : 난 ; たまご)　알의 총칭. 주로 계란을 뜻하며 게이란(鶏卵)이라고도 한다.

알무침　마사고아에(真砂和 : 진사화 ; まさごあえ)　대구나 청어의 알 등 모래알처럼 작은 크기의 알을, 술로 씻어 조미하여 오징어 채썬 것 등의 가는 재료에 섞어 무친 요리

알코올 제거　니기리(煮切 : 자절 ; にぎり)　미림이나 술의 알코올을 제거하는 것

알튀김　마사고아게(真砂揚 : 진사양 ; まさごあげ)　미징코나 겨자씨 등 모래알같이 작은 알갱이를 재료에 묻혀 튀긴, 일종의 가와리아게(変り揚げ) 요리

야자(palm)　야시(椰子 : 야자 ; やし)

야채(vegetable)　야사이(野菜 : 야채 ; やさい)

야채절임(일본김치)　① 쓰케모노(漬物 : 지물 ; つけもの)
② 고노모노(香の物 : 향물 ; こうのもの)

야채칼　우스바보초(薄刀包丁 ; うすばぼうちょう)

약식 정식요리　후쿠사료리(袱紗料理 : 복사요리 ; ふくさりょうり)　향응음식을 약식화한 정식요리로서, 후에 혼젠료리(本膳料理)가 됨

양갱　요캉(羊羹 : 양갱 ; ようかん)　팥으로 만든 화과자의 일종

양고기　① lamb. 고히쓰지니쿠(子羊肉 : 자양육 ; こひつじにく) - 어린 양고기
② mutton. 히쓰지니쿠(羊肉 : 양육 ; ひつじにく) - 양고기

양념　야쿠미(薬味 : 약미 ; やくみ)　요리에 곁들이는 양념 또는 향신료

양배추(cabbage)　간란(甘藍 : 감람 ; かんらん) = 갸베쓰(キャベツ) = 타마나(玉菜)

양태(bartailed flathead)　고치(鯒 : 통 ; こち)

양파(onion)　다마네기(玉葱 : 옥총 ; たまねぎ)

양하　묘가(茗荷 : 명하 ; みょうが)

어개류　교카이루이(魚介類 : 어개류 ; ぎょかいるい)　생선과 조개류

어란　가라스미(鱲子 : 엽자 ; からすみ)　숭어난소를 염장하여 건조시킨 것으로 삼대 진미 중 하나. 삼치나 다른 생선 알의 총칭으로도 사용

어란 건조품　스지코(筋子 : 근자 ; すじこ)　연어나 숭어의 알을 난소막으로 싸서 말려 가공한 염건품

어묵(fish cake)　가마보코(浦鉾 : 포모 ; かまぼこ)　생선묵, 찜어묵

어묵탕　오뎅(御田 : 어전 ; おでん)　뎬가쿠 또는 니코미뎬가쿠(煮込み田楽)의 약어. 곤약, 무, 계란, 두부, 생선어묵 등을 넣고 간을 해서 끓여낸 냄비요리로, 일본식 잡채를 볶아 유부에 싸 넣은 후쿠로(袋 ; ふくろ)를 넣어 맛을 더해 줄 수 있다. 한국에서는 튀김어묵으로 통한다.

어묵튀김　쓰케아게(付揚 : 부양 ; つけあげ)　사쓰마아게(薩摩揚)라고도 한다.

어슷썰기　나나메기리(斜切 : 사절 ; ななめぎり)

어시장　이사바(五十集 : 오십집 ; いさば)

어육　교니쿠(魚肉 : 어육 ; ぎょにく)　생선의 살코기

어죽　아라레카유(霰粥 : 산죽 ; あられかゆ)　어육을 분쇄하여, 체에 걸러 다시를 넣고 조미하여 만든 죽

얼음(ice)　고리(氷 : 빙 ; こおり)

엉덩이살(round)　모모니쿠(股肉 : 고육 ; ももにく)　육류의 넓적다리 부위

연근(lotus) 렌콩(蓮根 : 연근 ; れんこん)

연근 돌려깎기 자카고렌콩(蛇籠蓮根 : 사롱연근 ; じゃかごれんこん)

연꽃 하스(蓮 : 연 ; はす) 연근(lotus)

연두부(Silken Beancurd) 기누고시토후(絹ごし豆腐 : 견두부 ; きぬごしとうふ)

연어(salmon) 사케(鮭 : 해 ; さけ)

연어알(salmon roe) 이쿠라(イクラ)

연어염장품 시오자케(塩鮭 : 염해 ; しおざけ)

연어차밥 사케차즈케(珪茶漬 : 규차지 ; さけちゃづけ)

연어초밥 사케즈시(鮭鮨 : 해지 ; さけずし) 대나무잎 위에 초밥을 깔고, 연어를 얇게 썰어 무, 당근과 함께 올려놓은 다음 꼭 눌러 한 달 정도 두었다가 먹는 것

연어통조림 사케칸즈메(鮭缶詰 : 해부힐 ; さけかんづめ)

연제품 네리모노(練物 : 연물 ; ねりもの)

연한 조림 후쿠메니(含煮 : 함자 ; ふくめに) 연한 간으로 오랫동안 조려낸 조림요리

열빙어(capelin) 시샤모(柳葉魚 : 유엽어 ; ししゃも)

염건 시오보시(塩干 : 염간 ; しおぼし) 어패류를 소금에 절여 건조시켜 만드는 것

염교(scallion) 랏교(辣韮 : 극강 ; らっぎょう)

염소(goat) 야기(山羊 : 산양 ; やぎ) 또는 염소육

염장명란 다라코(鱈子 : 설자 ; たらこ) 명태의 난소를 염장한 것. 모미지코(紅葉子)라고도 함

염지 다테시오(立塩 : 입염 ; たてしお) 염분농도로 만든 소금물로서 생선을 씻거나 야채를 절이는 데 사용

엽란 하란(葉蘭 : 엽란 ; はらん)

영귤 스다치(酢橘, 酸橘 : 초귤, 산귤 ; すだち) 가을에 나는 작은 향산성 녹색 감귤로 라임과 비슷하나 특유의 상큼한 향이 있어 송이, 복요리 등에 사용. 초귤, 신귤

영양(nutrition) 에이요(榮養 : 영양 ; えいよう)

옛날 간장 히시오(醤 : 장 ; ひしお)

오곡(five grains) 고코쿠(五穀 : 오곡 ; ごこく) 다섯 종류의 곡물. 고메(米 : 쌀), 무기(麦 : 보리), 아와(粟 : 조), 기비(黍 : 수수), 마메(豆 : 콩)

오븐(oven) 덴피(天火 : 천화 ; てんぴ)

오븐구이　무시야키(蒸焼 : 증소 ; むしやき)　간접구이 조리방법으로, 오븐구이가 대표적임

오븐재기(ear shell)　도코부시(常節 : 상절 ; とこぶし)

오이(cucumber)　① 규리(胡瓜 : 호과 ; きゅうり)
② 갓파(河童 : 하동 ; かっぱ)　초밥집 은어로서, 초밥에 사용되는 오이를 지칭

오이씨 빼기　자노메(蛇の目 : 사목 ; じゃのめ)　오이씨를 빼는 도구로 신누키(芯抜き)한 다음, 고구치기리(小口切)한 것

오징어(cuttlefish)　이카(烏賊 : 오적 ; いか). 마이카(真烏賊 : 진오적 ; まいか)　동경에서는 고이카(甲烏賊 : 갑오징어), 북해도에서는 스루메이카(鯣烏賊), 야마구치에서는 겐사키이카를 지칭함

오징어다리　게소(不足 : 부족 ; げそ)　초밥집 용어로 삶은 오징어다리

오징어지느러미살　엔페라(えんぺら)

오크라(okra)　오쿠라(オクラ)　아욱과의 일년초로서, 단면이 오각형 콩깍지같이 생겼으며, 깍지는 수프로 종자는 커피로 대용

옥돔(blanquillo)　아마다이(甘鯛 : 감조 ; あまだい)　도미의 종류로 고급어종에 속한다. 생으로 먹기보다는 반건조 상태로 구이하면 더욱 감칠맛이 나며, 찜이나 초밥, 튀김재료로도 사용된다.

옥수수(corn)　도모로코시(玉蜀黍 : 옥촉첨 ; とうもろこし)

온천란　온도타마고(温度卵 : 온도란 ; おんどたまご) = 온센타마고(溫泉卵).　온천물의 온도인 70℃에서 30분 정도 익히는 반숙 계란요리

와사비　와사비(山葵 : 산규 ; わさび)

완두(peas)　엔도(豌豆 : 완두 ; えんどう)　완두콩

왕우럭조개　미루가이(海松貝 : 수송패 ; みるがい) = 미루쿠이(海松食)

요리　료리(料理 : 요리 ; りょうり)　식품에 조리조작을 가하여 만든 음식

요리간장　쓰케조유(付醬油 : 부장유 ; つけじょうゆ)

요리거품　아쿠(灰汁 : 회즙 ; あく)
① 재 또는 잿물
② 식품을 삶을 때 나는 아린 맛이나 거품 등 불쾌취를 내는 모든 것

요리술　혼나오시(本直 : 본직 ; ほんなおし)　미림(味醂)에 소주를 섞은 요리술

요리양식　센구미(膳組 : 선조 ; せんぐみ)　요리의 형식이 조합된 양식

요리용 국물　와리시타(割下 : 할하 ; わりした)　냄비요리에 사용하기 위하여 미리 간장, 설탕, 미림 등의 조미료로 간을 해 끓여놓은 국물. 와리시다지(割下地)의 준말

용상어(sturgeon)　조자메(蝶鮫 : 접교 ; ちょうざめ)

우동국수　우동(饂飩 : 온돈 ; うどん)　우동국수

우럭　구로소이(黒曹以 : 흑조이 ; くろそい)　정식 명칭은 조피볼락(Korean rockfish)

우무　도코로텐(心太 : 심태 ; ところてん)　우뭇가사리의 한천질을 추출, 응고시켜 만든 식품

우뭇가사리　덴쿠사(天草 : 천초 ; てんくさ)　홍조류의 일종으로 한천과 도코로텐(心太)의 원료

우엉(burdock)　고보(牛蒡 : 우방 ; ごぼう)

우엉조림　긴피라고보(金平牛蒡 : 금평우방 ; きんぴらごぼう)

우유　규뉴(牛乳 : 우유 ; ぎゅうにゅう)　소의 젖(milk)

원통형의 어묵　지쿠와(竹輪 : 죽륜 ; ちくわ)

원형　스가타(姿 : 자 ; すがた)　새나 어패류 등이 살아 있을 때의 모양 그대로 조리한 것. 초밥, 회, 구이, 튀김 등

원형구이　스가타야키(姿焼 : 자소 ; すがたやき)　생선을 구울 때 꼬치를 꽂아 구워서, 마치 생선이 헤엄치는 모습이나 움직이는 듯한 원형대로 익혀서 담아내는 것

원형 담기　스가타모리(姿盛 : 자성 ; すがたもり)　생선 내장을 제거하고 손질하여 회나, 튀김, 구이 등으로 조리하여, 재료 원형대로 담아내는 것. 후나모리(舟盛)라고도 한다.

원형조림　마루니(丸煮 : 환자 ; まるに)

원형초밥　스가타즈시(姿鮨 : 자지 ; すがたずし)　생선을 내장만 제거하고 소금과 초로 절여, 초밥을 배 속에 넣어 만든 초밥

원형튀김　마루아게(丸揚げ : 환양 ; まるあげ)　생선이나 닭고기 등의 재료를 손질하여 물에 씻어, 통째로 기름에 튀기는 것

월계수(laurel)　겟케이주(月桂樹 : 월계수 ; げっけいじゅ)　잎에 향기가 있어서 분말 향신료로 요리에 이용

위생(hygiene, sanitation)　에이세이(衛生 : 위생 ; えいせい)

유부(fried tofu)　아부라아게(油揚 : 유양 ; あぶらあげ)　얇게 저며서 기름에 튀긴 두부. 약어로 아부라게(油揚 : あぶらげ)라고도 함

유부우동　기쓰네우동(弧饂飩 : 호온돈 ; きつねうどん)　유부를 넣은 우동면요리

유부주머니 후쿠로(袋 : 대 ; ふくろ) 유부 속에 야채와 고기를 볶아 넣고 간표(干瓢) 등으로 묶은 것

유부초밥 이나리즈시(稲荷鮨 : 도하지 ; いなりずし)

유자 유즈(柚子 : 유자 ; ゆず) 향이 좋아 생즙이 소스에 이용되고, 껍질은 스이구치(吸い口)로 사용되며, 설탕조림을 하여 여러 가지 요리에 활용

유자간장절임 유안야키(幽庵焼 : 유암소 ; ゆうあんやき) 유안쓰케. 구이요리 방법 중 하나로, 간장에 미림, 유자즙을 섞어 재료를 담갔다가 굽는 것

유채(rape) 아부라나(油菜 : 유채 ; あぶらな) 평지

유채꽃 나노하나(菜の花 : 채화 ; なのはな)

유채줄기 사이싱(菜心 : 채심 ; さいしん)

윤기조림 데리니(照煮 : 조자 ; てりに) 재료에 데리처럼 윤기가 흐르도록 조린 요리

율무(adlay) 하토무기(鳩麦 : 구맥 ; はとむぎ)

율무차 하토차(鳩茶 : 구다 ; はとちゃ)

은대구(black cod) 긴다라(銀鱈 : 은설 ; ぎんだら)

은박지구이 깅가미야키(銀紙焼 : 은지소 ; ぎんがみやき) 재료를 은박지로 싸서 굽는 요리

은어(sweet fish) 아유(鮎 : 점 ; あゆ) 여름철 특선요리의 재료로 많이 사용되는 생선으로, 맑은 담수에서 많이 잡히며 배에서 독특한 수박향이 난다.

은어치어 히우오(氷魚 : 빙어 ; ひうお) 약어로 히오(氷魚)라고도 함

은행(ginkgo nut) 긴낭(銀杏 : 은행 ; きんなん)

은행마 이초이모(銀杏薯 : 은행서 ; いちょういも) 산마과의 덩굴성 다년초로서 산마의 일품종

은행잎썰기 이초기리(銀杏切 : 은행절 ; いちょうぎり)

음료(beverage) 노미모노(飲物 : 음물 ; のみもの)

음식그릇 완(椀 : 완 ; わん) 음식물을 담는 그릇

음식 담기 모리쓰케(盛付 : 성부 ; もりつけ)

음식점 인쇼쿠텡(飲食店 : 음식점 ; いんしょくてん)

이배초 니바이즈(二杯酢 : 이배초 ; にばいず) 혼합초로서 간장과 식초를 동량으로 섞은 것

이번다시 니반다시(二番出し : 이번출 ; にばんだし)

이쑤시개　요지(楊枝 : 양지 ; ようじ)

인삼(ginseng)　조센닌징(朝鮮人蔘 : 조선인삼 ; ちょうせんにんじん) = 고라이닌징(高麗人蔘)

일번다시　이치반다시(一番出汁 : 일번출 ; いちばんだし)　가다랑어포를 이용하여 국물을 낼 때 최초의 국물을 일컬으며, 맑은국 등에 사용된다. 두 번째로 뽑아내는 국물을 이번다시라고 하며, 된장국이나 우동국물 등에 사용된다.

일본김치　싱코(新香 : 신향 ; しんこ)　일본식 절임김치의 총칭으로 오싱코(お香)라고 함

일본식 떡국　조우니(雑煮 : 잡자 ; ぞうに)　정월에 만든 떡으로 만든 국

일본식 메밀수제비　소바가키(僑麦掻き : 교맥소 ; そばがき)

일본식 배추　다이사이(体菜 : 체채 ; たいさい)　일본식 배추의 일종으로 모양은 중국의 청경채와 유사

일본식 빈대떡　오코노미야키(御好み焼き : 어호소 ; おこのみやき)　밀가루, 전분, 양배추 등의 기본반죽에 간을 하고, 해산물이나 육류 등의 재료에 따라 그 종류가 다양하다. 철판 위에서 은은하게 구워낸 다음 소스와 가다랑어포를 곁들여낸다.

일본식 수제비　스이톤(炊団 : 취단 ; すいとん)

일본식 절구　스리바치(擂鉢 : 뇌발 ; すりばち)　흙으로 구워 만든 내부의 빗살무늬 절구로서, 스리보(擂り棒)라는 막대봉과 세트

일본식 절구봉　스리코기(すりこ木) = 스리보(擂り棒)

일본식 청국장　낫토(納豆 : 납두 ; なっとう)　대두를 삶아 단순발효에 의해 숙성시킨 일본의 대표적인 콩 발효식품

일본식 회덮밥　바라즈시(腹鮨 : 복지 ; ばらずし) = 지라시즈시(散鮨 : 산지 ; ちらしずし)

일본요리　니혼료리(日本料理 : 일본요리 ; にほんりょうり) = 와쇼쿠(和食)

일식(日食)　와쇼쿠(和食 : 화식 ; わしょく)　일본식의 식사

일식조리사　무코이타(向板 : 향판 ; むこういた) = 이타마에(板前)

일품요리(A la carte)　잇핀료리(一品料理 : 일품요리 ; いっぴんりょうり)　일본요리에서 코스요리에 반하는 의미로, 단품으로 내는 요리를 뜻하며, 일품요리로 레스토랑의 수준이나 조리장의 실력이 가늠되기도 한다.

임연수어(atka mackerel)　홋케(魚花 : 어화 ; ほっけ)

입가심　구치토리(口取 : 구취 ; くちとり)　다른 음식의 맛을 만끽할 수 있도록, 입맛을 가셔내기 위한 안주, 과자, 맑은국 등

입체매화　네지우메(拗梅 : 요매 ; ねじうめ)　매화모양으로 만들어 각 잎사귀마다 입체적으로 각을 주어 깎는 것

잉어(common carp)　고이(鯉 : 리 ; こい)

ㅈ

자기그릇　자완(茶碗 : 다완 ; ちゃわん)　일본의 대표적인 식기로 밥, 국, 차 등을 담는 용도의 자기그릇. 완(碗 : 완 ; わん)이라고도 한다.

자라(snapping turtle)　슷폰(鼈 : 별 ; すっぽん)

자라국　슷폰지루(鼈汁 : 별즙 ; すっぽんじる)　자라맑은국

자라냄비　슷폰나베(鼈鍋 : 별과 ; すっぽんなべ)　자라로 만든 냄비요리

자라조림　슷폰니(鼈煮 : 별자 ; すっぽんに)　자라를 볶아서, 간장과 청주를 넣어 조린 조림요리

자리돔(damselfish)　스즈메다이(雀鯛 : 작조 ; すずめだい)

자반고등어　시오사바(塩鯖 : 염청 ; しおさば)　고등어의 염장 또는 염건품

자연송이(fine mushroom)　마쓰타케(松茸 : 송용 ; まつたけ)　송이버섯

작은 그릇　노조키(覗 : 사 ; のぞき)　소량의 무침이나 초절임요리를 담는 작고 깊은 그릇

작은 사발　고바치(小鉢 : 소발 ; こばち)
① 무침요리 등을 담는 작은 그릇
② 일본요리의 메뉴이름으로, 초회나 무침 등의 요리

잔　하이(杯, 盃 : 배 ; はい)　술잔

잔멸치조림　다쓰쿠리(田作 : 전작 ; たつくり)　잔멸치를 간장과 설탕, 술 등으로 조린 것

잠두콩(broad bean)　소라마메(蚕豆 : 잠두 ; そらまめ)

잡어　자코(雑魚 : 잡어 ; ざこ)　종류를 분류하기 어려운 작은 물고기의 총칭

잣　마쓰노미(松の実 : 송실 ; まつのみ)　오엽송(五葉松)의 종자. 솔방울 안에 있는 백색의 열매로, 껍질을 벗겨 술안주로 식용. 소나무씨

장식 썰기　가자리기리(飾切 : 식절 ; かざりぎり)　각종 재료를 세공하여 꽃모양 등으로 만드는 썰기 방법

장어구이　가바야키(蒲焼 : 포소 ; かばやき)　데리(照り)를 발라 구운 장어구이요리

장어밥　마무시(眞蒸, 間蒸 : 진증, 간증 ; まむし)　장어를 구워 썰어서 밥과 함께 담아낸 것으로, 지방에서 만들어진 덮밥요리. 마부시(眞蒸)라고도 한다.

재가열　히이레(火入れ : 화입 ; ひいれ)　만들어둔 음식의 부패방지를 위해 음식을 재가열조리하는 것

재첩조개　시지미(蜆 : 현 ; しじみ)

잿방어(amberjack)　간바치(間八, 紫魚 : 간팔, 자어 ; かんばち)

저민 고기　히키니쿠(挽肉 : 만육 ; ひきにく)　간 고기. 민치고기. 햄버거, 미트볼, 소보로 등을 만드는 데 사용

적된장　아카미소(赤味噌 : 적미쟁 ; あかみそ)　백된장보다 진한 된장으로 보통 된장국을 끓이는 데 사용

적된장국(soybean paste soup)　아카다시(赤出汁 : 적출즙 ; あかだし)　일반적으로 사용하는 된장국으로 이보다 맛과 색이 순한 백된장국(白出汁 : 백출즙 ; しろだし)에 반하는 뜻으로 사용된다.

적색 식용색소　쇼쿠베니(食紅 : 식홍 ; しょくべに)　식홍

전　긴시야키(錦絲焼き : 금사소 ; きんしやき)　달걀을 이용한 각종 전요리. 긴시(錦絲, 金絲 : 금사 ; きんし)라고 하면, 음식에 계란 지단이나 유바(湯葉) 등을 가늘게 채썰어, 비단실같이 노랗게 장식하는 것을 말한다.

전갱이(jack mackerel)　마아지(真鯵 : 진참 ; まあじ) = 아지(鯵 : 삼 ; あじ)　하급생선으로 분류되나 일본요리의 생선회, 초밥 등의 재료에서 빼놓을 수 없는 등푸른 생선으로 꼽힌다.

전갱이비늘　젠고(ぜんご)　옆에 한 줄로 붙어 있는 비늘

전병　센베이(煎餅 : 전병 ; せんべい)　쌀이나 밀가루를 반죽하여 금형을 이용하여 구운 과자

전복(abalone)　아와비(鮑 : 포 ; あわび)

전복회　미즈가이(水貝 : 수패 ; みずがい)　여름철 전복회요리

전분　덴푼(澱粉 : 전분 ; てんぷん)　갈분, 감자, 고구마, 옥수수의 전분, 쌀, 밀가루, 고사리전분 등

전분요리　요시노(吉野 : 길야 ; よしの)　구즈코(葛粉 : 갈분)를 요리에 이용하는 것

전어(gizzard shad)　고노시로(鰶 : 제 ; このしろ)　15cm 정도 크기를 고하다(小鰶)라고 함

전채요리(appetizer)　젠사이(前菜 : 전채 ; ぜんさい)　외국요리의 영향으로 생긴 식전 전채요리. 식욕을 돋워주며, 계절감을 살려주고, 하늘과 땅과 물에서 나는 재료를 색깔별로 골고루 사용

절단　기루(切る : 절 ; きる)　식품을 용도와 조리방법에 따라 칼로 써는 것

점심　주쇼쿠(昼食 : 주식 ; ちゅうしょく)　1일 3식 중 두 번째로 하는 식사

접시　사라(皿 : 명 ; さら)

젓가락　하시(箸 : 저 ; はし)　저분

젓가락받침　하시오키(箸置 : 저치 ; はしおき)

젓갈　시오카라(塩辛 : 염신 ; しおから)

정식요리(set menu)　데이쇼쿠(定食 : 정식 ; ていしょく)

정어리(pilchard, sardine)　마이와시(真鰯 : 진약 ; まいわし) = 이와시(鰯, 鰮 : 약, 온 ; いわし)

정어리포　이와시부시(鰯節 : 약절 ; いわしぶし)　어리의 부시제품. 가쓰오부시보다 맛이 떨어지며, 주로 면요리의 다시국물을 만드는 데 사용

정월요리　쇼가쓰료리(正月料理 : 정월요리 ; しょうがつりょうり)　정초에 먹는 요리 = 오세치료리(御節料理 : 어절요리 ; おせちりょうり)　정월이나 명절 등에 쓰이는 특별요리. 약어로 오세치(お節)라고도 한다. 달게 조린 것이 많으며 재료로 사용되는 콩, 생선, 다시다 등은 각각 나름대로 축복과 장수를 기원하는 뜻을 담고 있다.

정진요리　쇼징료리(精進料理 : 정진요리 ; しょうじんりょうり)　일본의 사찰요리로, 불교사상의 영향을 받아 야채 및 야채의 건조품만 사용한 요리

정향나무(clove)　조지(丁子 : 정자 ; ちょうじ)

제철　(旬 : 순 ; しゅん)　생선이나 야채, 과실 등이 가장 맛이 좋은 시기 또는 계절

젤라틴(gelatine)　젤라틴(ゼラチン)　동물성단백질의 일종으로 동물의 가죽, 뼈, 근육 등의 결합조직인 콜라겐을 열탕 처리하여 얻을 수 있다. 냉각되면 겔화되어 응고되는 성질이 있어, 한천과 함께 조리나 제과 등에 널리 이용됨

조각　무키모노(剥物 : 박물 ; むきもの)　요리가 돋보이도록 식재료를 동물이나 꽃 등의 모양으로 세공하여 만든 것

조개관자(adductor muscle)　가이바시라(貝柱 : 패주 ; かいばしら)　조개의 힘줄이라고도 하며, 조개마다 가지고 있는 관자를 일컫는다. 이것만 모아서 요리하는 경우도 있다. 약어로 바시라(柱 : 주 ; ばしら)라고도 함

조개용 칼　가이와리(貝割 : 패할 ; かいわり)　조개를 손질할 때 사용하는 기구

조갯살　무키미(剝身 : 박신 ; むきみ)　조개껍질에서 꺼낸 조개의 살

조기(silver croaker)　이시모치(石持 : 석지 ; いしもち)　한국에서는 염건품으로 가공하여 조리에 사용(굴비)

조리(cooking)　조리(調理 : 조리 ; ちょうり)

조리사(cook, chef)　조리시(調理師 : 조리사 ; ちょうりし) = 이다마에(板前 : 판전 ; いたまえ)　조리장(chef). 관서지방의 조리장은 싱(眞)

조리사법　조리시호(調理師法 : 조리사법 ; ちょうりしほう)　일본에서 조리사에 관한 사항을 구체적으로 명시하여, 국민 식생활의 향상을 목적으로 1958년에 제정된 법률

조리용 대나무솔　사사라(簓 : 조 ; ささら)

조리용 떡　후(麩 : 부 ; ふ)

조리용 밀떡　나마후(生麩 : 생부 ; なまふ)　밀기울을 이용하여 만든 일종의 조리용 떡

조리용 붓　조리바케(調理刷毛 : 조리쇄모 ; ちょうりばけ)

조리용 송곳　메우치(目打ち : 목타 ; めうち)

조리용 젓가락　사이바시(菜箸 : 채저 ; さいばし)　조리한 음식을 그릇에 담을 때 사용하는 젓가락

조림　니코무(煮込 : 자입 ; にこむ)　재료를 약한 불에서 장시간 푹 끓이는 조리방법

조림요리　니모노(煮物 : 자물 ; にもの)　삶거나 조린 조림요리

조림용 국물　핫포다시(八方出汁 : 팔방출즙 ; はっぽうだし)

조림용 뚜껑　오토시부타(落し蓋 : 낙개 ; おとしぶた)　조림요리할 때 사용하는 뚜껑으로 냄비의 직경보다 작은 뚜껑을 말한다. 뚜껑이 냄비 안으로 들어가 재료 위에 직접 닿도록 하여 재료의 움직임을 방지하고, 대류효과를 올려줌으로써 조림의 간과 색이 잘 배도록 한다. 한지 등을 사용하기도 하며, 최근에는 호일로 대치하기도 한다.

조미(seasoning)　아지쓰케(味付 : 미부 ; あじつけ)　음식을 조리할 때 양념과 간을 하여 맛을 내는 행위 = 조미(調味 : 조미 ; ちょうみ)

조미간장　조미쇼유(調味醬油 : 조미장유 ; ちょうみしょうゆ)　겨자나 와사비, 다시 등을 넣고 조미하여 맛을 낸 간장

조미된장　나메미소(嘗味噌 : 상미쟁 ; なめみそ)　반찬으로 먹을 수 있도록 여러 가지 재료를 섞어 조미한 된장

조미술　사카시오(酒塩 : 주염 ; さかしお)　술에 향과 소금을 섞은 조미용 술

조미식초　조미즈(調味酢 : 조미초 ; ちょうみず)　식초에 간장, 설탕, 소금, 술 등의 재료를 넣고 만든 혼합초. 니하이즈(二杯酢), 삼바이즈(三杯酢), 아마스(甘酢), 고마스(胡麻酢) 등

조식　조쇼쿠(朝食 : 조식 ; ちょうしょく) 조반. 아침식사(breakfast) = 아사게(朝食 : 조식 ; あさげ)

좁쌀(foxtail millet)　아와(粟 : 속 ; あわ)　조

종이냄비　가미나베(紙鍋 : 지과 ; かみなべ)

종이말이구이　호쇼야키(奉書焼 : 봉서소 ; ほうしょやき)　재료를 호쇼가미(奉書紙 : 닥나무로 만든 백지)로 싸서 오븐에 굽는 요리

주걱　샤쿠시(杓子 : 표자 ; しゃくし)

주꾸미(ocellated octopus)　이다코(飯蛸 : 반소 ; いいだこ)

주먹밥　니기리메시(握飯 : 악반 ; にぎりめし) = 오니기리(御握り : 어악 ; おにぎり)　한국에서는 삼각김밥으로 더욱 잘 알려진 것으로, 밥 속에 재료를 넣거나, 아예 밥과 재료를 비벼서 만들기도 하며, 역시 사용되는 재료에 따라 각각 다른 명칭으로 불린다.

주먹칼　데바보초(出刃包丁 : 출인포정 ; でばぼうちょう)　생선 오로시용 칼 = 데바(出刃)

주방(kitchen)　조리바(調理場 : 조리장 ; ちょうりば)　주보(廚房 : 주방 ; ちゅうぼう). 키친(キッチン)

주사위모양썰기　사이노메기리(賽の目切り : 새목절 ; さいのめぎり)　재료를 1cm 정도의 정육면체 주사위모양으로 써는 것으로 기본썰기 방법 중 하나

주사위썰기　아라레기리(霰切 : 산절 ; あられぎり)　기본썰기 방법 중 하나. 재료를 약 8mm 정도의 정육면체 주사위모양으로 써는 것

주재료　다네(種 : 종 ; たね)

주전자　야칸(薬缶 : 약부 ; やかん)　원래는 약용냄비였으나, 지금은 물 끓이는 용기로 전용

주전자찜　도빈무시(土瓶蒸 : 토병증 ; どびんむし)　송이버섯요리가 대표적. 바닷장어, 새우, 흰살생선, 은행, 송이버섯 등을 담고, 스이지를 부어 쪄낸 요리로 스다치를 곁들여낸다.

주점　이자카야(居酒屋 : 거주옥 ; いざかや)

죽(gruel)　① 조스이(雑炊 : 잡취 ; ぞうすい)　밥에 해산물, 채소, 된장 등을 넣고 끓인 죽
② 오카유(お粥 : 죽 ; おかゆ)　쌀에 보통의 밥보다 물을 많이 넣어 끓인 죽

죽냄비　유키히라나베(行平鍋 : 행평과 ; ゆきひらなべ)　두꺼운 도기(陶器)냄비로, 손잡이와 뚜껑, 주둥이가 붙어 있으며 보온력이 좋다.

죽순(bamboo shoot)　다케노코(竹筍 : 죽순 ; たけのこ)

준비작업　시코미(仕込 : 사입 ; しこみ)　주방에서 조리하기 위해 행하는, 모든 전처리 및 준비작업

줄기녹차　반차(番茶 : 번차 ; ばんちゃ)　센차(煎茶)의 일종으로 잎을 따낸 뒤 줄기를 따서 만든 차. 나중에 나온 차라는 의미로 만차(晩茶)라고도 하며, 어린잎으로 만든 것보다는 맛이 떨어짐

중국식 돈육요리　스부타(酢豚 : 초돈 ; すぶた)　튀긴 돈육에 양파, 피망, 당근 등의 야채를 아마스앙(甘酢餡)으로 무쳐낸 요리

중국식 돈육조림　가쿠니(角煮 : 각자 ; かくに)　싯포쿠료리(卓袱料理)의 대표적인 요리 중 하나. 돈육 삼겹살을 5cm 정도 사각으로 썰어, 단맛이 나도록 부드럽게 조려 먹는 요리

중국식 사찰요리　후차료리(普茶料理 : 보차요리 ; ふちゃりょうり)　중국식 쇼진료리(精進料理)로 대개 야채를 재료로 사용한다. 1654년 중국의 황벽종(黄壁宗) 포교 당시 일본에 콩과 약품 등을 전하여 일본문화에 크게 기여했던 승려인 인겐(隱元)에 의해 전래되었다. 좌불행이나 법요 등의 행사가 끝난 후, 차를 마시며 의논하는 차례 뒤에 나오는 식사가 후차료리이다.

중국식 일본요리　싯포쿠료리(卓袱料理 : 탁복요리 ; しっぽくりょうり)

중력분　주리키코(中力粉 : 중력분 ; ちゅうりきこ)　글루텐 함량이 강력분보다 적어 제면 및 제과에 적합한 밀가루

중하(shiba shrimp)　시바에비(芝鰕 : 지하 ; しばえび)

중화요리　주카료리(中華料理 : 중화요리 ; ちゅうかりょうり) = 주고쿠료리(中国料理)

쥐(rat)　네즈미(鼠 : 서 ; ねずみ)

쥐노래미(fat greenling)　아이나메(鮎並 : 점병 ; あいなめ)　쥐놀래미라고도 하며, 살이 부드럽고 담백하여 생선회, 튀김 등으로 이용된다.

쥐치(filefish)　가와하기(皮剥 : 피박 ; かわはぎ)

즉석다시　소쿠세키다시(即席出汁 : 즉석출즙 ; そくせきだし)　일본식 다시다. 다시노모토(出汁の元), 스푸노모토(スープの元) 등이 시판 중임

지느러미　히레(鰭 : 기 ; ひれ)

지느러미끈　히모(紐 : 뉴 ; ひも)　피조개나 가리비 등 조개류의 끈 같은 지느러미 살. 또는 육류의 내장

지리냄비　지리나베(ちり鍋 : 과 ; ちりなべ)

지리찜　지리무시(ちり蒸 : 증 ; ちりむし)　지리처럼 재료를 담아 다시에 술을 넣고 찜기에 쪄낸 요리

지염　가미시오(紙塩 : 지염 ; かみしお)　생선 위에 종이를 깔고, 종이 위에 소금을 뿌려서 생선에 스며들도록 하는 방법

진간장　고이쿠치쇼유(濃口醬油 : 농구장유 ; こいくちしょうゆ)　관동지방에서 발달한 진한 색의 보통간장. 약어로 고이쿠치(濃口)라고도 함

진미　진미(珍味 : 진미 ; ちんみ)　귀한 음식

진한 국물　노코지루(濃厚汁 : 농후즙 ; のうこうじる)

진한 조림　아카니(赤煮 : 적자 ; あかに)

질그릇냄비　도나베(土鍋 : 토과 ; となべ)　흙으로 구워 만든 냄비

질그릇소금구이　호로쿠야키(炮烙焼 : 포락소 ; ほうろくやき)　냄비에 소금을 깔고 어패류나 야채 등을 올려놓은 다음, 뚜껑을 덮어 오븐에 넣고 무시야키(蒸し焼き)하여 익힌 요리. 호우라쿠야키(炮烙焼)라고도 함

질냄비　호로쿠(炮烙 : 포락 ; ほうろく)　무시야키(蒸し焼き)하는 데 사용되며, 식탁에 그대로 올려서 조리한다.

질냄비찜　호로쿠무시(炮烙蒸 : 포락증 ; ほうろくむし) = 호우로쿠야키(炮烙焼)

질주전자　도빈(土瓶 : 토병 ; どびん)　조리용기로서 송이버섯의 주전자찜 요리에 사용

징기스칸냄비　징기스칸나베(成吉思汗鍋 : 성길사한과 ; ジンギスカンなべ)　철 투구와 같은 모양의 냄비. 또는 이것을 사용하여, 야채와 양고기를 다레를 곁들여 가며 구워 먹는 요리

짠맛조림　도자니(当座煮 : 당좌자 ; とうざに)　야채 등에 간장과 술을 넣고 짜게 조려낸 요리

짬뽕　잔퐁(チャンポン)　대표적인 일본식 중국요리로 나가사키에서 시작됨

찜기　세이로(蒸籠 : 증롱 ; せいろう)　나무로 만든 찜통

찜요리　무시모노(蒸物 : 증물 ; むしもの)

찜통　무시키(蒸器 : 증기 ; むしき)　스테인리스나 알루미늄으로 만든 찜기

찜틀　나가시바코(流箱 : 류상 ; ながしばこ)　굳힘틀

ㅊ

차(tea)　자(茶 : 다 ; ちゃ)　찻잎을 열풍 건조시켜 열수로 추출한 음료. 발효 여부에 따라 녹차(비발효), 홍차(발효), 우롱차(반발효) 등으로 분류

차거름망　자코시(茶漉 : 다록 ; ちゃこし)　차 거르는 망

차과자　자가시(茶菓子 : 차과자 ; ちゃがし)　차와 같이 먹는 과자

차로 끓인 죽　자가유(茶粥 : 다죽 ; ちゃがゆ)

차로 지은 밥　자메시(茶飯 : 다반 ; ちゃめし)　차를 달인 물에 소금과 술로 간을 하여 지은 밥

차밥　오차즈케(御茶漬け : 어다지 ; おちゃづけ)　일본요리 특유의 메뉴로 밥에 다시를 부어 먹는 밥이다. 곁들이는 재료에 따라 김차밥, 연어차밥, 도미차밥, 우메차밥 등으로 다양하게 불린다. 자즈케(茶漬 : 다지 ; ちゃづけ)라고도 한다.

차새우(tiger prawn)　구루마에비(車海老 : 차해노 ; くるまえび)　익었을 때 모양이 자동차 바퀴 같아서 붙여진 이름이고, 튀김, 회, 초밥 등의 재료로 널리 사용된다.

차조기(perilla)　시소(紫蘇 : 자소 ; しそ)　생선회 받침으로 주로 사용되며, 청색과 자색이 있음

차조기순　메지소(芽紫蘇 : 아자소 ; めじそ)　어린 시소잎으로 샐러드, 쓰마(妻) 등에 이용

차회석요리　자카이세키(茶懐石 : 차회석 ; ちゃかいせき)　가이세키료리(懐石料理). 차를 마시기 위해 나오는 요리

찬 음식　히야시모노(冷物 : 냉물 ; ひやしもの)　여름철에 차게 하여 먹는 요리의 총칭

찬합　주바코(重箱 : 중상 ; じゅうばこ)　음식을 넣어 들고 다닐 수 있도록 만든 용기

참고래(right whale)　세미구지라(背美鯨 : 배미경 ; せみぐじら)

참기름(sesame oil)　고마아부라(胡麻油 : 호마유 ; ごまあぶら)

참깨(sesame)　고마(胡麻 : 호마 ; ごま)

참깨두부　고마도후(胡麻豆腐 : 호마두부 ; ごまどうふ)

참다랑어(bluefin tuna)　구로마구로(黑鮪 : 흑유 ; くろまぐろ)　보통 마구로(鮪)라고 하며, 대표적인 참치 = 혼마구로(本鮪 : 본유 ; ほんまぐろ)

참다시마　마곤부(真昆布 : 진곤포 ; まごんぶ)　다시마 중에서 가장 크고 맛이 좋은 고급 다시마

참대구(cod)　마다라(真鱈 : 진설 ; まだら) = 다라(鱈)

참돔(sea bream)　마다이(真鯛 : 진조 ; まだい) = 다이(鯛)

참돔치어　가스고다이(鰚鯛 : 소조 ; かすごだい)

참마　나가이모(長薯 : 장서 ; ながいも)

참문어(common octopus)　마다코(真蛸 : 진소 ; まだこ) = 다코(蛸)

참복　가라스(烏河豚 : 조하돈 ; からす)

참새(sparrow)　스즈메(雀 : 작 ; すずめ)

참새구이　스즈메야키(雀焼 : 작소 ; すずめやき)
① 참새구이
② 붕어꼬치구이

참새초밥　스즈메즈시(雀鮨 : 작지 ; すずめずし)　작은 도미를 이용하여 만든 초밥. 참새모양을 하기도 함

참외지　나라즈케(奈良漬 : 나양지 ; ならづけ)　장아찌의 일종. 술지게미로 만든 나라(奈良) 지방의 향토식 절임요리

참치　마구로(鮪 : 유 ; まぐろ)　다랑어(tuna). 고등어과 다랑어속 물고기의 총칭. 참치류와 새치류로 대별되고, 구로마구로(黒鮪)가 가장 대표적이며 혼마구로(本鮪) 라고도 함.
① 참치류 ; 구로마구로(참다랑어), 메바치(눈다랑어), 기하다(황다랑어), 빈나가(날개다랑어)
② 새치류 ; 마가지키(청새치), 메가지키(황새치), 바쇼가지키(돛새치), 구로가지키(흑새치), 시로가지키(백새치)

참치김초밥　뎃카마키(鐵火巻 : 철화권 ; てっかまき)

참치덮밥　뎃카돈부리(鐵火丼 : 철화정 ; てっかどんぶり)　초밥에 참치의 붉은 살을 얹은 요리. 뎃카돈이라고도 한다.

참치뱃살　도로(トロ), 오도로(大-), 주도로(中-), 세도로(背-) 등

참치붉은 살　아카미(赤身 : 적신 ; あかみ)
① 참치의 붉은 살
② 붉은색의 살코기
③ 붉은색 채소. 요리에 들어가는 재료가 진한 색을 띠거나 강한 적색으로서 요리의 포인트로 강조될 경우 이를 지칭하는 용어

참치절임　즈케(漬 : 지 ; づけ)　또는 참치를 지칭하는 말로, 초밥집의 은어로 간장에 절여서 보존했기 때문에 붙여진 이름

참치차밥　마구차(鮪茶 : 유다 ; まぐちゃ)　참치로 만든 차즈케(茶漬)로서, 간장에 담가두었던 참치살을 썰어 김가루와 함께 밥에 얹어 차를 부어낸 요리

찹쌀(glutinous rice)　모치코메(糯米 : 나미 ; もちこめ)

찹쌀가루　모치코(餅粉 : 병분 ; もちこ)

찹쌀미숫가루　미진코(微塵粉 : 미진분 ; みじんこ)　쪄서 말린 찹쌀을 분쇄한 것으로, 화과자의 원료로 사용

찹쌀튀김　하제(爆米 : 폭미 ; はぜ)　찹쌀을 볶아 튀긴 것

채소　소사이(蔬菜 : 소채 ; そさい)

채썰기(julienne)　센기리(千切り : 천절 ; せんぎり)

철갑둥어(pinecone fish)　마쓰카사우오(松毬魚 : 송구어 ; まつかさうお)

철도도시락　에키벤(駅弁 : 역변 ; えきべん)　철도역에서 파는 도시락. 일본은 도시락 문화가 발달하여 기차를 타고 장거리여행할 때 많이 이용한다.

철판구이　뎃판야키(鉄板焼 : 철판소 ; てっぱんやき)　철판구이요리

첨가재료　가야쿠(加薬 : 가약 ; かやく)　요리에 부재료나 야쿠미(양념) 등을 첨가하는 의미로, 냄비요리나 우동, 비빔밥 등에 넣는 재료를 지칭

청각(sea staghorn)　미루(海松 : 해송 ; みる)

청대콩(podded peas)　사야엔도(莢豌豆 : 협완두 ; さやえんどう)　꼬투리째 먹는 완두콩

청새치(striped marlin)　마가지키(真梶木 : 지미목 ; まかじき)　새치과 바닷물고기의 총칭이나 보통은 청새치를 지칭함. 가지키(梶木 : 미목 ; かじき)라고도 하며, 참치회 대용으로도 많이 사용된다.

청어(herring)　니싱(鰊 : 연 ; にしん)

청어알(herring roe)　가즈노코(数の子 : 수자 ; かずのこ)　청어의 알을 뜻하며, 보통은 절여서 먹거나 초밥의 재료로 많이 활용된다.

청정야채　세이조야사이(清淨野菜 : 청정야채 ; せいじょうやさい)

청주　세이슈(清酒 : 청주 ; せいしゅ)　술. 쌀과 누룩으로 빚은 일본 전통의 술 = 니혼슈(日本酒 : 일본주 ; にほんしゅ) 일본술

청차조기의 잎(perilla)　아오지소(青紫蘇 : 청자소 ; あおじそ)　보통 시소(紫蘇)라고 하면 푸른색의 차조기잎을 말하며, 붉은색의 잎은 아카지소(赤紫蘇 : 적차조기)라고 한다. 특유의 향이 생선회와 잘 어울리므로 생선회의 밑에 깔아주는 채소로 가장 많이 이용되고 있으며, 조리방법에 따라 채썰거나 다져서 사용하기도 한다.

청채소조림　아오니(青煮 : 청자 ; あおに)　조림요리 방법 중 하나로 채소의 푸른색이 변하지 않도록 단시간에 살짝 조려내는 방법 또는 그러한 요리를 지칭함

체(strainer)　① 후루이(篩 : 사 ; ふるい)　우라고시(裏漉 - 체내림)하거나 물기를 제거하는 데 사용되는 주방기구
② 우라고시(裏漉 : 이록 ; うらごし - 고운체) 보통은 체를 지칭하지만, 식품을 체에 걸러 내리는 작업 자체를 뜻하기도 한다. 고급제품으로는 말총(말의 꼬리)을 이용했다고 한다.

초간장　지리스(ちり酢) = 폰즈(ポンズ)

초된장　스미소(酢味噌 : 초미쟁 ; すみそ)

초무침　스아에(酢和 ; すあえ)　재료에 식초 또는 혼합초를 넣어 새콤달콤하게 무쳐낸 초무침 요리

초밥　스시(鮨, 寿司, 鮓 : 지, 수사, 자 ; すし)

초밥비빔통　한다이(板台 : 판태 ; はんだい)　한기리(半切)라고도 함

초밥생강　스시쇼가(鮨生姜 : 지생강 ; すししょうが)　초밥집 은어로 가리(ガリ)라고도 함

초밥용기　스시오케(鮨桶 : 지통 ; すしおけ)　초밥요리를 담아내는 전용 용기로, 높이가 낮고 넓은 칠기그릇

초밥용 밥　① 샤리(舎利 : 사리 ; しゃり)　초밥요리에 들어가는 초밥
② 스시메시(鮨飯 : 지반 ; すしめし)　스시스(鮨酢)를 이용하여 만든 조미된 밥

초밥용 칼　스시기리보초(鮨切り包丁 : 지절포정 ; すしぎりぼうちょう)

초밥재료　스시다네(鮨種 : 지종 ; すしだね)　초밥요리에 사용하는 생선이나 야채 등의 주재료 = 다네(種). 네다(種)

초밥집　스시야(鮨屋 : 지옥 ; すしや)　초밥식당. 초밥전문점

초밥초　스시스(鮨酢 : 지초 ; すしす)　초밥을 비빌 때, 밥에 넣어 사용하기 위해 만든 혼합초. 촛물

초밥틀　스시와쿠(鮨枠 : 지화 ; すしわく)　오시스시(押し鮨 : 눌림초밥, 상자초밥)를 만들기 위해 사용하는 누름틀

초산(acetic acid)　사쿠산(酢酸 : 초산 ; さくさん)

초생강　베니쇼가(紅生姜 : 홍생강 ; べにしょうが)　생강뿌리 부분을 초절임하여 붉게 물들인 것

초세척　스아라이(酢洗 : 초세 ; すあらい)　재료를 식초나 식초를 희석한 물에 담가, 이취(異臭)나 이미(異味)를 제거하는 것

초어(grass carp)　소교(草魚 : 초어 ; そうぎょ)　잉어과의 중국산 민물고기

초절임　스즈케(酢漬 : 초지 ; すずけ)　재료를 식초 또는 혼합초에 담가 맛을 낸 요리

초조림　스니(酢煮 : 초자 ; すに)　식초를 넣어 조린 것 = 스다키(酢焚き)

초회　스노모노(酢の物 : 초물 ; すのもの)

취반기(rice cooker)　스이한키(炊飯器 : 취반기 ; すいはんき)　밥 짓는 기구

치자나무(gardenia)　구치나시(梔子 : 치자 ; くちなし)

칠면조(turkey)　시치멘초(七面鳥 : 칠면조 ; しちめんちょう)

칠성장어(lamprey)　야쓰메우나기(八目鰻 : 팔목만 ; やつめうなぎ)

칡　구즈(葛 : 갈 ; くず)　구즈코, 구즈앙의 준말로도 사용

칡뿌리　갓콩(葛根 : 갈근 ; かっこん)

칡전분　구즈코(葛粉 : 갈분 ; くずこ)　칡뿌리에서 얻은 가루로 모양이 거칠다.

ㅋ

칼갈이(steel)　야스리보(鑢棒 : 여봉 ; やすりぼう)　양도(洋刀)의 날을 가는 금속도구 = 도기보우(研ぎ棒)

칼집　호초카케(包丁掛 : 포정괘 ; ほうちょうかけ)　칼을 수납하는 곳

콩　마메(豆 : 두 ; まめ)　두류

콩가루　다이즈코(大豆粉 : 대두분 ; だいずこ)

콩기름　다이즈유(大豆油 : 대두유 ; だいずゆ)　식용유. 콩을 압착 추출하여 얻은 원유를 정제한 것. 샐러드, 튀김 등에 이용

콩나물(bean sprout)　마메모야시(豆萌 : 두맹 ; まめもやし), 다이즈모야시(大豆萌 : 대두맹 ; だいずもやし) 등으로 불리나, 콩나물은 한국요리에서만 사용할 뿐, 일본요리에서 숙주는 사용해도 콩나물을 사용하는 경우는 거의 없다.

콩된장　마메미소(豆味噌 : 두미쟁 ; まめみそ)　삶은 대두를 누룩으로 하여 식염수에 담가 만든 것

콩밥　다이즈고항(大豆御飯 : 대두어반 ; だいずごはん)

콩비지 우노하나(卯の花 : 묘화 ; うのはな) =오카라(おから)

콩조림 니마메(煮豆 : 자두 ; にまめ) 불린 콩을 약한 불에 은은하게 끓인 후, 간을 하여 조린 것

키조개(pan shell) 다이라기(平貝 : 평패 ; たいらぎ) = 다이라가이

ㅌ

탄수화물(carbohydrate) 단스이카부쓰(炭水和物 : 탄수화물 ; たんすいかぶつ)

탈지(defat) 아부라누키(油抜 : 유발 ; あぶらぬき) 유부 등의 재료를 뜨거운 물에 데쳐 기름기를 제거하는 것

탕박피 유무키(湯剥 : 탕박 ; ゆむき) 재료를 뜨거운 물에 담그거나, 재료에 뜨거운 물을 뿌려서 껍질을 벗기는 것. 토마토 등

털게 게가니(毛蟹 : 모해 ; けがに) 오쿠리가니(おおくり蟹)라고도 함

토끼고기(rabbit) 우사기니쿠(兎肉 : 토육 ; うさぎにく)

토란(dasheen) 사토이모(里芋 : 이우 ; さといも)

토란대 즈이키(芋茎 : 우경 ; ずいき)

톳 히지키(鹿尾菜 : 녹미채 ; ひじき) 녹미채

통썰기 와기리(輪切 : 윤절 ; わぎり) 기본썰기 방법 중 하나로 둥근 모양의 재료를 길게 놓고 써는 것

통조림(canned food) 간즈메(鑵詰 : 관힐 ; かんづめ)

통조림따개 간기리(缶切り : 부절 ; かんぎり)

튀김덮밥 덴돈(天丼 : 천정 ; てんどん) 덴푸라덮밥. 밥 위에 튀김을 얹어낸 것

튀김망 아부라키리(油切 : 유절 ; あぶらきり) 튀김요리의 기름이 빠져 나가도록 건져두는 망으로 된 용기

튀김소스 덴쓰유(天汁 : 천즙 ; てんつゆ) 덴푸라를 담가서 묻혀 먹는 소스 = 덴다시(天出汁)

튀김옷 고로모(衣 : 의 ; ころも) 튀김이나 무침, 과자 등의 재료에 묻히거나 담그기 위해 만든 재료

튀김옷튀김 고로모아게(衣揚 : 의양 ; ころもあげ) 튀김옷인 다양한 고로모(衣)를 사용하여 만든 튀김요리

튀김요리(fried dish) 아게모노(揚物 : 양물 ; あげもの) 일본요리 중 기름에 튀기는 요리의 총칭으로 그 방법이 다양하다.

튀김 찌꺼기 텐카스(天滓 : 천재 ; てんかす) = 아게다마(揚げ玉)

ㅍ

파(welsh onion) 네기(葱 : 총 ; ねぎ)

파래(green laver) 아오노리(青海苔 : 청해태 ; あおのり) 파래김

파리(fly) 하에(蝿 : 승 ; はえ)

파슬리(parsley) 파세리(パセリ)

파의 싹 메네기(芽葱 : 아총 ; めねぎ)

판두부 모멘도후(木棉豆腐 : 목면두부 ; もめんどうふ) 간수를 넣어 굳힌 보통 두부. 성형하여 탈수할 때 헝겊으로 덮었다고 하여 지어진 이름

팥(red bean) 아즈키(小豆 : 소두 ; あずき)

팥과자 오구라(小倉 : 소창 ; おぐら) 팥을 사용한 음식물 또는 과자

팥생과자 모나카(最中 : 최중 ; もなか) 생과자 종류 중 하나로, 팥소를 사이에 두고 두 장을 붙여 만든 것

팽이버섯 에노키다케(榎茸 : 가용 ; えのきだけ)

포도(grape) 부도(葡萄 : 포도 ; ぶどう)

포도주(wine) 부도슈(葡萄酒 : 포도주 ; ぶどうしゅ) 포도과즙을 발효시켜 만든 술로서, 음료와 조리 첨가 재료로 사용

포도주조림 부도슈니(葡萄酒煮 : 포도주자 ; ぶどうしゅに) 포도주를 사용하여 색과 향을 살린 조림요리

포도콩조림 부도마메(葡萄豆 : 포도두 ; ぶどうまめ) 검은콩을 달게 조린 콩조림요리

포장구이 쓰쓰미야키(包焼 : 포소 ; つつみやき) 재료를 조미하여 은박지 등으로 싸서 구운 요리

포장튀김 쓰쓰미아게(包揚 : 포양 ; つつみあげ) 향미를 살리고 타지 않도록, 재료를 은박지 등으로 싸서 튀긴 요리

표고버섯 시타케(椎茸 : 추용 ; しいたけ)

풋고추(green chilli)　아오토가라시(青唐辛子 : 청당신자 ; あおとうがらし)

풋콩(green soybeans)　에다마메(枝豆 : 기두 ; えだまめ)

피라미(pale chub)　오이카와(追河 : 추하 ; おいかわ) = 하야(鮠 : 외 ; はや)　작은 민물고기

피망(a green pepper)　피망(ピマン)　서양고추. 튀김, 볶음요리 등의 아오미(青み) 등으로 활용됨

피 빼기　① 지누키(血抜 : 혈발 ; ちぬき)　냄새를 없애기 위해 고기나 내장을 물에 담가 피를 빼는 일

② 이케지메(生締, 活締 : 생체, 활체 ; いけじめ)　생선의 선도를 유지하기 위해, 생선이 살아 있을 때 인위적으로 머리에 생선 빗장을 찔러 출혈로 죽음에 이르게 하는 것

피조개(ark shell)　아카가이(赤貝 : 적패 ; あかがい)　붉은 피를 머금고 있는 조개라서 피조개로 불린다. 살에 탄력이 많아 특유의 쫄깃거림으로 생선회, 초밥 등의 고급재료로 사용된다.

필레(fillet)　히레(ヒレ)

① 육류의 안심(tenderloin)

② 생선의 오로시한 살코기 부위

ㅎ

하귤　나쓰미칸(夏蜜柑 : 하밀감 ; なつみかん)

학공치(학꽁치, halfbeak)　사요리(針魚, 細魚 : 침어, 세어 ; さより)　공미리. 침어

한국김치　조센즈케(朝鮮漬 : 조선지 ; ちょうせんづけ) = キムチ

한국요리　조센료리(朝鮮料理 : 조선요리 ; ちょうせんりょうり)

한천(agar)　간텡(寒天 : 한천 ; かんてん)

한치오징어(arrow squid)　야리이카(槍烏賊 : 창오적 ; やりいか)

함박조개(hen clam)　우바가이(姥貝 : 모패 ; うばがい), 홋키가이(北寄貝 : 북기패 ; ほっきがい)라고도 함

해넘기기소바　도시코시소바(年越蕎麦 : 연월교맥 ; としこしそば)

해동　가이토(解凍 : 해동 ; かいとう)　냉동된 식재료를 상온 또는 냉장고 안에서 녹여주는 것

해삼(sea cucumber)　나마코(海鼠 : 해삼 ; なまこ)

해삼창자젓　고노와타(海鼠腸 : 해서장 ; このわた)　해삼의 창자를 모아 소금에 절여서 숙성시켜 만든 젓갈

해조류 조림　쓰쿠다니(佃煮 : 전자 ; つくだに)

해초　가이소(海藻 : 해조 ; かいそう)　해조(sea weed). 김, 다시마, 미역 등의 해초, 해조류의 총칭

해파리(jellyfish)　구라게(水母, 海月 : 수모, 해월 ; くらげ)

해파리성게알젓　우니쿠라게(雲丹水母 : 운단수모 ; うにくらげ)　해파리와 성게알젓을 조미하여 만든 무침요리. 전채요리에 이용

햄(ham)　하무(ハム)　대표적인 육가공품으로서 염장 돈육을 건조, 훈제한 것

행주　후킨(布巾 : 포건 ; ふきん)

향(aroma)　가오리(香 : 향 ; がおり)　향기. 음식이나 재료의 좋은 냄새를 의미하며 불쾌취인 경우, 니오이(臭い ; におい) 또는 '쿠사'라고도 한다.

향신료(spice)　고신료(香辛料 : 향신료 ; こうしんりょう)

향재료　스이쿠치(吸口 : 흡구 ; すいくち)　맑은국에 향을 내주는 재료. 기노매, 파, 차조기, 유자, 생강 등

헬퍼(helper)　스케(助 : 조 ; すけ)　주방일이 바쁠 때 도와주는 보조, 또는 대리조리사. 마와시

혀가자미(sole)　시타비라메(舌平目 : 설평목 ; したびらめ)

현미(brown rice)　겐마이(玄米 : 현미 ; げんまい)

혈합육　지아이(血合 : 혈합 ; ちあい)　지아이니쿠(血合肉). 생선살 사이의 검붉은 부분(dark mussel)

혈합육 제거　후시도리(節取 : 절취 ; ふしどり)　산마이오로시(三枚卸)한 생선의 치아이(血合 : 혈합) 부분을 도려내어 손질하는 것으로, 생선회를 썰기 전에 하는 생선손질법

호두(walnuts)　구루미(胡桃 : 호도 ; くるみ)

호리병박　우리(瓜 : 과 ; うり)

① 호리병박(cucurbit)

② 참외, 오이, 수박 등 박과 식물에 속하는 열매의 총칭. 오이와 호박 중간 정도 형태로 한국에서 보기 드물지만, 일본에서는 절임요리로 많이 이용된다.

호박(pumpkin)　가보차(南瓜 : 남과 ; かぼちゃ)

호박통찜　다카라무시(宝蒸し : 보증 ; たからむし)　호박에 구멍을 내서 각종 재료를 넣고 쪄낸 요리

혼성주　사이세슈(再製酒 : 재제주 ; さいせいしゅ)　재제주. 발효주나 증류주에 색소나 향료 등을 넣어 제조한 술

혼합초　아와세즈(合酢 : 합초 ; あわせず)　식초에 각종 재료를 넣고 섞어 만든 것. 도사스(土佐酢), 니하이스(二杯酢), 삼바이스(三杯酢), 아마스(甘酢), 기미스(黃身酢), 요시노스(吉野酢) 등 배합비나 재료, 만드는 방법에 따라 그 종류가 다양하다.

홍고추(red pepper)　도가라시(唐辛子 : 당신자 ; とうがらし)

홍송어　베니자케(紅鮭 : 홍해 ; べにざけ)　연어과의 물고기로 베니마스(紅鱒)라고도 한다. 체색이나 육색이 연어나 송어보다 붉은색이 강하며, 대부분 통조림이나 훈제품으로 사용

홍차(black tea)　고차(紅茶 : 홍차 ; こうちゃ)

홍합(mussel)　이가이(貽貝 : 이패 ; いがい)

화과자　와가시(和菓子 : 화과자 ; わがし)　일본과자

화력조절　히카켄(火加減 : 화가감 ; ひかけん)　불조정. 화력조절

화장간장　게쇼데리(化粧照 : 화장조 ; けしょうでり)　생선구이를 할 때, 윤기가 나도록 양념간장을 발라주는 것

화장소금　게쇼지오(化粧塩 : 화장염 ; けしょうじお)　생선을 소금구이할 때, 타지 않도록 지느러미에 소금을 묻혀주는 것

활어회　이케즈쿠리(生作, 生造 : 생작, 생조 ; いけづくり)　활어생선회. 생선을 산 채로 내장만 제거하여, 생선모양의 원형을 살려 만들어 담아낸 생선회요리 = 이키즈쿠리(生造). 스가다즈쿠리(姿作). 가쓰즈쿠리(活造)

황다랑어(yellowfin tuna)　기하다(黃肌 : 황기 ; きはだ)

황돔(yellowback seabream)　기다이(黃鯛 : 황조 ; きだい) = 렌코다이(蓮子鯛 : 연자조 ; れんこだい)

황새치(swordfish)　메가지키(眼梶木 : 안미목 ; めかじき)

회　나마스(鱠, 膾 : 회 ; なます)　생선이나 육류 등을 비가열조리한 요리의 총칭

회석요리　① 가이세키료리(懷石料理 : 회석요리 ; かいせきりょうり)　다도(茶道)에서 차를 마시기 위해서 내는 간단한 요리로, 자가이세키료리(茶懷石料理)라고도 한다. 공복의 괴로움을 달래기 위해 뜨거운 돌을 헝겊에 싸서 배에 품어 그 고통을 참아낸 것에서 유래된 명칭이다.

② 가이세키료리(会席料理 : 회석요리 ; かいせきりょうり)　본래는 정식의 일본요리인 혼젠료리(本膳料理)를 간략하게 한 요리였으나, 현재는 술을 마시며 즐기는 연회나 모임을 위한 고급요리로 발전하였다. 일본요리의 풀코스 요리로 이해할 수 있다.

회요리　무코즈케(向付 : 향부 ; むこうづけ)　회석(懷石)요리에서 나오는 생선회나 초회 요리

회죽　사시미가유(刺身粥 : 자신죽 ; さしみがゆ)　죽 속에 흰살생선회와 간장을 넣어 먹는 요리

효모(yeast)　고보(酵母 : 효모 ; こうぼ)

효소(enzyme)　고소(酵素 : 효소 ; こうそ)

후추(pepper)　고쇼(胡椒 : 호초 ; こしょう)

흑설탕　구로자토(黒砂糖 : 흑사탕 ; くろざとう)

희석간장　오시다시(御下地 : 어하지 ; おしだし)　간장(soy sauce) = 쇼유(醤油). 간장을 뜻하기도 하지만, 간장을 약하게 희석하여 요리에 곁들여 먹도록 만들어놓은 것을 지칭하기도 한다.

흰살생선　시로미(白身 : 백신 ; しろみ)

흰살생선회　우스즈쿠리(薄作, 薄造 : 박작, 박조 ; うすづくり)　도미, 광어, 복어 등의 흰살생선을 얇게 저며썰어 만든 생선회

흰색 조림요리　시라니(白煮 : 백자 ; しらに) = 시로니(白煮). 하쿠니(白煮).　오징어, 백합근 등의 흰색 재료의 색을 그대로 살려낸 조림요리

흰죽　시라가유(白粥 : 백죽 ; しらがゆ)　쌀에 물만 부어서 쑤어낸 죽

힘줄　스지(筋 : 근 ; すじ)

① 동물의 힘줄이나 근육의 막

② 삶은 어묵

기본 배합표

1. 기본 배합법

명칭	재료 배합 비율
니하이스(二杯酢)	식초 1 : 우스쿠치쇼유(연간장) 1, 소금 약간
삼바이스(三杯酢)	식초 1 : 우스쿠치쇼유 1 : 미림 1
아마스(甘酢)	식초 1 : 설탕 1/2 : 소금 1/8
도사스(土佐酢)	가다랑어포 10g, 삼바이스(니하이스) 1컵
난반스(南蛮酢)	아마스(삼바이스), 홍고추, 파
고마스(胡麻酢)	흰깨 3Ts, 삼바이스 1컵
기미스(黄身酢)	난황 3개, 아마스 1/2컵
폰즈(ポン酢)	과즙초(스다치, 가보스 등) 1 : 우스쿠치쇼유 1 : 미림 2/5
아와세스(合わせ酢)	쌀 10컵 기준. 식초 1컵, 설탕 1컵, 소금 1/4컵, 다시마 5cm

2. 재료 배합법

명칭	재료 배합 비율
덴동다시	다시 3 : 진간장 1 : 미림 3
냉소면다시	다시 5 : 연간장 1 : 미림 0.5
돈부리다시	다시 5 : 진간장 1 : 미림 1
덴다시	다시 6 : 진간장 1 : 미림 1
소바다시	다시 7 : 진간장 1 : 미림 1
아게다시	다시 8 : 연간장 1 : 미림 0.5
우동다시	다시 9 : 진간장 1 : 미림 1
니멘다시	다시13 : 연간장 1 : 미림 0.5
요세나베	다시12 : 연간장 1 : 미림 1
자왕무시	계란 40개, 닭수프 7000cc, 연간장 1.5국자, 미림 1국자, 소금 3Ts, 조미료 약간
다마고도후다시	다시 7 : 진간장 0.5 : 미림 1 : 소금 1Ts
다마고도후	계란 23개, 다시 9국자
다시마키	계란 12개, 설탕 1Ts, 소금 1ts, 다시 90cc, 미림 2Ts
스키야키다레	간장 2.4L, 청주 1.8L, 미림 2L, 설탕 1.2kg, 사쿠라미소 300g
우나기다레	간장 1.8L, 청주 1.8L, 다시 1L, 설탕 1kg, 물엿 400cc, 다마리 500cc
생선다레	간장 1.8L, 청주 1.8L, 다시 1L, 설탕 800g, 물엿 300cc, 다마리 200cc
닭다레	간장 1.8L, 청주 1.8L, 다시 1L, 설탕 800g, 물엿 300cc
유안쓰케	진간장 3, 미림 2, 청주 1, 유자즙 약간
와후드레싱	간장 1.8L, 식초 1.8L, 미림 1L, 식용유 0.9L, 참기름 0.6L, 설탕 1국자, 야채 약간
초밥초	식초 1.8L, 설탕 800g, 소금 400g
아마스	식초 1.8L, 물 2.4L, 미림 2L, 설탕 2kg, 소금 400g
산바이스	식초 1.8L, 물 3.6L, 미림 1국자, 연간장 2국자, 설탕 4국자, 소금 1국자
폰즈	간장 1.8L, 식초 1.8L, 다시 1.8L, 청주(미림) 200cc, 조미료 · 레몬즙 약간
도사스	물 3 : 식초 2 : 미림 1 : 연간장 1 : 설탕 1 : 가쓰오부시 약간

생선의 순(旬)

계절	월	생선
봄 봄에는 거의 모든 생선이 산란하기 전이기 때문에 몸체가 굵고, 지방이 많아서 맛이 좋다. 도미, 삼치, 가자미 등이 특히 맛있고 값싸게 구할 수 있다.	3	가리비, 가자미, 굴, 대합, 문어, 붕어, 빙어, 삼치, 새조개, 소라, 왕새우(대하), 재첩, 차새우, 참치, 피조개, 학꽁치, 해삼
	4	가리비, 날치, 노래미, 대합, 모시조개, 베도라치, 벤자리, 볼락, 빙어, 삼치, 새우(왕새우 · 차새우), 새조개, 소라, 양태, 재첩, 전복, 참가자미, 참문어, 피조개, 학꽁치
	5	가리비, 갯장어, 날치, 다랑어, 대합, 돌가자미, 멍게, 모시조개, 벤자리, 빙어, 삼치, 새조개, 소라, 양태, 재첩, 전갱이, 전복, 쥐노래미, 차새우, 피조개, 학꽁치, 해삼
여름 농어, 갈치, 갯장어 등의 흰살생선이 맛있어지는 계절이다. 그러나 더운 날씨 때문에 쉽게 상하는 경우가 있는데 맛은 생선의 신선도가 좌우한다.	6	게르치, 곤들매기, 날치, 놀래기, 다랑어, 민물게, 민물장어, 볼락, 송어, 양태, 은어, 전갱이, 전복, 쥐노래미, 차새우, 흑돔
	7	고등어, 곤들매기, 꼬치고기, 날치, 놀래기, 농어, 돌돔, 미꾸라지, 민물게, 민물장어, 바닷장어, 보리멸, 볼락, 은어, 재첩, 전갱이, 전복, 쥐노래미, 흑돔
	8	꼬치고기, 날치, 놀래기, 돌돔, 미꾸라지, 민물게, 민물장어, 보리멸, 은어, 전갱이, 전복, 흑돔
가을 1년 중 가장 풍성한 해산물을 얻을 수 있는 계절로, 특히 고등어, 꽁치, 참치 같은 생선의 지질함량이 높아지므로 맛이 좋다.	9	갯장어, 고등어, 날치, 놀래기, 농어, 바닷장어, 새우, 오징어, 전어, 정어리, 쥐노래미, 흑돔
	10	갈치, 고등어, 꽁치, 문어알, 바닷장어, 삼치, 송어, 시바새우, 연어, 오징어, 왕새우, 전어, 쥐노래미, 하마치, 한치
	11	광어, 굴, 꽁치, 삼치, 송어, 시바새우, 쑤기미, 연어, 오징어, 왕새우, 전어, 쥐치, 참치, 하마치, 한치
겨울 복, 아귀, 광어, 방어 등의 생선이 연중 가장 맛있는 계절로, 대합이나 모시조개, 소라 등의 패류도 풍부하게 출하된다.	12	게, 광어, 굴, 도미, 방어, 병어, 복어, 붕어, 시바새우, 연어, 왕새우, 임연수어, 쥐치, 참치
	1	개량조개, 게, 게르치, 광어, 굴, 대합, 도미, 방어, 병어, 복어, 붕어, 빙어, 소라, 시바새우, 쑤기미, 오징어, 옥돔, 왕새우, 쥐치, 참치
	2	개량조개, 게, 게르치, 광어, 굴, 대합, 도미, 모시조개, 방어, 병어, 복어, 붕어, 빙어, 소라, 아귀, 연어, 오징어, 옥돔, 왕새우, 잉어, 쥐치, 참치, 키조개, 학꽁치, 해삼

채소의 순(旬)

계절	월	생선
봄	3	땅두릅, 백합근, 브로콜리, 아사쓰키, 유채씨, 잠두콩(조생), 팽이버섯
	4	고사리, 두릅순, 땅두릅, 미나리, 미쓰바, 백합근, 부추, 아사쓰키, 양배추, 양파, 요메바, 우엉
	5	감자, 고사리, 기노메, 두릅순, 미나리, 미쓰바, 부추, 실파, 아사쓰키, 양배추, 양송이, 양하, 잠두콩, 죽순, 청대콩
여름	6	가지, 감자, 강낭콩, 미나리, 양배추, 양파, 우리, 우엉, 잠두콩, 차조기잎, 피망, 호박
	7	가지, 강낭콩, 동아, 생강, 순채, 양배추, 양파, 염교, 오이, 오크라, 우리, 토마토, 피망, 호박
	8	가지, 감자, 생강, 양배추, 양파, 오이, 오크라, 우리, 토란, 토란줄기, 토마토, 호박
가을	9	가지, 감자, 강낭콩, 꽈리고추, 밥, 생강, 송이버섯, 양배추, 오크라, 우리, 토란, 토란줄기, 토마토
	10	가지, 고구마, 나메코, 당근, 무, 브로콜리, 송이버섯, 양송이, 연근, 오이, 오크라, 유자, 자고(소귀나물), 토란, 토란줄기
	11	고구마, 당근, 무, 산마, 순무, 연근, 유자, 은행, 자고(소귀나물), 차조기, 토란, 토란줄기, 파, 팽이버섯
겨울	12	갓, 당근, 미즈나(순무의 일종), 브로콜리, 시금치, 쑥갓, 양배추, 파, 팽이버섯
	1	갓, 다이다이, 무, 미부나(순무의 일종), 미쓰바, 미즈나, 배추, 백합근, 브로콜리, 생표고버섯, 순무, 쑥갓, 양파, 연근, 와사비, 유자, 자고, 토란, 파, 팽이버섯
	2	갓, 다이다이, 무, 미부나, 미쓰바, 미즈나, 배추, 백합근, 브로콜리, 순무, 시금치, 쑥갓, 유자, 콜리플라워, 팽이버섯

어패류 명칭

한국어	영어	일본어	읽는 법
가다랑어	bonito, skipjack tuna	鰹 かつお	가물치 견
가리비	scallop	帆立貝 ほたてがい	범립패
가물치	snakehead fish	雷魚 らいぎょ	뇌어
가오리	ray	鱝 えい	가오리 분
가자미	flatfish(가자미) barfin flounder(노랑가자미) flounder(도다리) stone flounder(돌가자미) marbled sole(문치가자미) pleuronectid(물가자미) sole(혀가자미)	鰈 かれい 星鰈 ほしがれい 目板鰈 めいたがれい 石鰈 いしがれい 真子鰈 まこがれい 虫鰈 むしがれい 舌平目 したびらめ	가자미 접 성접 목판접 석접 진자접 충접 설평목
가재	lobster(바닷가재)	ロブスター	로브스터
갈치	hairtail	太刀魚 たちうお	태도어
갑오징어	cuttlefish	甲烏賊 こういか	갑오적
개불	echiurans	螠 ゆむし	의
갯가재	squilla	蝦蛄 しゃこ	하점
갯장어	pike conger, pike eel	鱧 はも	가물치 례
게	crab	蟹 かに	게 해
게르치	bluefish, gnomefish	鯥 むつ	물고기 육
고등어	mackerel	鯖 さば	청어 청
고래	whale	鯨 くじら	고래 경
광어(넙치)	halibut	平目, 鮃 ひらめ	평목, 넙치 평
공미리(학공치, 학꽁치)	half beak, snipe	針魚, 細魚 さより	침어, 세어
까나리	Pacific sand launce	玉筋魚 いかなご	옥근어

한국어	영어	일본어	읽는 법
꼬치고기	barracuda	魳 かます	고기이름 사
꼼치	grassfish	草魚 くさうお	초어
꽁치	Pacific saury	秋刀魚 さんま	추도어
꽃게	red crab	渡蟹 わたりかに	도해
샛줄멸	silver-stripe round herring	吉備奈仔 きびなご	길비나자
구문쟁이(자바리)	kelp grouper	九絵 くえ	구회
굴	oyster	牡蠣 かき	모려
굴비	dried yellow croaker fish	干石持 ほしいしもち	간석지
날치	flying fish	飛魚 とびうお	비어
농어	sea bass, grouper	鱸 すずき	농어 로
눈퉁멸	round herring	潤目鰯 うるめいわし	윤목약
능성어	convict grouper	真羽太 まはた	진우태
다금바리	sawedged perch	鯇 あら	황
다랑어(참치)	tuna(참치) bluefin tuna(참다랑어) albacore(날개다랑어) yellowfin tuna(황다랑어) bigeye tuna(눈다랑어)	鮪(まぐろ) 黒鮪 くろまぐろ(ほんまぐろ) 鬢長 びんなが 黄肌 きはだ 眼撥 めばち	유 흑유 빈장 황기 안발
다슬기	horn snail	蝸螺	와라
대구	cod, pollack	鱈 たら	설
대합	clam	蛤 はまぐり	합
도루묵	sandfish	鰰 はたはた	신
도미	red seabream(참돔) black seabream(감성돔) striped beakperch(돌돔) crimson seabream(붉돔) yellowback seabream(황돔) butterfish(샛돔)	真鯛 まだい 黒鯛 くろだい 石鯛 いし(しま)だい 血鯛 ちだい 黄鯛 きだい 疣鯛 いぼだい	진조 흑조 석조 혈조 황조, 연자 조 우조
둑중개	sculpin	鰍, 杜父魚 かじか	추, 두부어
떡조개(오분재기)	white ear-shell	常節 とこぶし	상절
만새기	dolphinfish	鱰 しいら	물고기이름 서
문절망둑(망둥이)	goby, yellowfin goby	鯊, 沙魚 はぜ	사, 사어

한국어	영어	일본어	읽는 법
멍게(우렁쉥이)	sea squirt	海鞘, 老海鼠　ほや	해초, 노해서
메기	catfish	鯰　なまず	염
멸치	anchovy	片口鰯　かたくちいわし	편구약
명태	Alaska pollack	介党鱈　すけとうだら	개당설
모시조개	baby clam	浅蜊　あさり	천리
문어	octopus	蛸, 草魚　たこ	소, 초어
미꾸라지	loach	泥鰌　どじょう	니추
민어	brown croaker	鮸　にべ	면
바지락	Manila clam	蜆　しじみ	현
방어	yellowtail	鰤　ぶり	사
밴댕이	big–eyed herring	鯯　さっぱ	웅어 제
뱅어	ice fish	白魚　しらうお	백어
베도라치	blenny	銀宝　ぎんぽ	은보
벤자리	threeline grunt	伊佐木　いさき	이좌목
벵에돔	largescale blackfish	眼仁奈　めじな	안인나
병어	pomfret	真魚鰹　まながつお	진어견
보구치	white croaker	石持　いしもち	석지
보리멸	sand borer, sillago	鱚 (しろ)きす	희
복어	puffer, globe–fish striped puffer(까치복) green rough–backed puffer(밀복) tiger puffer(자주복=범복) eyespot puffer(참복) river puffer(황복)	河豚　ふぐ 島河豚　しまふぐ どくさばふぐ 虎河豚　とらふぐ 烏河豚　からす めふぐ	하돈 도하돈 호하돈 조하돈
볼락	darkbanded rockfish	眼張　めばる	안장
부시리	yellowtail amberjack	平政　ひらまさ	평정
붉바리	hong kong grouper	キジ羽太　きじはた	우태
붕어	crucian carp	鮒　ふな	부
붕장어	conger eel	穴子　あなご	혈자
빙어	pond smelt	公魚　わかさぎ	공어

한국어	영어	일본어	읽는 법
삼치	Spanish mackerel	鰆 さわら	춘
상어	star-spotted shark(별상어)	星鮫 ほしざめ	성교
새우	shrimp northern shrimp(단새우, 북쪽분홍새우) oppossum shrimp(차새우,보리새우) shiba shrimp(중하) fleshy prawn(대하) homard, lobster(바닷가재) spiny-lobster(왕새우, 가재) freshwater shrimp(민물새우, 토하)	海老 えび 甘海老 あまえび 車海老 ぐるまえび 芝海老 しばえび 大正海老 たいしょうえび オマール 伊勢海老 いせえび 川海老 かわえび	해노 감해노 차해노 지해노 대정해노 오마루 이세해노 천해노
새조개	cockle	鳥貝 とりがい	조패
새치	striped marlin(청새치) swordfish(황새치) sailfish(돛새치)	真梶木 まかじき 眼梶木 めかじき 芭蕉梶木 ばしょうかじき	진미목 안미목 파초미목
섬게(성게)	sea urchin	海栗 うに	해율
성대	gurnard	魴鮄 ほうぼう	방불
소라	top-shell	栄螺 さざえ	영라
송어	trout	鱒 ます	송어 준
숭어	mullet	鯔, 鰡 ぼら	치, 유
쏨뱅이	scorpion fish	笠子 かさご	입자
쑤기미	stonefish, stingfish	虎魚 おこぜ	호어
아귀	anglerfish	鮟鱇 あんこう	안강
양태	bartail flathead	鯒 こち	통
연어	salmon	鮭 さけ	해
오징어	squid(오징어) common squid(물오징어) cuttlefish(갑오징어) long finned squid(한치) oval squid firefly squid(불똥꼴뚜기)	烏賊 いか 鯣烏賊 するめいか 甲烏賊 こういか 槍烏賊 やりいか 障泥烏賊 あおりいか 蛍烏賊 ほたるいか	오적 역오적 갑오적 창오적 장니오적 형오적
왕우럭조개	keen's gaper	海松貝, 水松貝 みるがい	해송패, 수송패
옥돔	blanquillo, tile fish	甘鯛 あまだい	감조

한국어	영어	일본어	읽는 법
우럭	black rockfish	黒曹以 くろそい	흑조이
은대구	sablefish, black cod	銀鱈 ぎんたら	은설
은어	sweet fish	鮎 あゆ	점
임연수어	atka fish	鮀 ほっけ	화
잉어	carp	鯉 こい	이
자라	terrapin, soft shell	鼈 すっぽん	별
자리돔	damselfish	雀鯛 すずめだい	작조
장어(민물)	eel	鰻 うなぎ	만
잿방어	great amberjack	間八 かんぱち	간팔
전갱이	saurel, horse mackerel	鯵 あじ	소
전복	abalone	鮑 あわび	포
전어	gizzard shad	鰶 このしろ, こはだ	제
정어리	sardine	鰯, 鰮 いわし	약, 온
주꾸미	ocellated octopuses	飯蛸 いいだこ	반소
쥐노래미	greenling	鮎並 あいなめ	점병
쥐치	filefish	皮剥 かわはぎ	피박
참조기	yellow corvina	石持 いしもち	석지
청어	herring	鰊 にしん	물고기 련
키조개	pen shell	玉珧 たいらぎ	옥요
피조개	ark-shell, blood clam	赤貝 あかがい	적패
해삼	sea cucumber	海鼠 なまこ	해서
해파리	jellyfish, medusae	水母, 海月 くらげ	수월, 해월
홍어	skate ray	糟倍 かすべ	조배
홍합	mussel	胎貝 いがい	태패
황어	dace	石斑魚 うぐい	석반어

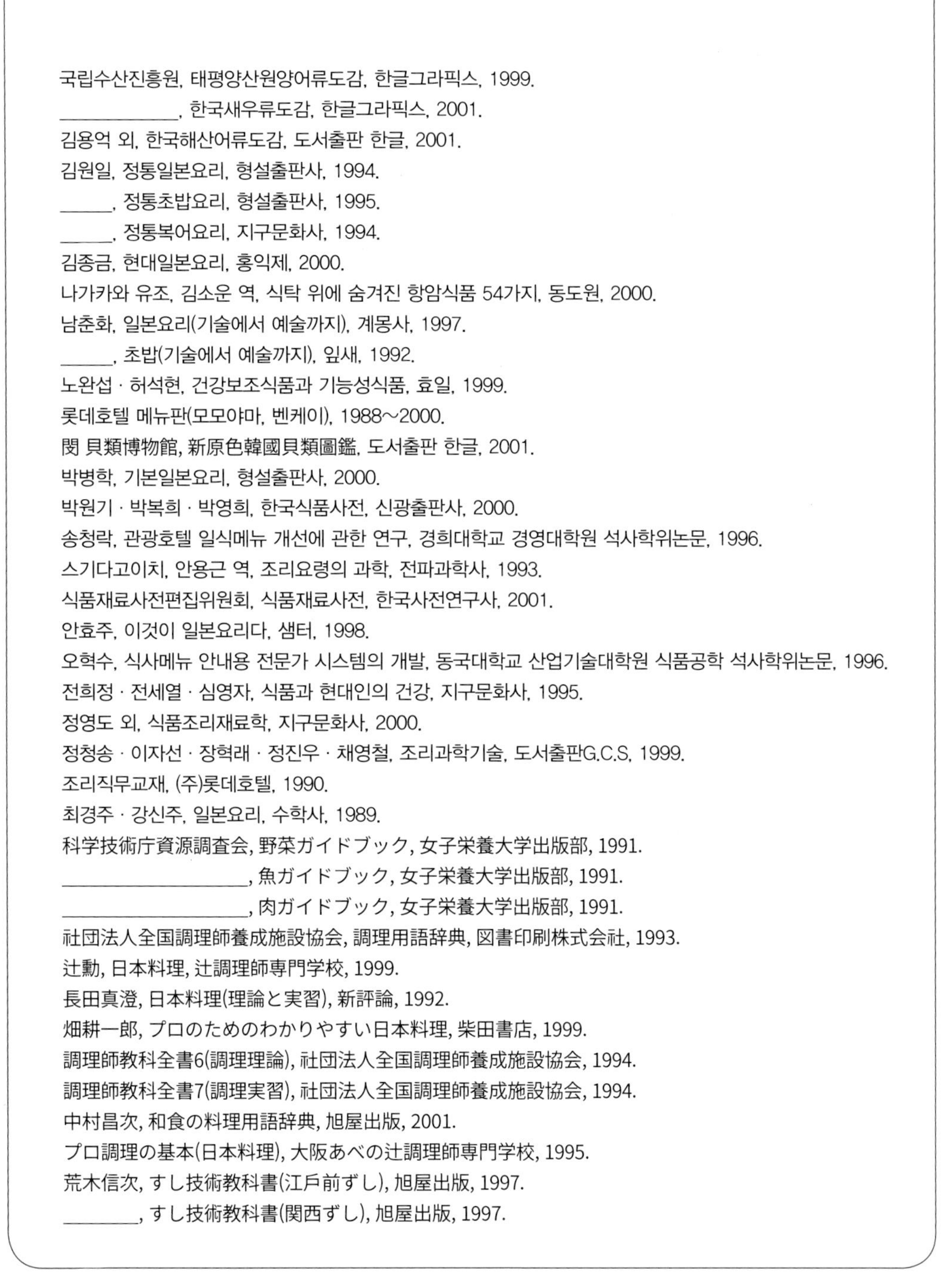

참고문헌

국립수산진흥원, 태평양산원양어류도감, 한글그라픽스, 1999.
____________, 한국새우류도감, 한글그라픽스, 2001.
김용억 외, 한국해산어류도감, 도서출판 한글, 2001.
김원일, 정통일본요리, 형설출판사, 1994.
_____, 정통초밥요리, 형설출판사, 1995.
_____, 정통복어요리, 지구문화사, 1994.
김종금, 현대일본요리, 홍익제, 2000.
나가카와 유조, 김소운 역, 식탁 위에 숨겨진 항암식품 54가지, 동도원, 2000.
남춘화, 일본요리(기술에서 예술까지), 계몽사, 1997.
_____, 초밥(기술에서 예술까지), 잎새, 1992.
노완섭 · 허석현, 건강보조식품과 기능성식품, 효일, 1999.
롯데호텔 메뉴판(모모야마, 벤케이), 1988~2000.
閔 貝類博物館, 新原色韓國貝類圖鑑, 도서출판 한글, 2001.
박병학, 기본일본요리, 형설출판사, 2000.
박원기 · 박복희 · 박영희, 한국식품사전, 신광출판사, 2000.
송청락, 관광호텔 일식메뉴 개선에 관한 연구, 경희대학교 경영대학원 석사학위논문, 1996.
스기다고이치, 안용근 역, 조리요령의 과학, 전파과학사, 1993.
식품재료사전편집위원회, 식품재료사전, 한국사전연구사, 2001.
안효주, 이것이 일본요리다, 샘터, 1998.
오혁수, 식사메뉴 안내용 전문가 시스템의 개발, 동국대학교 산업기술대학원 식품공학 석사학위논문, 1996.
전희정 · 전세열 · 심영자, 식품과 현대인의 건강, 지구문화사, 1995.
정영도 외, 식품조리재료학, 지구문화사, 2000.
정청송 · 이자선 · 장혁래 · 정진우 · 채영철, 조리과학기술, 도서출판G.C.S, 1999.
조리직무교재, (주)롯데호텔, 1990.
최경주 · 강신주, 일본요리, 수학사, 1989.
科学技術庁資源調査会, 野菜ガイドブック, 女子栄養大学出版部, 1991.
___________________, 魚ガイドブック, 女子栄養大学出版部, 1991.
___________________, 肉ガイドブック, 女子栄養大学出版部, 1991.
社団法人全国調理師養成施設協会, 調理用語辞典, 図書印刷株式会社, 1993.
辻勳, 日本料理, 辻調理師専門学校, 1999.
長田真澄, 日本料理(理論と実習), 新評論, 1992.
畑耕一郎, プロのためのわかりやすい日本料理, 柴田書店, 1999.
調理師教科全書6(調理理論), 社団法人全国調理師養成施設協会, 1994.
調理師教科全書7(調理実習), 社団法人全国調理師養成施設協会, 1994.
中村昌次, 和食の料理用語辞典, 旭屋出版, 2001.
プロ調理の基本(日本料理), 大阪あべの辻調理師専門学校, 1995.
荒木信次, すし技術教科書(江戸前ずし), 旭屋出版, 1997.
________, すし技術教科書(関西ずし), 旭屋出版, 1997.

저자약력

오혁수 교수, 식품공학박사

- (주)롯데호텔 조리팀
- 신안산대학교 호텔조리과 학과장 역임
- 대한민국 최초의 일식전임교수

현)

- 한국조리학회 학술부회장 및 논문심사위원
- 한국산업인력공단 기능장, 산업기사, 기능사 조리실기 감독위원
- 한국산업인력공단 기능장, 산업기사, 기능사 출제 및 검토위원
- 한국교육과정평가원 중등교사임용고시 출제 및 검토위원
- 한국국제협력단(KOICA) 해외봉사단 기술면접위원
- 농림식품기술기획평가원(농기평) 평가위원
- 대한민국 법무부 교정본부 급식관리위원
- 안산시 어린이 · 사회복지급식관리지원센터 센터장
- 신안산대학교 호텔조리제빵과 교수, 기획처장

저서

- 일본요리(2002)
- 일식조리기능사 · 산업기사 실기문제집(2004)
- 외식레스토랑 · 주방조리시설관리론(2009)
- 국가직무능력표준(NCS)에 따른 일식조리(2015)
- 기초일식조리(2018)
- 조리사로 살아남기(2019)
- 실무일식조리(2020)
- 조리사를 위한 식품학개론(2021)

장경태 겸임교수, 이학박사

- 을지대학교 이학박사(시니어헬스케어학 전공)
- 을지대학교 이학석사(식품산업외식학 전공)
- 을지대학교 이학사(건강식품과학 전공)
- 한식, 양식, 중식, 일식조리기능사 자격 보유
- (주)칠륜 시찌린 F&B(명일본점, 압구정점, 송파점) 총괄 Chef
- 농림축산식품부 장관상 수상

현)

- (주)칠륜 시찌린 에프앤비(SHICHIRIN F&B) 명일본점 조리실장
- 한국산업인력공단 조리기능사 실기검정 감독위원
- 신안산대학교 호텔조리제빵과 겸임교수

저서

- NCS 기반 한식조리기능사 실기(2020)

김정은 교수, 영양학박사

- 일본 소화여자대학 식품영양학과 학사
- 일본 핫토리 영양전문학교 조리사 계열 졸업
- 일본 여자영양대학 영양학 석사
- 일본 세이토쿠대학 영양학 박사
- 대기업 외식업체자문 및 한돈축산자조금 홍보대사

현)

- 배화여자대학교 전통조리학과 교수

강경태 교수, 외식경영학박사

- 경기대학교 외식산업경영 석사 졸업
- 경기대학교 외식조리관리학과 박사 졸업
- 부산롯데호텔 근무
- 대구그랜드호텔 근무
- 대구노보텔 근무
- 이랜드파크 근무

현)

- 대구계명문화대학교 식품영양조리학부 교수

정희범 초빙교수, 공학박사

- 한국국제대학교 이학사(조리학 전공)
- 경남과학기술대학교 창업석사(창업학 전공)
- 국립경상대학교 공학박사(식품공학 전공)
- 한국 조리기능장
- 일식 · 복어 · 양식 · 중식 · 한식 · 제과 · 제빵 기능사 보유
- 농림식품장관상 · 식품안전청장상 · 여수시장상 수상

현)

- 한국산업인력공단 조리기능장 · 조리기능사 실기검정
- 경남도립남해대학 호텔조리제빵학부 초빙교수

김성수 겸임교수, 관광학박사

- 경기대학교 관광전문 대학원 관광학박사
- 한국조리학회 학술부회장

현)

- 케이에스푸드 대표
- 신한대학교 바이오식품외식산업학과 외식조리전공 겸임교수

일본요리의 정석

2023년 2월 5일 초판 1쇄 인쇄
2023년 2월 10일 초판 1쇄 발행

지은이 오혁수 · 장경태 · 김정은 · 강경태 · 정희범 · 김성수
펴낸이 진욱상
펴낸곳 백산출판사
교 정 성인숙
본문디자인 장진희
표지디자인 오정은

등 록 1974년 1월 9일 제406-1974-000001호
주 소 경기도 파주시 회동길 370(백산빌딩 3층)
전 화 02-914-1621(代)
팩 스 031-955-9911
이메일 edit@ibaeksan.kr
홈페이지 www.ibaeksan.kr

ISBN 979-11-6639-304-4 93590
값 35,000원